MySQL
数据库管理与开发

慕课版

明日科技·出品

◎ 任进军 林海霞 主编　　◎ 沈同平 刘冬冬 陈佩峰 副主编

人民邮电出版社

北　京

图书在版编目（CIP）数据

MySQL数据库管理与开发：慕课版 / 任进军，林海
霞主编. -- 北京：人民邮电出版社，2017.6（2020.12重印）
ISBN 978-7-115-45663-2

Ⅰ. ①M… Ⅱ. ①任… ②林… Ⅲ. ①SQL语言 Ⅳ.
①TP311.132.3

中国版本图书馆CIP数据核字(2017)第098214号

内 容 提 要

本书系统全面地介绍了有关 MySQL 数据库应用开发所涉及的各类知识。全书共分 13 章，内容包括数据库设计概述、MySQL 概述、MySQL 数据库管理、MySQL 表结构管理、表记录的更新操作、表记录的检索、视图、触发器、存储过程与存储函数、备份与恢复、MySQL 性能优化、事务与锁机制、综合开发案例——图书馆管理系统。本书最后还附有 12 个实验。全书每章内容都与实例紧密结合，有助于学生理解知识、应用知识，实现学以致用的目的。

本书为慕课版教材，各章节主要内容配备了以二维码为载体的微课，并在人邮学院（www.rymooc.com）平台上提供了慕课。此外，本书还提供了课程资源包。资源包中提供了本书所有实例、上机指导、综合案例的源代码、制作精良的电子课件 PPT、重点及难点教学视频、自测题库（包括选择题、填空题、操作题题库及自测试卷等内容），以及拓展综合案例和拓展实验。其中，源代码全部经过精心测试，能够在 Windows XP、Windows 7 系统下编译和运行。

♦ 主　　编　任进军　林海霞
　　副主编　沈同平　刘冬冬　陈佩峰
　　责任编辑　刘　博
　　责任印制　杨林杰
♦ 人民邮电出版社出版发行　　北京市丰台区成寿寺路 11 号
　　邮编　100164　　电子邮件　315@ptpress.com.cn
　　网址　http://www.ptpress.com.cn
　　山东华立印务有限公司印刷
♦ 开本：787×1092　1/16
　　印张：16.75　　　　　　　　　2017 年 6 月第 1 版
　　字数：437 千字　　　　　　　 2020 年 12 月山东第 10 次印刷

定价：49.80 元
读者服务热线：(010)81055256　印装质量热线：(010)81055316
反盗版热线：(010)81055315
广告经营许可证：京东市监广登字 20170147 号

前言
Foreword

为了让读者能够快速且牢固地掌握 MySQL 数据库开发技术，人民邮电出版社充分发挥在线教育方面的技术优势、内容优势、人才优势，潜心研究，为读者提供了一种"纸质图书+在线课程"相配套，全方位学习 MySQL 数据库开发的解决方案。读者可根据个人需求，利用图书和"人邮学院"平台上的在线课程进行系统化、移动化的学习，以便快速全面地掌握 MySQL 数据库开发技术。

一、如何学习慕课版课程

本课程依托人民邮电出版社自主开发的在线教育慕课平台——人邮学院（www.rymooc.com），该平台为学习者提供优质、海量的课程，课程结构严谨，用户可以根据自身的学习程度，自主安排学习进度，并且平台具有完备的在线"学习、笔记、讨论、测验"功能。人邮学院为每一位学习者提供了完善的一站式学习服务（见图 1）。

图 1　人邮学院首页

为了使读者更好地完成慕课的学习，现将本课程的使用方法介绍如下。

1. 读者购买本书后，找到粘贴在书封底上的刮刮卡，刮开后即可获得激活码（见图 2）。

2. 登录人邮学院网站（www.rymooc.com），或扫描封面上的二维码，使用手机号码完成网站注册（见图 3）。

图 2　激活码

图 3　注册人邮学院网站

3. 注册完成后，返回网站首页，单击页面右上角的"学习卡"选项（见图 4），进入"学习卡"页面（见图 5），输入激活码，即可获得该慕课课程的学习权限。

图 4　单击"学习卡"选项

图 5　在"学习卡"页面输入激活码

4. 读者可随时随地使用计算机、平板电脑、手机学习本课程的任意章节，根据自身情况自主安排学习进度（见图 6）。

5. 在学习慕课课程的同时，阅读本书中相关章节的内容，巩固所学知识。本书既可与慕课课程配合使用，也可单独使用，书中主要章节均放置了二维码，读者扫描二维码即可在手机上观看相应章节的视频讲解。

6. 学完一章内容后，读者可通过精心设计的在线测试题，检查知识掌握的程度（见图 7）。

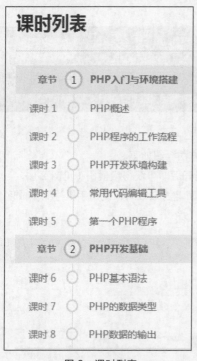

图 6　课时列表

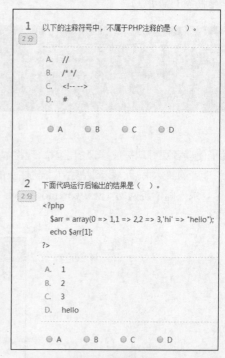

图 7　在线测试题

7. 如果对所学内容有疑问，还可到讨论区提问，除了有大牛导师答疑解惑以外，同学之间也可互相交流学习心得（见图 8）。

8. 对于书中配套的 PPT、源代码等教学资源，读者也可在该课程的首页找到相应的下载链接（见图 9）。

关于人邮学院平台使用上的任何疑问，可登录人邮学院咨询在线客服，或致电：010-81055236。

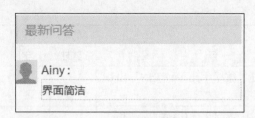

最新问答	

Ainy：

界面简洁

图 8　讨论区

资料区

文件名	描述	课时	时间
素材.rar		课时1	2015/1/26 0:00:00
效果.rar		课时1	2015/1/26 0:00:00
讲义.ppt		课时1	2015/1/26 0:00:00

图 9　配套资源

二、本书特点

　　MySQL 数据库是世界上最流行的数据库之一。全球最大的网络搜索引擎公司 Google 使用的数据库就是 MySQL，并且国内很多的大型网络公司也选择 MySQL 数据库，诸如百度、网易、新浪等。据统计，在世界一流的互联网公司中，排名前 20 位的有 80% 是 MySQL 的忠实用户。目前，MySQL 已经被列为全国计算机等级考试二级的考试科目。

　　在当前的教育体系下，实例教学是计算机语言教学的最有效的方法之一。本书将 MySQL 知识和实用的案例有机结合起来。一方面，跟踪 MySQL 的发展，适应市场需求，精心选择内容，突出重点、强调实用，使知识讲解全面、系统；另一方面，设计典型的实例，将实例融入知识讲解，使知识与实例相辅相成，既有利于学生学习知识，又有利于指导学生实践。另外，本书在每一章的后面还提供了习题和上机指导，方便读者及时验证自己的学习效果（包括理论知识和动手实践能力）。

　　本书作为教材使用时，课堂教学建议 30 ~ 35 学时，实验教学建议 24 ~ 29 学时。各章主要内容和学时建议分配如下，老师可以根据实际教学情况进行调整。

章节	主要内容	课堂学时	实验学时
第 1 章	数据库设计概述，包括数据库概述、数据库的体系结构、E-R 图、数据库设计	2	0
第 2 章	MySQL 概述，包括为什么选择 MySQL 数据库、MySQL 特性、MySQL 服务器的安装与配置	1	1
第 3 章	MySQL 数据库管理，包括创建数据库、查看数据库、选择数据库、修改数据库、删除数据库、数据库存储引擎的应用	2	2
第 4 章	MySQL 表结构管理，包括 MySQL 数据类型、创建表、修改表结构、删除表、设置索引、定义约束	4	3
第 5 章	表记录的更新操作，包括插入表记录、修改表记录、删除表记录	2	2
第 6 章	表记录的检索，包括基本查询语句、单表查询、聚合函数查询、连接查询、子查询、合并查询结果、定义表和字段的别名、使用正则表达式查询	8	6
第 7 章	视图，包括视图概述、创建视图、视图操作	1	1
第 8 章	触发器，包括 MySQL 触发器、查看触发器、使用触发器、删除触发器	2	2
第 9 章	存储过程与存储函数，包括创建存储过程和存储函数、存储过程和存储函数的调用、查看存储过程和函数、修改存储过程和函数、删除存储过程和函数	3	2

章节	主要内容	课堂学时	实验学时
第 10 章	备份与恢复，包括数据备份、数据恢复、数据库迁移、表的导出和导入	2	1
第 11 章	MySQL 性能优化，包括优化概述、优化查询、优化数据库结构、优化多表查询、优化表设计	2	1
第 12 章	事务与锁机制，包括事务机制、锁机制、事务的隔离级别	2	2
第 13 章	综合开发案例——图书馆管理系统，包括开发背景、系统分析、JSP 预备知识、系统设计、系统预览、数据库设计、公共模块设计、主界面设计、管理员模块设计、图书借还模块设计	4	

本书由任进军、林海霞主编，沈同平、刘冬冬、陈佩峰副主编。其中任进军编写第 1~8 章，沈同平编写第 12、13 章。

编　者

2017 年 3 月

目录
Contents

第1章

数据库设计概述

本章要点：

了解数据库与数据库管理系统的
概念 ■
了解数据模型的概念 ■
了解结构化查询语言SQL ■
了解数据库的体系结构 ■
掌握E-R图的设计方法 ■
掌握数据库的设计方法 ■

■ 本章主要介绍数据库设计的相关概念，主要包括数据库与数据库管理系统的简介、数据模型的概念、结构化查询语言 SQL、数据库的体系结构、E-R 图的设计方法，以及数据库的设计方法。通过本章的学习，读者应该了解什么是数据模型和结构化查询语言 SQL，并且掌握 E-R 图和数据库的设计方法。

1.1 数据库概述

1.1.1 数据库与数据库管理系统

数据库与数据库管理系统

数据库是信息系统的核心，它能有效地管理各类信息资源，越来越多的应用领域都在应用数据库进行信息资源的存储和管理。下面将对经常提及的数据库、数据库系统和数据库管理系统等概念进行简要介绍。

1. 数据库

数据库（Database，DB）是存放数据的仓库，它可以按照某种数据结构对数据进行存储和管理。只不过这些数据存在一定的关联，并按一定的格式存放在计算机上。从广义上讲，数据不仅包含数字，还包括文本、图像、音频和视频等。

例如，把一个学校的学生姓名、课程、学生成绩等数据有序地组织并存放在计算机内，就可以构成一个数据库。因此，数据库是由一些持久的、相互关联的数据集合组成的，并以一定的组织形式存放在计算机的存储介质中。数据库是事务处理、信息管理等应用系统的基础。

2. 数据库系统

数据库系统（Database System，DBS）是一个复杂的系统，是采用了数据库技术的计算机系统。数据库系统不仅是对一组数据进行管理的软件，还是存储介质、处理对象和管理系统的集合体，由数据库、硬件、软件和数据库管理员组成。

❑ 数据库。

数据库是为了满足管理大量的、持久的共享数据的需要而产生的。从物理概念上讲，数据库是存储于硬盘的各种文件的有机结合。数据库有能为各种用户共享、具有最小冗余度、数据间联系密切、较高的独立性等特点。

❑ 硬件支持。

硬件支持包括中央处理器、内存、输入／输出设备等。硬件中存储大量的数据，还需要有较高的通道能力，保证数据的传输。

❑ 软件支持。

数据库系统的软件支持即数据库管理系统（Database Management System，DBMS），DBMS 是管理数据库的软件。软件支持为开发人员提供高效率、多功能的交互式程序设计系统，为应用系统的开发提供了良好的环境，并且与数据库系统有良好的接口。

❑ 数据库管理员。

数据库管理员（Database Administrator，DBA）负责数据库的运转，DBA 必须兼有系统分析员和运筹学的知识，对系统的性能非常了解，并熟悉企业全部数据的性质和用途。DBA 负责控制数据整体结构和数据库的正常运行，承担创建、监控和维护整个数据库结构的责任。

3. 数据库管理系统

数据库管理系统是位于操作系统和用户之间的一个数据管理软件，它按照一定的数据模型科学地组织和存储数据，并能够对数据进行获取及维护。提到数据库管理系统，不禁会想到另一个与之相似的概念——数据库系统（DBS），数据库系统是实现有组织地、动态地存储大量关联数据，方便多用户访问的计算机软件、硬件和数据资源组成的系统，是采用数据库技术的计算机系统。数据库管理系统是指数据库系统中对数据进行管理的软件系统，是数据库系统的核心组成部分，包括对数据库的定义、查询、更新及各种控制，都是通过 DBMS 进行的。DBMS 总是基于各种数据模型而建立的，有层次型、网状型、关系型和面向对象型等多种模型。

1.1.2　数据模型

数据模型

数据模型是数据库系统的核心与基础，是关于描述数据与数据之间的联系、数据的语义、数据一致性约束的概念性工具的集合。

数据模型通常是由数据结构、数据操作和完整性约束 3 部分组成的，下面分别介绍。

- ❑ 数据结构：是对系统静态特征的描述，描述对象包括数据的类型、内容、性质和数据之间的相互关系。
- ❑ 数据操作：是对系统动态特征的描述，是对数据库各种对象实例的操作。
- ❑ 完整性约束：是完整性规则的集合，它定义了给定数据模型中数据及其联系所具有的制约和依存规则。

1.1.3　结构化查询语言 SQL

结构化查询语言
SQL

结构化查询语言（Structured Query Language，SQL）是一种应用于关系数据库查询的结构化语言，最早是由 Boyce 和 Chamberlin 在 1974 年提出的，称为 SEQUEL 语言。1976 年，IBM 公司的 San Jose 研究所在研制关系数据库管理系统 System R 时将其修改为 SEQUEL 2，即目前的 SQL 语言。1976 年，SQL 开始在商品化关系数据库管理系统中应用。1982 年，美国国家标准化组织 ANSI 确认 SQL 为数据库系统的工业标准。SQL 是一种介于关系代数和关系演算之间的语言，具有丰富的查询功能，同时具有数据定义和数据控制功能，是集数据定义、数据查询和数据控制于一体的关系数据语言。目前，有许多关系型数据库管理系统支持 SQL 语言，如 SQL Server、Access、Oracle、MySQL、DB2 等。

SQL 语言的功能包括数据查询、数据操纵、数据定义和数据控制 4 个部分。SQL 语言简洁、方便、实用，为完成其核心功能只用了 6 个动词——SELECT、CREATE、INSERT、UPDATE、DELETE 和 GRANT（REVOKE）。作为关系数据库的标准语言，它已被众多商用数据库管理系统产品所采用，成为应用最广的关系数据库语言。不过，不同的数据库管理系统在其实践过程中都对 SQL 规范做了某些编改和扩充。所以，实际上不同数据库管理系统之间的 SQL 语言不能完全相互通用。例如，甲骨文公司的 Oracle 数据库所使用的 SQL 语言是 Procedural Language / SQL（简称 PL / SQL），而微软公司的 SQL Server 数据库系统支持的是 Transact-SQL（简称 T-SQL）。MySQL 也对 SQL 标准进行了扩展，只是至今没有命名。

1.2　数据库的体系结构

数据库三级模式
结构

1.2.1　数据库三级模式结构

数据库系统的三级模式结构是指模式、外模式和内模式。下面分别进行介绍。

1. 模式

模式也称逻辑模式或概念模式，是数据库中全体数据的逻辑结构和特征的描述，是所有用户的公共数据视图。一个数据库只有一个模式。模式处于三级结构的中间层。

定义模式时不仅要定义数据的逻辑结构，而且要定义数据之间的联系，定义与数据有关的安全性、完整性要求。

2. 外模式

外模式也称用户模式，它是数据库用户（包括应用程序员和最终用户）能够看见和使用的局部数据的逻辑结构和特征的描述，是数据库用户的数据视图，是与某一应用有关的数据的逻辑表示。外模式是模式的子集，一个数据库可以有多个外模式。

 说明 外模式是保证数据安全性的一个有力措施。

3. 内模式

内模式也称存储模式，一个数据库只有一个内模式。它是数据物理结构和存储方式的描述，是数据在数据库内部的表示方式。

1.2.2 三级模式之间的映射

为了能够在内部实现数据库的三个抽象层次的联系和转换，数据库管理系统在三级模式之间提供了两层映射，分别为外模式／模式映射和模式／内模式映射，下面分别介绍。

三级模式之间的
映射

1. 外模式／模式映射

对于同一个模式可以有任意多个外模式。对于每一个外模式，数据库系统都有一个外模式／模式映射。当模式被改变时，数据库管理员对各个外模式／模式映射做相应的改变，可以使外模式保持不变。这样，依据数据外模式编写的应用程序就不用修改，保证了数据与程序的逻辑独立性。

2. 模式／内模式映射

数据库中只有一个模式和一个内模式，所以模式／内模式的映射是唯一的，它定义了数据库的全局逻辑结构与存储结构之间的对应关系。当数据库的存储结构被改变时，数据库管理员对模式／内模式映射做相应的改变，可以使模式保持不变，应用程序相应地也不做变动。这样，保证了数据与程序的物理独立性。

1.3 E-R 图

E-R 图（Entity-Relationship Diagram）也称"实体—关系图"，用于描述现实世界的事物，以及事物与事物之间的关系。其中 E 表示实体，R 表示关系。它提供了表示实体类型、属性和关系的方法。下面将详细介绍实体、属性、关系，以及 E-R 图的设计原则。

1.3.1 实体和属性

在数据库领域中，客观世界中的万事万物都被称为实体。实体既可以是指客观存在并可相互区别的事物，例如高山、流水、学生、老师等，又可以是一些抽象的概念或地理名词，例如精神生活、物质基础、吉林省、北京市等。实体的特征（外在表现）

实体和属性

称为属性，通过属性可以区分同类实体。例如，一本书可以具备下列属性：书名、大小、封面颜色、页数、出版社等，并且根据这些属性可以在一堆图书中找到所要的图书。

在通常情况下，开发人员在设计 E-R 图时，使用矩形表示实体，在矩形框内写明实体名（实体名是每个实体的唯一标识），使用椭圆表示属性，并且使用无向边将其与实体连接起来。

【例 1-1】 设计图书馆管理系统的图书实体图。在图书馆管理系统中，图书是一个实体，它包括编号、条形码、书名、类型、作者、译者、出版社、价格、页码、书架、录入时间、操作员和是否删除等属性。对应的实体图如图 1-1 所示。

图 1-1　图书馆管理系统的图书实体图

 说明 在图书馆的图书实体的属性中，"是否删除"属性用于标记图书是否被删除，由于图书馆中的图书信息不可以被随意删除，所以即使当某种图书不能再借阅，而需要删除其档案信息时，也只能采用设置删除标记的方法。

1.3.2　关系

关系

在客观世界中，实体并不是孤立存在的，通常还存在一些联系。在 E-R 图中，可以使用关系表示实体间的联系。通常使用菱形表示实体间的联系，在菱形框内写明联系名，并且使用无向边将其与有关的实体连接起来。同时，还需要在无向边旁标上关系的类型。

在通常情况下，实体间存在以下 3 种联系。

❑　一对一关系

一对一关系是指两个实体 A 和 B，如果 A 中的每一个值在 B 中至多有一个实体值与其对应，反之亦然，那么则称 A 和 B 为一对一关系。在 E-R 图中，使用（1∶1）表示。例如，在一个图书馆中，只能有一个馆长，反之一个馆长只能在一个图书馆任职。

❑　一对多关系

一对多关系是指两个实体 A 和 B，如果 A 中的每一个值在 B 中有多个实体值与其对应，反之在 B 中每一个实体值在 A 中至多有一个实体值与之对应，那么则称 A 和 B 为一对多关系。在 E-R 图中，使用（1∶n）表示。例如，在图书馆中，一个书架上可以放置多本图书，但是一本图书只能放置在一个书架上。因此书架和图书之间存在一对多的关系。

❑　多对多关系

多对多关系是指两个实体 A 和 B，如果 A 中的每一个值在 B 中有多个实体值与其对应，反之亦然，那么则称 A 和 B 为多对多关系。在 E-R 图中，使用（m∶n）表示。例如，在图书馆中，一个读者可以借阅多本图书，反之一本图书也可以被多个读者借阅，因此读者和图书之间存在多对多的关系。

1.3.3　E-R 图的设计原则

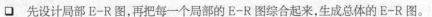

E-R 图的设计原则

E-R 图的设计虽然没有一个绝对固定的方法，但一般情况下，需要遵循以下基本原则。

❑　先设计局部 E-R 图，再把每一个局部的 E-R 图综合起来，生成总体的 E-R 图。

❑　属性应该存在于且只存在于某一个实体或者关系中。这样可以避免数据冗余。例如，在图 1-2

所示的 E-R 图中，就出现了大量的数据冗余，所借图书属性不能重复。

图 1-2　存在冗余的读者实体图

□　实体是一个单独的个体，不能存在于另一个实体中，即不能作为另一个实体的属性。例如，图 1-1 所示的图书实体，不能作为借阅实体的一个属性。

□　同一个实体在同一个 E-R 图中只能出现一次。

> 【例 1-2】　设计图书馆管理系统的 E-R 图。在图书馆管理系统中，主要包括两个实体和两个关系，两个实体分别是图书和读者实体；两个关系分别是借阅和归还，这两个关系都是多对多的关系。其中，在借阅关系中，还包括借阅日期属性；在归还关系中，还包括归还日期属性。对应的 E-R 图如图 1-3 所示。

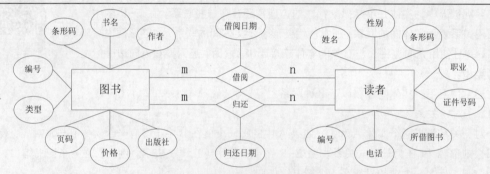

图 1-3　图书馆管理系统的 E-R 图

1.4　数据库设计

在设计出 E-R 图后，就可以根据该 E-R 图生成对应的数据表，具体步骤如下。

（1）为 E-R 图中的每一个实体创建一张对应的数据表。

（2）为每张数据表定义主键（一般情况下，会将作为唯一标识的编号作为主键）或者外键。

（3）创建新数据表表示多对多关系。

（4）为字段选择合适的数据类型。

（5）定义约束条件（可选）。

下面将进行详细介绍。

1.4.1　为实体建立数据表

在 E-R 图中，每个实体通常对应一张数据表。实体的属性对应于数据表中的字段。在程序的开发过程中，考虑到程序的兼容性，通常使用英文的字段名，所以在转换的

为实体建立数据表

过程中，经常需要将中文的属性名转换为对应意义的英文。例如，可以将"书名"属性转换为 bookname。

> 【例 1-3】 根据如图 1-1 所示的图书实体图，可以得到包含编号、条形码、书名、类型、作者、译者、出版社、价格、页码、书架、录入时间、操作员和是否删除 13 个字段的图书信息表，对应的结构如下：

tb_bookinfo(id, barcode, bookname, typeid, author, ranslator, ISBN, page, rice, bookcase, inTime, operator, del)

1.4.2 为表建立主键或外键

为表建立主键或外键

由于在设计数据表时，不允许出现完全相同的两条记录，所以通常会创建一个关键字（Key）字段，用于唯一标识数据表中的每一条记录。例如，在读者信息表中，由于条形码不允许重复且不允许为空，所以条形码可以作为读者信息表中的关键字。另外，在读者信息表中，还存在一个编号字段，该字段也不允许重复且不允许为空，所以编号字段也可以作为读者信息表中的关键字。

1. 建立主键

在设计数据库时，为每个实体建立对应的数据表后，通常还会为其创建主键，建立主键表称为主表。一般情况下，主键都是在所有的关键字中选择。在选择主键时，一般遵循以下两条原则。

- ❑ 作为主键的关键字可以是一个字段，也可以是字段的组合。
- ❑ 作为主键的字段的值必须具有唯一性，并且不能为空（null）。如果主键由多个字段构成时，那么这些字段都不能为空。

例如，在创建图书信息表时，由于编号字段不能重复，并且不能为空，所以 id 字段可以作为主键。添加主键后，tb_bookinfo 的结构如下（加下划线的字段为主键）：

tb_bookinfo(<u>id</u>, barcode, bookname, typeid, author, ranslator, ISBN, page, rice, bookcase, inTime, operator, del)

2. 建立外键

如果存在两张数据表，如果表 T1 中的一个字段 fk 对应于表 T2 的主键 pk，那么字段 fk 则称为表 T1 的外键，T1 称为外键表或子表。此时，表 T1 的字段 fk，要么是表 T2 的主键 pk 的值，要么是空值。外键通常是用于实现参照完整性的。

例如，存在一对多关系的两个实体"图书"和"出版社"，它们转换为数据表后，对应的主外键关系如下：

tb_bookinfo(<u>id</u>, barcode, bookname, typeid, author, ranslator, *ISBN*, page, rice, bookcase, inTime, operator, del)
tb_publishing(<u>ISBN</u>, pubname)

其中，在 tb_bookinfo 表中，ISBN 为外键；在 tb_publishing 表中，ISBN 为主键。

1.4.3 为字段选择合适的数据类型

为字段选择合适的数据类型

在数据库设计过程中，为字段选择合适的数据类型也非常重要。合适的数据类型可以有效地节省数据库的存储空间、提升数据的计算性能、节省数据的检索时间。在数据库管理系统中，常用的数据类型包括字符串类型、数值类型和日期时间类型。下面分别进行介绍。

（1）字符串类型

字符串类型用于保存一系列的字符。这些字符在使用时是采用单引号括起来的，主要用于保存不参与运算的信息。例如，图书名称'HTML 5 从入门到精通'、条形码'9787302210337'和 ISBN'302'都属于字符串类型。虽然后面两个在外观上看是整数，但是这些整数只是显示用的，不参与计算，所以也设置为字符串类型。字符串类型可以分为定长字符串类型和变长字符串类型。其中，定长字符串类型保存的数据长度都一样，如果输入的数据没有达到要求的长度，那么会自动用空格补全；而变长字符串类型保存的数据长度与输入的数据相同（前提是输入的数据不超出该字段设置的长度）。

（2）数值类型

数据类型是指可以参与算术运算的类型。它可以分为整型和小数类型，其中小数类型又包括浮点型和双精度型。例如，图书的本数就可以设置为整型，而图书的单价就需要设置为浮点型。

（3）日期时间类型

日期时间类型是指用于保存日期或者时间的数据类型。通常可以分为日期类型、时间类型和日期时间类型。其中，日期类型存储的数据是"YYYY-MM-DD"格式的字符串；时间类型存储的数据是"hh:mm:ss"格式的字符串；日期时间类型存储的数据是"YYYY-MM-DD hh:mm:ss"格式的字符串。例如，图书借阅时间就可以设置为日期时间类型，因为需要存储日期和时间。

1.4.4 定义约束条件

定义约束条件

在设计数据库时，还可能需要为数据表设置一些约束条件，从而保证数据的完整性。常用的约束条件有以下 6 种。

❑ 主键约束：用于约束唯一性和非空性，通过为表设置主键实现。一张数据表中只能有一个主键。在数据录入过程中主键字段必须唯一，并且不能为空。

❑ 外键约束：需要建立两张数据表间的关系，并且引用主表的字段。外键字段的数据要么是主键字段的某个值，要么是空。在建立关系时，主表和子表通过外键关联。

❑ 唯一性约束：用于约束唯一性，可以通过为表设置唯一性约束实现。满足唯一性约束的字段可以为空。

❑ 非空约束：用于约束表中的某个字段不能为空。

❑ 检查约束：用于检查字段的输入值是否满足指定的条件。如果输入的数据与指定的字段类型不匹配，那么该数据将不能被写入到数据库中。对于这个约束，一般的数据库管理系统都会自动检查。

❑ 默认值约束：用于为字段设置默认值。当输入数据时，如果该字段没有输入任何内容，那么会自动填入指定的默认值。

小 结

本章主要介绍的是数据库技术中的一些基本概念和原理，包括数据库与数据库管理系统、数据模型的概念、常见的数据模型、数据库的三级模式结构、三级模式之间的映射、E-R 图以及数据库设计等内容。其中，常见的数据模型和 E-R 图以及数据库设计是本章的重点，希望大家认真学习，重点掌握。

习 题

1. 简述数据库与数据库管理系统的区别。
2. 什么是结构化查询语言 SQL？
3. 什么 E-R 图，它由哪些元素组成？
4. 简述 E-R 图的设计原则。
5. 根据 E-R 图生成对应的数据表的基本步骤是什么？

第2章

MySQL概述

本章要点：

了解MySQL数据库的概念 ■
了解MySQL的优势 ■
了解MySQL的发展史 ■
了解MySQL的特性 ■
了解如何下载MySQL数据库 ■
掌握MySQL数据库的安装方法 ■
掌握启动和关闭MySQL服务器的
方法 ■
掌握连接和断开MySQL服务器的
方法 ■
掌握配置系统Path变量的方法 ■

■ 学习任何一门计算机语言都不能一蹴而就，必须遵循一个客观的原则——从基础学起，循序渐进。这个学习的过程，就好比一个婴儿的成长过程，不可能还没学习走路，就去参加世界锦标赛进行百米跨栏。所以一门计算机语言的基础是一个人技术实力的根基，也好比一棵大树的树根，掌握的基础知识越牢固，树根扎得越深，那么再大的暴风骤雨也不会畏惧。本章将从初学者的角度考虑，知识与实例配合，使读者轻松了解 MySQL 数据库的基础知识，快速入门。

2.1 为什么选择 MySQL 数据库

MySQL 数据库可以称得上是目前运行速度最快的 SQL 语言数据库。除了具有许多其他数据库所不具备的功能和选择之外，MySQL 数据库还是一种完全免费的产品，用户可以直接从网上下载使用，而不必支付任何费用。另外 MySQL 数据库的跨平台性也是一个很大的优势。

什么是 MySQL 数据库

2.1.1 什么是 MySQL 数据库

MySQL 数据库是由瑞典的 MySQL AB 公司开发的一个关系型数据库管理系统。通过它可以有效地组织和管理存储在数据库中的数据。MySQL 数据库可以称得上是目前运行速度最快的 SQL 语言数据库。

2.1.2 MySQL 的优势

MySQL 数据库是一款自由软件，任何人都可以从 MySQL 的官方网站下载该软件。MySQL 是一个真正的多用户、多线程的 SQL 数据库服务器。它是以客户机／服务器的结构实现，由一个服务器守护程序 mysqld 和很多不同的客户程序和库组成的。它能够快捷、有效和安全地处理大量的数据。相对于 Oracle 等数据库来说，MySQL 的使用是非常简单的。MySQL 主要目标是快捷、便捷和易用。

MySQL 的优势

2.1.3 MySQL 的发展史

MySQL 名称的起源不明。10 多年来，我们的基本目录以及大量库和工具均采用了前缀 "my"。不过，共同创办人 Monty Widenius 的女儿名字也叫 "My"。时至今日，MySQL 名称的起源仍是一个谜。

MySQL 的发展史

MySQL 徽标的名称为 "Sakila"，是一只海豚（Dolphin），它是由 MySQL AB 公司的创办人从用户在 "Dolphin 命名" 比赛中提供的众多建议中选定的。该名称是由来自非洲斯威士兰的开放源码软件开发人 Ambrose Twebaze 提出的。根据 Ambrose 的说法，按斯威士兰的本地语言，女性化名称 Sakila 源自 SiSwati（西斯瓦提文，一种斯威士兰方言）。Sakila 也是坦桑尼亚、Arusha 地区的一个镇的镇名，靠近乌干达。

MySQL 从无到有，到技术的不断更新，版本的不断升级，经历了一个漫长的过程，这个过程是实践的过程，是 MySQL 成长的过程。时至今日，MySQL 的版本已经更新到了 MySQL 5.7。

2.2 MySQL 特性

MySQL 是一个真正的多用户、多线程的 SQL 数据库服务器。SQL（结构化查询语言）是世界上最流行的和标准化的数据库语言。下面我们来看一下 MySQL 的特性。

MySQL 特性

- ❑ 使用 C 和 C++编写，并使用了多种编译器进行测试，保证了源代码的可移植性。
- ❑ 支持 AIX、FreeBSD、HP-UX、Linux、Mac OS、Novell Netware、OpenBSD、OS／2 Wrap、Solaris、Windows 等多种操作系统。
- ❑ 为多种编程语言提供了 API。这些编程语言包括 C、C++、Python、Java、Perl、PHP、Eiffel、Ruby 和 Tcl 等。
- ❑ 支持多线程，充分利用 CPU 资源。

❑ 优化了 SQL 查询算法，有效地提高了查询速度。

❑ 既能够作为一个单独的应用程序应用在客户端服务器网络环境中，也能够作为一个库而嵌入到其他的软件中提供多语言支持，常见的编码如中文的 GB2312、BIG5，日文的 Shift_JIS 等都可以用作数据表名和数据列名。

❑ 提供了 TCP / IP、ODBC 和 JDBC 等多种数据库连接途径。

❑ 提供了用于管理、检查、优化数据库操作的管理工具。

❑ 可以处理拥有上千万条记录的大型数据库。

MySQL 目前的最新版本是 MySQL 5.7，它提供了一组专用功能集，在当今现代化、多功能处理硬件和软件以及中间件构架涌现的环境中，极大地提高了 MySQL 的性能、可扩展性、可用性。

MySQL5.7 融合了 MySQL 数据库和 InnoDB 存储引擎的优点，能够提供高性能、高安全性的数据管理解决方案，包括以下几点。

❑ root 用户的密码不再是空，而是随机产生一个密码，这样更安全。

❑ 支持为表增加计算列功能，即某一列的值是通过其他列计算得来。

❑ 提供了更加简单的 SSL 安全访问配置，并且默认连接就采用 SSL 的加密方式。

❑ 增加密码过期机制，过期后需要修改密码，否则可能会被禁用，或者进入沙箱模式。

❑ 提供了对 JSON 的支持。

❑ 增强了 InnoDB 引擎的一些功能。

❑ 支持多线程复制。

2.3 MySQL 服务器的安装与配置

2.3.1 下载 MySQL

下载 MySQL

MySQL 是一款开源的数据库软件，由于其免费特性得到了全世界用户的喜爱，是目前使用人数最多的数据库。下面将详细讲解如何下载该数据库。

（1）在浏览器的地址栏中输入地址 "http://dev.mysql.com/downloads/"，并按下〈Enter〉键，将进入到 MySQL 官方网站的下载页面，如图 2-1 所示。

图 2-1　MySQL 官方网站的下载页面

（2）单击 "MySQL Community Server" 栏目下的 "DOWNLOAD" 超链接，将进入 "Download MySQL Community Server" 页面，在该页面中，显示不同格式 MySQL 的下载按钮，滚动条滚动到图 2-2 所示

的位置。

图 2-2 "Download MySQL Community Server" 页面

（3）单击"Windows (x86, 32-bit),MySQL Installer MSI"超链接或者其右侧的"Download"按钮，将进入到"Download MySQL Installer"页面，在该页面中，可以选择下载在线安装包或是离线安装包，滚动条滚动到图 2-3 所示的位置。

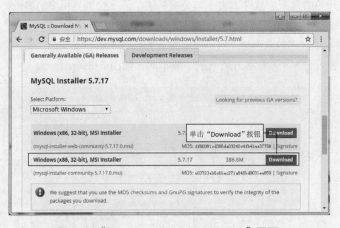

图 2-3 "Download MySQL Installer" 页面

（4）这里下载离线安装包，单击"Windows (x86, 32-bit), MSI Installer"超链接或者其右侧的"Download"按钮，在进入的开始下载页面中，滚动条滚动到图 2-4 所示的位置。

（5）如果有 MySQL 的账户，可以单击"Login"按钮，登录账户后下载，如果没有 MySQL 账户也可以直接单击下方的"No thanks, just start my download."超链接，跳过注册步骤，直接下载，如图 2-5 所示。

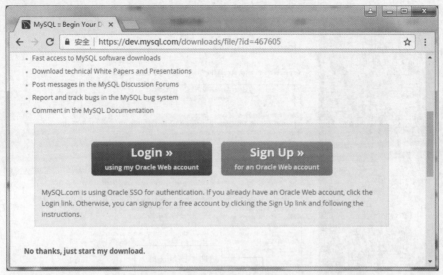

图 2-4　选择下载的 MySQL 版本

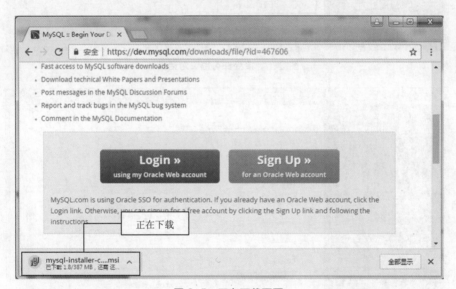

图 2-5　正在下载页面

2.3.2　MySQL 环境的安装

下载完成后，将得到一个名称为 mysql-installer-community-5.7.17.0.msi 的安装文件。双击该文件即可进行 MySQL 的安装。具体的安装过程如下。

（1）双击下载后的 mysql-installer-community-5.7.17.0.msi 文件，打开等待安装进度对话框，等待一会儿后，自动打开安装向导，首先将打开 "License Agreement" 对话框，询问是否接受协议，选中 "I accept the license terms" 复选框接受协议，如图 2-6 所示。

MySQL 环境的安装

（2）单击 "Next" 按钮，将打开 "Choosing a Setup Type" 对话框，在该对话框中，共包括 Developer Default（开发者默认）、Server Only（仅服务器）、Client only（仅客户端）、Full（完全）和 Custom（自定义）5 种安装类型，这里选择开发者默认，如图 2-7 所示。

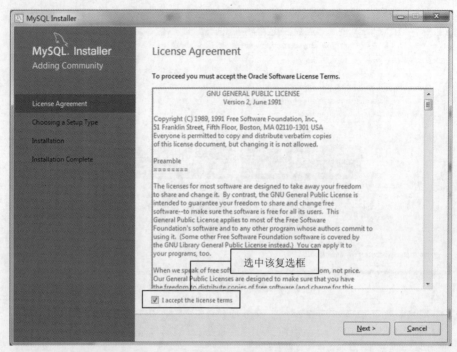

图 2-6　接受许可协议对话框

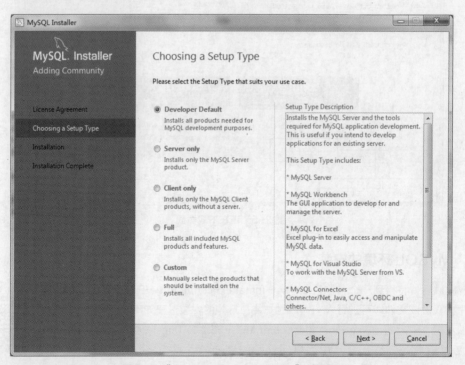

图 2-7　"Choosing a Setup Type"对话框

　　（3）单击"Next"按钮，将打开如图 2-8 所示的"Check Requirements"对话框，在该对话框中检查系统是否具备安装所必须的组件，如果不存在，单击"Execute"按钮，将在线安装所需插件，安装完成后，将显示图 2-9 所示的对话框。

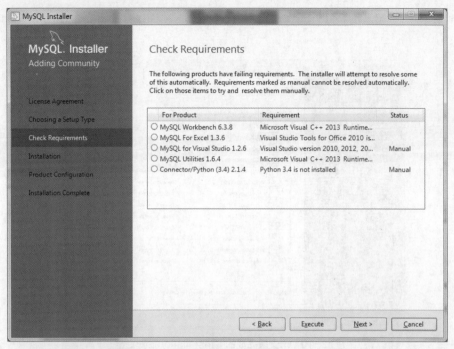

图 2-8　未满足全部安装条件时的"Check Requirements"对话框

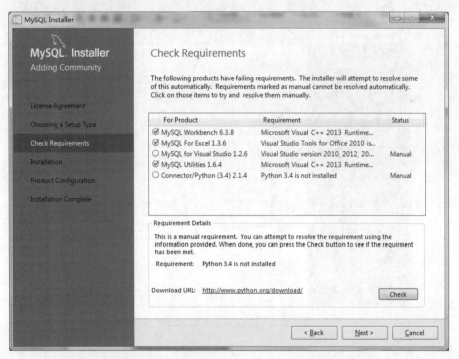

图 2-9　安装条件已全部满足时的"Check Requirements"对话框

说明　在线安装所需插件后，会有两个不能实现在线安装，由于我们不需要进行 Python 开发，所以这两个组件可以不用安装。

（4）单击"Next"按钮，将弹出一个警告对话框；单击"是"按钮，打开图 2-10 所示的"Installation"对话框。

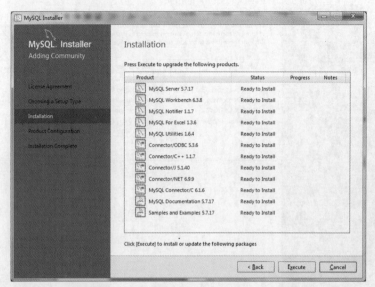

图 2-10　未安装完成的"Installation"对话框

（5）单击"Execute"按钮，开始安装，并显示安装进度。安装完成后，将显示图 2-11 所示的对话框。

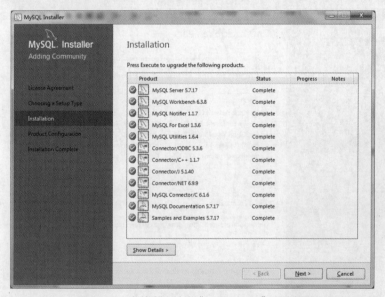

图 2-11　安装完成时的"Installation"对话框

（6）单击"Next"按钮，将打开"Product Configuration"对话框，在该对话框中显示需要进行配置的产品；单击"Next"按钮，将打开"Type and NetWorking"对话框，该对话框提供了用于选择服务器的类型的"MySQL Server Configuration"下拉列表框，在该下拉列表框中共提供了 Development Machine（开发者类型）、Server Machine（服务器类型）和 Dedicated Machine（致力于 MySQL 服务类型）。这里选择默认的开发者类型。在下方还提供了设置端口号的文本框，默认端口号为 3306，如图 2-12 所示。

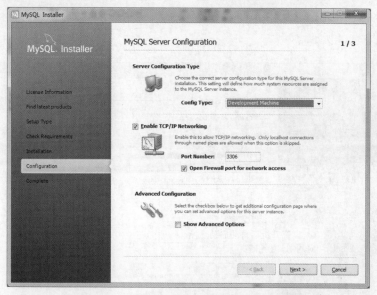

图 2-12　配置服务器类型和网络选项的对话框

 MySQL 使用的默认端口是 3306，在安装时，也可以修改为其他的，例如 3307。但是一般情况下不要修改默认的端口号，除非 3306 端口已经被占用。

（7）单击"Next"按钮，将打开用于设置用户和安全的"Accounts and Roles"对话框，在这个对话框中，可以设置 root 用户的登录密码，也可以添加新用户，这里只设置 root 用户的登录密码为 root，其他采用默认，如图 2-13 所示。

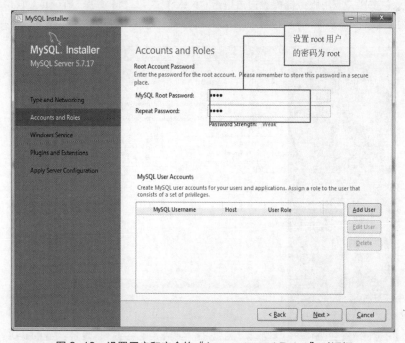

图 2-13　设置用户和安全的"Accounts and Roles"对话框

（8）单击 "Next" 按钮，将打开 "Windows Service" 对话框，开始配置 MySQL 服务器，这里采用默认设置，如图 2-14 所示。

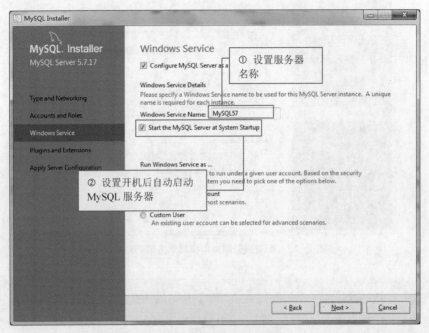

图 2-14　配置 MySQL 服务器

（9）单击 "Next" 按钮，将显示 "Plugins and Extensions" 对话框，在该对话框中采用默认设置；直接单击 "Next"按钮，将显示 "apply server Configuration" 对话框，在该对话框中采用默认设置；直接单击 "Next" 按钮，应用服务器配置；再单击 "Next" 按钮，将显示 "Product Configuration" 对话框，如图 2-15 所示。

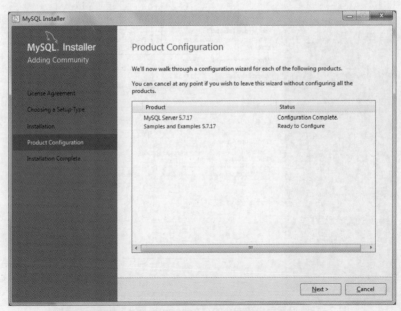

图 2-15　"Product Configuration" 对话框

（10）单击"Next"按钮，将显示"Connect To Server"对话框，在该对话框中，单击"Check"按钮，将显示图 2-16 所示的界面。

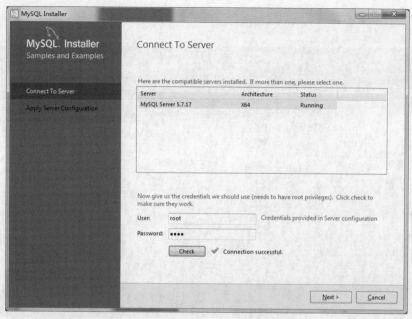

图 2-16　"Connect To Server"对话框

（11）单击"Next"按钮，将显示应用服务器配置对话框；单击"Execute"按钮，应用服务器配置，配置完成后，单击"Finish"按钮，将显示配置完成的"Product Configuration"对话框。在该对话框中，直接单击"Next"按钮，显示图 2-17 所示的安装成功对话框，单击"Finish"按钮，完成 MySQL 的安装。

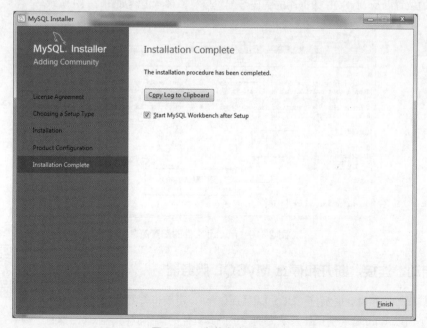

图 2-17　安装完成对话框

（12）安装完成后，将自动启动 MySQL Workbench 工具，如图 2-18 所示。该工具为 MySQL 提供的图形化操作 MySQL 数据库的工具。

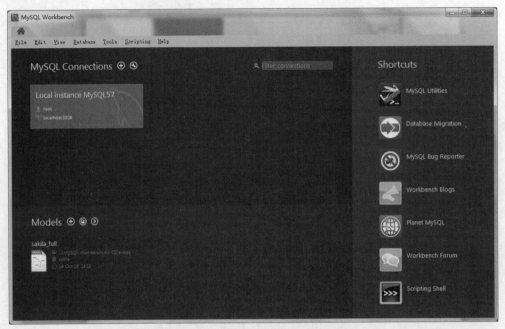

图 2-18　MySQL Workbench 工具

到此，MySQL 安装成功，如果要查看 MySQL 的安装配置信息，则可以通过 MySQL 安装目录下的 my.ini 文件来完成。

在 my.ini 文件中，可以查看到 MySQL 服务器的端口号、MySQL 在本机的安装位置、MySQL 数据库文件存储的位置以及 MySQL 数据库的编码等配置信息。参考内容如图 2-19 所示。

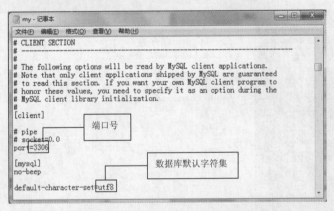

图 2-19　my.ini 文件的配置信息

2.3.3　启动、连接、断开和停止 MySQL 服务器

通过系统服务器和命令提示符（DOS）都可以启动、连接和关闭 MySQL，操作非常简单。下面以 Windows 7 操作系统为例，讲解其具体的操作流程。注意，我们建议通常情况下不要停止 MySQL 服务器，否则数据库将无法使用。

启动、连接、断开和
停止 MySQL 服务器

1. 启动、停止 MySQL 服务器

启动、停止 MySQL 服务器的方法有两种——系统服务器和命令提示符（DOS）。

❑ 通过系统服务器启动、停止 MySQL 服务器。

如果 MySQL 设置为 Windows 服务，则可以通过选择"开始"/"控制面板"/"系统和安全"/"管理工具"/"服务"命令打开 Windows 服务管理器。在服务器的列表中找到"MySQL"服务并右键单击，在弹出的快捷菜单中完成 MySQL 服务的各种操作（启动、重新启动、停止、暂停和恢复），如图 2-20 所示。

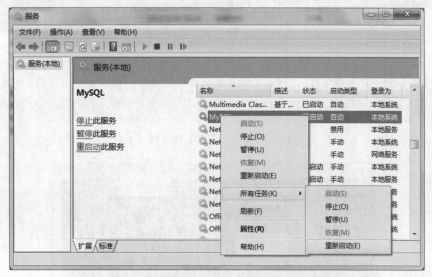

图 2-20 通过系统服务启动、停止 MySQL 服务器

❑ 在命令提示符下启动、停止 MySQL 服务器。

选择"开始"/"运行"命令，在弹出的"运行"窗口中输入"cmd"命令，按〈Enter〉键进入 DOS 窗口。在命令提示符下输入：

```
\> net start mysql57
```

此时再按〈Enter〉键，启用 MySQL 服务器。

在命令提示符下输入：

```
\> net stop mysql57
```

按〈Enter〉键，即可停止 MySQL 服务器。在命令提示符下启动、停止 MySQL 服务器的运行效果如图 2-21 所示。

图 2-21 在命令提示符下启动、停止 MySQL 服务器

2. 连接和断开 MySQL 服务器

下面分别介绍连接和断开 MySQL 服务器的方法。

❑ 连接 MySQL 服务器。

连接 MySQL 服务器通过 mysql 命令实现。在 MySQL 服务器启动后，选择"开始"/"运行"命令，在弹出的"运行"窗口中输入"cmd"命令，按〈Enter〉键后进入 DOS 窗口，在命令提示符下输入：

在连接 MySQL 服务器时，MySQL 服务器所在地址（如 -h127.0.0.1）可以省略不写。另外，在通过-p 参数指定密码时，参数-p 和密码之间不要写空格，即直接在-p 的后面写密码。

输入完命令语句后，按〈Enter〉键即可连接 MySQL 服务器，如图 2-22 所示。

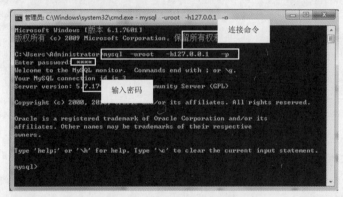

图 2-22　连接 MySQL 服务器

为了保护 MySQL 数据库的密码，可以采用如图 2-22 所示的密码输入方式。如果密码在-p后直接写出，那么密码就以明文显示，例如：mysql － uroot － h127.0.0.1 － proot。
按〈Enter〉键后再输入密码（以加密的方式显示），然后再按〈Enter〉键即可成功连接 MySQL服务器。

如果用户在使用 mysql 命令连接 MySQL 服务器时弹出图 2-23 所示的信息，那么说明用户未设置系统的环境变量。

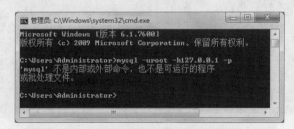

图 2-23　连接 MySQL 服务器出错

也就是说没有将 MySQL 服务器的 bin 文件夹位置添加到 Windows 的"环境变量"/"系统变量"/"path"中，从而导致命令不能执行。

下面介绍这个环境变量的设置方法，步骤如下。

（1）右击"计算机"图标，在弹出的快捷菜单中选择"属性"命令，在弹出的对话框中选择"高级系统设置"，弹出"系统属性"对话框，如图 2-24 所示。

（2）在"系统属性"对话框中，选择"高级"选项，单击"环境变量"按钮，弹出"环境变量"对话框，如图 2-25 所示。

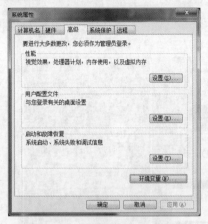 

图 2-24 "系统属性"对话框   图 2-25 "环境变量"对话框

（3）在"环境变量"对话框中，定位到"系统变量"中的"path"选项，单击"编辑"按钮，将弹出"编辑系统变量"对话框，如图 2-26 所示。

图 2-26 "编辑系统变量"对话框

（4）在"编辑系统变量"对话框中，将 MySQL 服务器的 bin 文件夹位置（G:\Program Files\MySQL\MySQL Server 5.7\bin）添加到变量值文本框中，注意要使用";"与其他变量值进行分隔，最后单击"确定"按钮。

设置完成环境变量后，再使用 mysql 命令即可成功连接 MySQL 服务器。

连接到 MySQL 服务器后，可以通过在 MySQL 提示符下输入"exit"或者"quit"命令断开 MySQL 连接，格式如下：

```
mysql> quit;
```

小　结

　　本章介绍了 MySQL 的基础知识，以及 MySQL 服务器的安装与配置。通过本章的学习，希望读者了解什么是 MySQL 数据库、MySQL 的发展史，以及 MySQL 都有哪些特性，并且能成功地安装与配置好 MySQL 数据库，为以后的学习打下良好的基础。

MySQL 数据库安装完成后，会自动安装一个图形化工具 Workbench，用于创建并管理数据库，用户可以使用该工具以图形化的方式管理 MySQL 数据库。使用图形化工具 Workbench 管理 MySQL 数据库，具体步骤如下。

（1）在"开始"菜单中选择"所有程序"/"MySQL"/"MySQL Workbench 6.3 CE"菜单项，将打开如图 2-27 所示的 MySQL Workbench 主屏界面。

上机指导

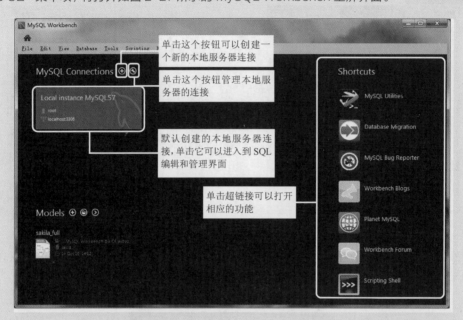

图 2-27　MySQL Workbench 主屏界面

（2）在图 2-27 所示界面中，单击"Local instance MySQL 57"超链接，将打开一个输入用户密码的对话框，在该对话框中输入 root 用户的密码，这里为 root，如图 2-28 所示。

图 2-28　输入用户密码对话框

（3）单击"OK"按钮，即可打开图 2-29 所示的 MySQL Workbench 数据库管理界面，在该界面中，可以进行创建 / 管理数据库、创建 / 管理数据表、编辑表数据、查询表数据、执行已有的 SQL 脚本等操作。

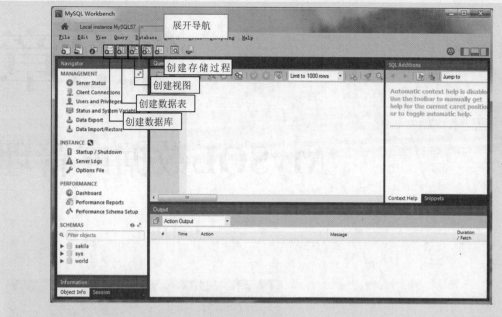

图 2-29　MySQL Workbench 数据库管理界面

习　题

2-1　什么是 MySQL 数据库，它有哪些主要特征？

2-2　如何启动和停止 MySQL 服务器？

2-3　如何连接和断开 MySQL 服务器？

第3章

MySQL数据库管理

本章要点:

掌握创建数据库的几种方法 ■
掌握查看和选择数据库的方法 ■
掌握修改数据库的方法 ■
掌握删除数据库的方法 ■
掌握数据库存储引擎的应用方法 ■

■ 数据库管理操作主要是创建数据库、查看数据、选择数据库、修改数据库和删除数据库。启动并连接MySQL 服务器后，即可对 MySQL数据库进行这些操作，操作 MySQL数据库的方法非常简单，下面进行详细介绍。

3.1 创建数据库

3.1.1 通过 CREATE DATABASE 语句创建数据库

使用 CREATE DATABASE 语句可以轻松创建 MySQL 数据库。语法如下：

```
CREATE  DATABASE  数据库名;
```

在创建数据库时，数据库命名有以下 5 项规则。

- ❑ 不能与其他数据库重名，否则将发生错误。
- ❑ 名称可以由任意字母、阿拉伯数字、下划线（_）和 "$" 组成，可以使用上述的任意字符开头，但不能使用单独的数字，否则会造成它与数值相混淆。
- ❑ 名称最长可为 64 个字符，而别名最多可长达 256 个字符。
- ❑ 不能使用 MySQL 关键字作为数据库名、表名。
- ❑ 在默认情况下，Windows 下数据库名、表名的大小写是不敏感的，而在 Linux 下数据库名、表名的大小写是敏感的。为了便于数据库在平台间进行移植，建议读者采用小写来定义数据库名和表名。

【例 3-1】 通过 CREATE DATABASE 语句创建图书馆管理系统的数据库，名称为 db_library，具体代码如下：

```
CREATE DATABASE db_library;
```

运行效果如图 3-1 所示。

图 3-1 创建 MySQL 数据库

3.1.2 通过 CREATE SCHEMA 语句创建数据库

上面介绍的例 3-1 是最基本的创建数据库的方法，实际上，我们还可以通过语法中给出的 CREATE SCHEMA 来创建数据库，两者的功能是一样的。在使用 MySQL 官网中提供的 MySQL Workbench 图形化工具创建数据库时，使用的就是这种方法。

【例 3-2】 通过 CREATE SCHEMA 语句创建一个名称为 db_library1 的数据库，具体代码如下：

```
CREATE SCHEMA db_library1;
```

运行效果如图 3-2 所示。

图 3-2 通过 CREATE SCHEMA 语句创建 MySQL 数据库

3.1.3　创建指定字符集的数据库

在创建数据库时，如果不指定其使用的字符集或者是字符集的校对规则，那么将根据 my.ini 文件中指定的 default-character-set 变量的值来设置其使用的字符集。从创建数据库的基本语法中可以看出，在创建数据库时，还可以指定数据库所使用的字符集，下面将通过一个具体的例子来演示如何在创建数据库时指定字符集。

创建指定字符集的
数据库

【例 3-3】　通过 CREATE DATABASE 语句创建一个名称为 db_library_gbk 的数据库，并指定其字符集为 GBK，具体代码如下：

```
CREATE DATABASE db_library_gbk
CHARACTER SET = GBK;
```

运行效果如图 3-3 所示。

图 3-3　创建使用 GBK 字符集的 MySQL 数据库

3.1.4　创建数据库前判断是否存在同名数据库

在 MySQL 中，不允许同一系统中存在两个相同名称的数据库，如果要创建的数据库名称已经存在，那么系统将给出以下错误信息：

创建数据库前判断
是否存在同名
数据库

```
ERROR 1007 (HY000): Can't create database 'db_library'; database exists
```

为了避免错误的发生，在创建数据库时，可以使用 IF NOT EXISTS 选项来实现在创建数据库前判断该数据库是否存在，只有不存在时，才会进行创建。

【例 3-4】　通过 CREATE DATABASE 语句创建图书馆管理系统的数据库，名称为 db_library，并在创建前判断该数据库名称是否存在，只有不存在时才进行创建，具体代码如下：

```
CREATE DATABASE IF NOT EXISTS db_library;
```

运行效果如图 3-4 所示。

图 3-4　创建已经存在的数据库的效果

将上面的数据库名称修改为 db_library2 后，再次执行将成功创建数据库 db_library2，显示效果如图 3-5 所示。

图 3-5　创建不存在的数据库的效果

3.2 查看数据库

成功创建数据库后，可以使用 SHOW 命令查看 MySQL 服务器中的所有数据库信息。语法如下：

```
SHOW  DATABASES;
```

【例 3-5】 使用 SHOW DATABASES 语句查看 MySQL 服务器中的所有数据库名称，具体代码如下：

```
SHOW DATABASES;
```

运行效果如图 3-6 所示。

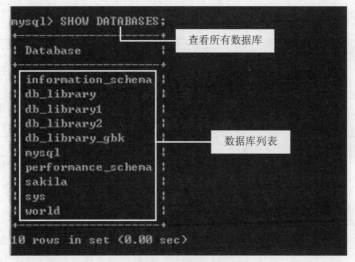

图 3-6 查看数据库

从图 3-6 运行的结果可以看出，我们通过 SHOW 命令查看了 MySQL 服务器中的所有数据库，结果显示 MySQL 服务器中有 10 个数据库。

3.3 选择数据库

在上面的讲解中，虽然成功创建了数据库，但并不表示当前就在操作数据库 db_library。可以使用 USE 语句选择一个数据，使其成为当前默认数据库。语法如下：

```
USE  数据库名；
```

【例 3-6】 选择名称为 db_library 的数据库，设置其为当前默认的数据库，具体代码如下：

```
USE db_library;
```

运行效果如图 3-7 所示。

图 3-7 选择数据库

3.4 修改数据库

修改数据库

在 MySQL 中，创建一个数据库后，还可以对其进行修改，不过这里的修改是指可以修改被创建数据库的相关参数，并不能修改数据库名。修改数据库名不能使用这个语句。修改数据库可以使用 ALTER DATABASE 或者 ALTER SCHEMA 语句来实现。修改数据库的语句的语法格式如下：

ALTER {DATABASE | SCHEMA} [数据库名]
 [DEFAULT] CHARACTER SET [=] 字符集
 | [DEFAULT] COLLATER [=] 校对规则名称
ALTER 语句的参数说明如表 3-1 所示。

表 3-1 ALTER 语句的参数说明

参数	说明
{DATABASE | SCHEMA}	表示必须有一个是必选项，这两个选项的结果是一样的，使用哪个都可以
[数据库名]	可选项，如果不指定要修改的数据库，那么将表示修改当前（默认）的数据库
DEFAULT	可选项，表示指定默认值
CHARACTER SET [=] 字符集	可选项，用于指定数据库的字符集。如果不想指定数据库所使用的字符集，那么可以不使用该项，这时 MySQL 会根据 MySQL 服务器默认使用的字符集来创建该数据库。这里的字符集可以是 GB2312 或者 GBK（简体中文）、UTF8（针对 Unicode 的可变长度的字符编码，也称万国码）、BIG5（繁体中文）、Latin1（拉丁文）等。其中我们最常用的就是 UTF8 和 GBK
COLLATE [=] 校对规则名称	可选项，用于指定字符集的校对规则。例如，utf8_bin 或者 gbk_chinese_ci

在使用 ALTER DATABASE 或者 ALTER SCHEMA 语句时，用户必须具有对数据库进行修改的权限。

【例 3-7】 修改例 3-2 中创建的数据库 db_library1，设置默认字符集和较对规则，具体代码如下：

```
ALTER DATABASE db_library1
    DEFAULT CHARACTER SET gbk
    DEFAULT COLLATE gbk_chinese_ci;
```

执行结果如图 3-8 所示。

图 3-8 设置默认字符集和校对规则

3.5 删除数据库

删除数据库的操作可以使用 DROP DATABASE 语句。语法如下：

```
DROP DATABASE   数据库名；
```

删除数据库

删除数据库的操作应该谨慎使用，一旦执行该操作，数据库的所有结构和数据都会被删除，没有恢复的可能，除非数据库有备份。

【例 3-8】 通过 DROP DATABASE 语句删除名称为 db_library2 的数据库，具体代码如下：

```
DROP DATABASE db_library2;
```

执行效果如图 3-9 所示。

图 3-9 删除数据库

3.6 数据库存储引擎的应用

存储引擎其实就是存储数据，为存储的数据建立索引，以及更新、查询数据等技术的实现方法。因为在关系数据库中数据是以表的形式存储的，所以存储引擎也可以称为表类型（即存储和操作此表的类型）。在 Oracle 和 SQL Server 等数据库中只有一种存储引擎，所有数据存储管理机制都是一样的。而 MySQL 数据库提供了多种存储引擎，用户可以根据不同的需求为数据表选择不同的存储引擎，也可以根据自己的需要编写自己的存储引擎。

3.6.1 查询 MySQL 中支持的存储引擎

1. 查询支持的全部存储引擎

在 MySQL 中，可以使用 SHOW ENGINES 语句查询 MySQL 中支持的存储引擎。其查询语句如下：

查询 MySQL 中支持的存储引擎

```
SHOW ENGINES;
```

SHOW ENGINES 语句可以用 “;” 结束，也可以用 “\g” 或者 “\G” 结束。“\g” 与 “;” 的作用是相同的，“\G” 可以让结果显示得更加美观。

使用 SHOW ENGINES \g 语句查询的结果如图 3-10 所示。

使用 SHOW ENGINES \G 语句查询的结果如图 3-11 所示。

查询结果中的 Engine 参数指的是存储引擎的名称；Support 参数指的是 MySQL 是否支持该类引擎，YES 表示支持；Comment 参数指对该引擎的评论。

从查询结果中可以看出，MySQL 支持多个存储引擎，其中 InnoDB 为默认存储引擎。

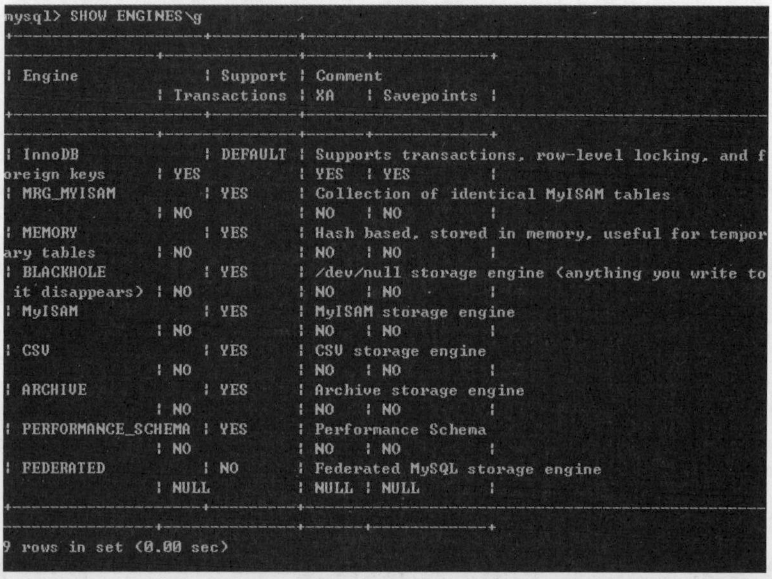

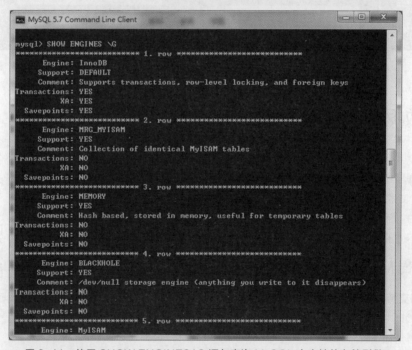

图 3-10　使用 SHOW ENGINES \g 语句查询 MySQL 中支持的存储引擎

图 3-11　使用 SHOW ENGINES \G 语句查询 MySQL 中支持的存储引擎

2. 查询默认的存储引擎

　　如果想要知道当前 MySQL 服务器采用的默认存储引擎是什么，可以通过执行 SHOW VARIABLES 命令来查看。在该命令中，可以使用 LIKE 关键字进行模糊查询。

【例 3-9】　查询默认的存储引擎，具体代码如下：

```
SHOW VARIABLES LIKE '%storage_engine%';
```
执行效果如图 3-12 所示。

```
mysql> SHOW VARIABLES LIKE '%storage_engine%';
+----------------------------------+--------+
| Variable_name                    | Value  |
+----------------------------------+--------+
| default_storage_engine           | InnoDB |
| default_tmp_storage_engine        | InnoDB |
| disabled_storage_engines         |        |
| internal_tmp_disk_storage_engine | InnoDB |
+----------------------------------+--------+
4 rows in set, 1 warning (0.01 sec)
```

图 3-12　查询默认的存储引擎

从图 3-10 中可以看出，当前 MySQL 服务器采用的默认存储引擎是 InnoDB。

有些表根本不用来存储长期数据，实际上用户需要完全在服务器的 RAM 或特殊的临时文件中创建和维护这些数据，以确保高性能，但这样也存在很高的不稳定风险。还有一些表只是为了简化对一组相同表的维护和访问，为同时与所有这些表交互提供一个单一接口。另外还有其他一些特别用途的表，但重点是：MySQL 支持很多类型的表，每种类型都有自己特定的作用、优点和缺点。MySQL 还相应地提供了很多不同的存储引擎，可以以最适合于应用需求的方式存储数据。MySQL 有多个可用的存储引擎，下面主要介绍 InnoDB、MyISAM 和 MEMORY 三种存储引擎。

InnoDB 存储引擎

3.6.2　InnoDB 存储引擎

甲骨文公司的 InnoDB 已经开发了十余年，遵循 GNU 通用公开许可（GPL）发行。InnoDB 已经被一些重量级因特网公司所采用，如雅虎、Slashdot 和 Google，为用户操作非常大的数据库提供了一个强大的解决方案。InnoDB 给 MySQL 的表提供了事务、回滚、崩溃修复能力和多版本并发控制的事务安全。MySQL 从 3.23.34a 开始包含 InnoDB 存储引擎。InnoDB 是 MySQL 史上第一个提供外键约束的表引擎。而且 InnoDB 对事务处理的能力也是 MySQL 其他存储引擎所无法与之比拟的。下面介绍 InnoDB 存储引擎的特点及其优缺点。

InnoDB 存储引擎中支持自动增长列 AUTO_INCREMENT。自动增长列的值不能为空，且值必须唯一。MySQL 中规定自增列必须为主键。在插入值时，如果自动增长列不输入值，则插入的值为自动增长后的值；如果输入的值为 0 或空（NULL），则插入的值也为自动增长后的值；如果插入某个确定的值，且该值在前面没有出现过，则可以直接插入。

InnoDB 存储引擎中支持外键（FOREIGN KEY）。外键所在的表为子表，外键所依赖的表为父表。父表中被子表外键关联的字段必须为主键。当删除、更新父表的某条信息时，子表也必须有相应的改变。InnoDB 存储引擎中，创建的表的表结构存储在.frm 文件中。数据和索引存储在 innodb_data_home_dir 和 innodb_data_file_path 表空间中。

InnoDB 存储引擎的优势在于提供了良好的事务管理、崩溃修复能力和并发控制。缺点是其读写效率稍差，占用的数据空间相对比较大。

InnoDB 表是如下情况的理想引擎。

❑ 更新密集的表：InnoDB 存储引擎特别适合处理多重并发的更新请求。

❑ 事务：InnoDB 存储引擎是唯一支持事务的标准 MySQL 存储引擎，这是管理敏感数据（如金融信息和用户注册信息）的必需软件。

❑ 自动灾难恢复：与其他存储引擎不同，InnoDB 表能够自动从灾难中恢复。虽然 MyISAM 表也能在灾难后修复，但其过程要长得多。

因为 InnoDB 可提供高效的 ACID 独立性（Atomicity）、一致性（Consistency）、隔离性（Isolation）、

持久性（Durability），兼容事务处理能力，并具有独特的高性能和可扩展性的构架要素，因此广泛应用于基于 MySQL 的 Web、电子商务、金融系统、健康护理以及零售应用。

另外，InnoDB 设计用于事务处理应用，这些应用需要处理崩溃恢复、参照完整性、高级别的用户并发数，以及响应时间超时等问题。在 MySQL 5.5 中，最显著的增强性能是将 InnoDB 作为默认的存储引擎。在 MyISAM 以及其他表类型依然可用的情况下，用户无需更改配置，就可构建基于 InnoDB 的应用程序。

3.6.3　MyISAM 存储引擎

MyISAM 存储引擎是 MySQL 中常见的存储引擎，曾是 MySQL 的默认存储引擎。MyISAM 存储引擎是基于 ISAM 存储引擎发展起来的，它解决了 ISAM 的很多不足，并增加了很多有用的扩展。

MyISAM 存储引擎

1. MyISAM 存储引擎的文件类型

MyISAM 存储引擎的表存储成 3 个文件。文件的名字与表名相同。扩展名包括 frm、MYD 和 MYI。

- ❑ frm：存储表的结构。
- ❑ MYD：存储数据，是 MYData 的缩写。
- ❑ MYI：存储索引，是 MYIndex 的缩写。

2. MyISAM 存储引擎的存储格式

基于 MyISAM 存储引擎的表支持 3 种不同的存储格式，包括静态型、动态型和压缩型。

（1）MyISAM 静态

如果所有表列的大小都是静态的（即不使用 xBLOB、xTEXT 或 VARCHAR 数据类型），MySQL就会自动使用静态 MyISAM 格式。使用这种类型的表性能非常高，因为在维护和访问以预定义格式存储的数据时需要的开销很低。但是，这个优点要以空间为代价，因为每列都需要分配给该列的最大空间，而无论该空间是否真正地使用。

（2）MyISAM 动态

如果有表列（即使只有一列）定义为动态的（使用 xBLOB、xTEXT 或 VARCHAR），MySQL 就会自动使用动态格式。虽然 MyISAM 动态表占用的空间比静态格式所占空间少，但空间的节省导致了性能的下降。如果某个字段的内容发生改变，则其位置很可能就需要移动，这会导致碎片的产生。随着数据集中的碎片增加，数据访问性能就会相应降低。这个问题有下面两种修复方法。

- ❑ 尽可能使用静态数据类型。
- ❑ 经常使用 OPTIMIZE TABLE 语句，它会整理表的碎片，恢复由于表更新和删除而导致的空间丢失。

（3）MyISAM 压缩

有时我们会创建在整个应用程序生命周期中都只读的表。如果是这种情况，就可以使用 myisampack工具将其转换为 MyISAM 压缩表来减少空间。在给定硬件配置下（例如，快速的处理器和低速的硬盘驱动器），性能的提升将相当显著。

3. MyISAM 存储引擎的优缺点

MyISAM 存储引擎的优势在于占用空间小，处理速度快。缺点是不支持事务的完整性和并发性。

3.6.4　MEMORY 存储引擎

MEMORY 存储引擎是 MySQL 中的一类特殊的存储引擎。其使用存储在内存中

MEMORY 存储
引擎

的内容来创建表，而且所有数据也放在内存中。这些特性都与 InnoDB 存储引擎、MyISAM 存储引擎不同。下面将对 MEMORY 存储引擎的文件存储形式、索引类型、存储周期和优缺点等进行讲解。

1. MEMORY 存储引擎的文件存储形式

每个基于 MEMORY 存储引擎的表实际对应一个磁盘文件。该文件的文件名与表名相同，类型为 frm。该文件中只存储表的结构，而其数据文件都是存储在内存中。这样有利于对数据的快速处理，提高整个表的处理效率。值得注意的是，服务器需要有足够的内存来维持 MEMORY 存储引擎的表的使用。如果不需要使用了，可以释放这些内容，甚至可以删除不需要的表。

2. MEMORY 存储引擎的索引类型

MEMORY 存储引擎默认使用哈希（HASH）索引。其速度要比使用 B 型树（BTREE）索引快。如果读者希望使用 B 型树索引，可以在创建索引时选择使用。

3. MEMORY 存储引擎的存储周期

MEMORY 存储引擎通常很少用到。因为 MEMORY 表的所有数据是存储在内存上的，如果内存出现异常就会影响到数据的完整性。如果重启机器或者关机，表中的所有数据将消失。因此，基于 MEMORY 存储引擎的表生命周期很短，一般都是一次性的。

4. MEMORY 存储引擎的优缺点

MEMORY 表的大小是受到限制的。表的大小主要取决于两个参数，分别是 max_rows 和 max_heap_table_size。其中，max_rows 可以在创建表时指定；max_heap_table_size 的大小默认为 16MB，可以按需要进行扩大。因此，其存在于内存中的特性使得这类表的处理速度非常快。但是其数据易丢失，生命周期短。

创建 MySQL MEMORY 存储引擎的出发点是速度。为得到最快的响应时间，采用的逻辑存储介质是系统内存。虽然在内存中存储表数据确实会提高性能，但要记住，当 mysqld 守护进程崩溃时，所有的 MEMORY 数据都会丢失。

MEMORY 表不支持 VARCHAR、BLOB 和 TEXT 数据类型，因为这种表类型按固定长度的记录格式存储。此外，如果使用版本 4.1.0 之前的 MySQL，则不支持自动增加列（通过 AUTO_INCREMENT 属性）。当然，要记住 MEMORY 表只用于特殊的范围，不会用于长期存储数据。基于其这个缺陷，选择 MEMORY 存储引擎时要特别小心。

当数据有如下情况时，可以考虑使用 MEMORY 表。

- ❑ 暂时：目标数据只是临时需要，在其生命周期中必须立即可用。
- ❑ 相对无关：存储在 MEMORY 表中的数据如果突然丢失，不会对应用服务产生实质的负面影响，而且不会对数据完整性有长期影响。

如果使用 MySQL 4.1 及之前版本，MEMORY 的搜索效果比 MyISAM 表的搜索效果要低，因为 MEMORY 表只支持散列索引，这需要使用整个键进行搜索。但是，4.1 之后的版本同时支持散列索引和 B 树索引。B 树索引优于散列索引的方面是，可以使用部分查询和通配查询，也可以使用<、>和>=等操作符方便数据挖掘。

3.6.5 如何选择存储引擎

每种存储引擎都有各自的优势，不能笼统地说谁比谁更好，只有适合不适合。下面根据其不同的特性，给出选择存储引擎的建议。

如何选择存储引擎

- ❑ InnoDB 存储引擎：用于事务处理应用程序，具有众多特性，包括 ACID 事务支持，支持外键。同时支持崩溃修复能力和并发控制。如果对事务的完整性要求比较高，要求实现并发控制，那选择 InnoDB 存储引擎有很大的优势。如果是需要频繁地进行更新、删除操作的数据库，也可以选择 InnoDB 存储引擎，因为该类存储引擎可以实现事务的提交（Commit）和回滚（Rollback）。

❑ MyISAM 存储引擎：管理非事务表，它提供高速存储和检索，以及全文搜索能力。MyISAM 存储引擎插入数据快，空间和内存使用比较低。如果表主要是用于插入新记录和读出记录，那么选择 MyISAM 存储引擎能实现处理的高效率。如果应用的完整性、并发性要求很低，也可以选择 MyISAM 存储引擎。

❑ MEMORY 存储引擎：MEMORY 存储引擎提供"内存中"的表，MEMORY 存储引擎的所有数据都在内存中，数据的处理速度快，但安全性不高。如果需要很快的读写速度，对数据的安全性要求较低，可以选择 MEMORY 存储引擎。MEMORY 存储引擎对表的大小有要求，不能建太大的表。所以，这类数据库只使用相对较小的数据库表。

以上存储引擎的选择建议是根据不同存储引擎的特点提出的，并不是绝对的。实际应用中还需要根据各自的实际情况进行分析。

小 结

本章详细讲解了 MySQL 数据库管理的相关知识，其中在介绍创建数据库时，首先介绍了两条创建数据库的语句，这两条语句的作用是一样的，使用哪一个都可以。然后又介绍了如何创建指定字符集的数据库，以及在创建数据库前判断是否存在同名数据库等内容。除了创建数据库外，还介绍了查看、选择、修改和删除数据库的方法，以及数据库存储引擎的应用。在这些内容中，创建数据库是本章的重点，需要多多练习，熟练掌握。

上机指导

创建一个名称为 db_shop 的数据库，并将其设置为默认的数据库。要求在创建数据库前判断是否存在同名的数据库，如果不存在就进行创建，否则不创建该数据库。结果如图 3-13 所示。

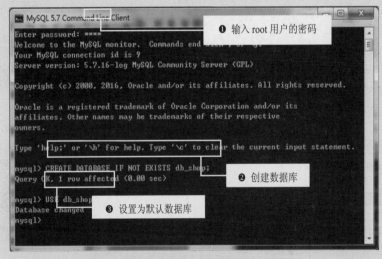

上机指导

图 3-13　创建数据库并设置为默认数据库

具体实现步骤如下。

（1）启动 MySQL 命令行工具窗口，输入 root 用户的密码（笔者安装 MySQL 时设置的密码为 root，所以这里输入 root），并按下〈Enter〉键，连接到 MySQL 服务器，如图 3-14 所示。

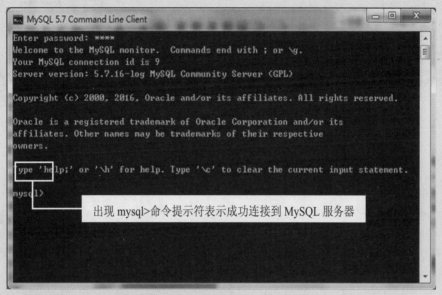

图 3-14　连接到 MySQL 服务器

（2）在 mysql>命令提示符右侧输入以下代码创建名称为 db_shop 的数据库：
CREATE DATABASE IF NOT EXISTS db_shop;
（3）在 mysql>命令提示符右侧输入以下代码将 db_shop 数据库设置为默认数据库：
USE db_shop;

习　题

3-1　MySQL 中创建数据库的 SQL 语句有哪些？

3-2　MySQL 中查看数据库的 SQL 语句是什么？

3-3　MySQL 中选择数据库为当前数据库的语句是什么？

3-4　MySQL 中删除数据库的语句是什么？

3-5　MySQL 中如何查询默认的存储引擎？

第4章

MySQL表结构管理

本章要点：

了解MySQL的数据类型 ■
掌握创建、修改、删除数据表的方法 ■
掌握设置索引的方法 ■
掌握定义约束的几种方法 ■

■ 表结构管理主要是指创建新表、修改表结构和删除表等操作。这些操作都是数据库管理中最基本，也是最重要的操作。本章将讲解如何对表结构进行管理，包括创建表、修改表结构、删除表、设置索引以及定义约束的方法。

4.1 MySQL 数据类型

在 MySQL 数据库中，每一条数据都有其数据类型。MySQL 支持的数据类型主要分成 3 类：数字类型、字符串（字符）类型、日期和时间类型。

数字类型

4.1.1 数字类型

MySQL 支持所有的 ANSI/ISO SQL 92 数字类型。这些类型包括准确数字的数据类型（NUMERIC、DECIMAL、INTEGER 和 SMALLINT），还包括近似数字的数据类型（FLOAT、REAL 和 DOUBLE PRECISION）。其中的关键词 INT 是 INTEGER 的同义词，关键词 DEC 是 DECIMAL 的同义词。

数字类型总体可以分成整型和浮点型两类，详细内容如表 4-1 和表 4-2 所示。

表 4-1　整数数据类型

数据类型	取值范围		说明	单位
TINYINT	有符号值：−128～127	无符号值：0～255	最小的整数	1 字节
BIT	有符号值：−128～127	无符号值：0～255	最小的整数	1 字节
BOOL	有符号值：−128～127	无符号值：0～255	最小的整数	1 字节
SMALLINT	有符号值：−32 768～32 767 无符号值：0～65 535		小型整数	2 字节
MEDIUMINT	有符号值：−8 388 608～8 388 607 无符号值：0～16 777 215		中型整数	3 字节
INT	有符号值：−2 147 683 648～2 147 683 647 无符号值：0～4 294 967 295		标准整数	4 字节
BIGINT	有符号值： −9 223 372 036 854 775 808～9 223 372 036 854 775 807 无符号值：0～18 446 744 073 709 551 615		大整数	8 字节

表 4-2　浮点数据类型

数据类型	取值范围	说明	单位
FLOAT	+(−)3.402823466E+38	单精度浮点数	8 或 4 字节
DOUBLE	+(−)1.7976931348623157E+308 +(−)2.2250738585072014E−308	双精度浮点数	8 字节
DECIMAL	可变	精度确定的小数类型，可以单独指定精度（该数的最大位数）和标度（小数点后面的位数）	自定义长度

说明

在创建表时，使用哪种数字类型，应遵循以下原则。

（1）选择最小的可用类型，如果值永远不超过 127，则使用 TINYINT 比 INT 强。

（2）对于完全都是数字的，可以选择整数类型。

（3）浮点类型用于可能具有小数部分的数。如货物单价、网上购物交付金额等。

4.1.2 字符串类型

字符串类型

字符串类型可以分为 3 类：普通的文本字符串类型（CHAR 和 VARCHAR）、可变类型（TEXT 和 BLOB）和特殊类型（SET 和 ENUM）。它们之间都有一定的区别，取值的范围不同，应用的地方也不同。

（1）普通的文本字符串类型，即 CHAR 和 VARCHAR 类型，CHAR 列的长度被固定为创建表所声明的长度，取值为 1～255；VARCHAR 列的值是变长的字符串，取值和 CHAR 一样。下面介绍普通的文本字符串类型，如表 4-3 所示。

表 4-3　常规字符串类型

类型	取值范围	说明
[national] char(M) [binary|ASCII|unicode]	0～255 个字符	固定长度为 M 的字符串，其中 M 的取值范围为 0～255。national 关键字指定了应该使用的默认字符集。binary 关键字指定了数据是否区分大小写（默认是区分大小写的）。ASCII 关键字指定了在该列中使用 Latin1 字符集。unicode 关键字指定了使用 UCS 字符集
char	0～255 个字符	与 char(M)类似
[national] varchar(M) [binary]	0～255 个字符	长度可变，其他和 char(M)类似

（2）TEXT 和 BLOB 类型。它们的大小可以改变，TEXT 类型适合存储长文本，而 BLOB 类型适合存储二进制数据，支持任何数据，例如文本、声音和图像等。下面介绍 TEXT 和 BLOB 类型，如表 4-4 所示。

表 4-4　TEXT 和 BLOB 类型

类型	最大长度（字节数）	说明
TINYBLOB	$2^8-1(225)$	小 BLOB 字段
TINYTEXT	$2^8-1(225)$	小 TEXT 字段
BLOB	$2^{16}-1(65\ 535)$	常规 BLOB 字段
TEXT	$2^{16}-1(65\ 535)$	常规 TEXT 字段
MEDIUMBLOB	$2^{24}-1(16\ 777\ 215)$	中型 BLOB 字段
MEDIUMTEXT	$2^{24}-1(16\ 777\ 215)$	中型 TEXT 字段
LONGBLOB	$2^{32}-1(4\ 294\ 967\ 295)$	长 BLOB 字段
LONGTEXT	$2^{32}-1(4\ 294\ 967\ 295)$	长 TEXT 字段

（3）特殊类型 SET 和 ENUM。特殊类型 SET 和 ENUM 的介绍如表 4-5 所示。

表 4-5　ENUM 和 SET 类型

类型	最大值	说明
Enum ("value1", "value2", …)	65 535	该类型的列只可以容纳所列值之一或为 NULL
Set ("value1", "value2", …)	64	该类型的列可以容纳一组值或为 NULL

在创建表时，使用字符串类型时应遵循以下原则。

（1）从速度方面考虑，要选择固定的列，可以使用 CHAR 类型。

（2）要节省空间，使用动态的列，可以使用 VARCHAR 类型。

（3）要将列中的内容限制在一种选择，可以使用 ENUM 类型。

（4）允许在一个列中有多于一个的条目，可以使用 SET 类型。

（5）如果要搜索的内容不区分大小写，可以使用 TEXT 类型。

（6）如果要搜索的内容区分大小写，可以使用 BLOB 类型。

4.1.3 日期和时间数据类型

日期和时间类型包括：DATETIME、DATE、TIMESTAMP、TIME 和 YEAR。其中的每种类型都有其取值的范围，如赋予它一个不合法的值，将会被"0"代替。下面介绍日期和时间数据类型，如表 4-6 所示。

日期和时间数据
类型

表 4-6 日期和时间数据类型

类型	取值范围	说明
DATE	1000-01-01 ~ 9999-12-31	日期，格式 YYYY-MM-DD
TIME	-838:58:59 ~ 835:59:59	时间，格式 HH:MM:SS
DATETIME	1000-01-01 00:00:00 ~ 9999-12-31 23:59:59	日期和时间，格式 YYYY-MM-DD HH:MM:SS
TIMESTAMP	1970-01-01 00:00:00 ~ 2037 年的某个时间	时间标签，在处理报告时使用的显示格式取决于 M 的值
YEAR	1901 ~ 2155	年份可指定两位数字和四位数字的格式

在 MySQL 中，日期的顺序是按照标准的 ANSISQL 格式进行输出的。

4.2 创建表

创建数据表使用 CREATE TABLE 语句。语法如下：

```
CREATE [TEMPORARY] TABLE [IF NOT EXISTS] 数据表名
[(create_definition, …)][table_options] [select_statement]
```

CREATE TABLE 语句的参数说明如表 4-7 所示。

表 4-7 CREATE TABLE 语句的参数说明

关键字	说明
TEMPORARY	如果使用该关键字，表示创建一个临时表
IF NOT EXISTS	该关键字用于避免表存在时 MySQL 报告的错误
create_definition	这是表的列属性部分。MySQL 要求在创建表时，表要至少包含一列
table_options	表的一些特性参数
select_statement	SELECT 语句描述部分，用它可以快速地创建表

下面介绍列属性 create_definition 部分，每一列定义的具体格式如下：

col_name   type [NOT NULL | NULL] [DEFAULT default_value] [AUTO_INCREMENT]
          [PRIMARY KEY] [reference_definition]

属性 create_definition 的参数说明如表 4-8 所示。

表 4-8   属性 create_definition 的参数说明

参数	说明
col_name	字段名
type	字段类型
NOT NULL | NULL	指出该列是否允许是空值，系统一般默认允许为空值，所以当不允许为空值时，必须使用 NOT NULL
DEFAULT default_value	表示默认值
AUTO_INCREMENT	表示是否是自动编号，每个表只能有一个 AUTO_INCREMENT 列，并且必须被索引
PRIMARY KEY	表示是否为主键。一个表只能有一个 PRIMARY KEY。如表中没有一个 PRIMARY KEY，而某些应用程序需要 PRIMARY KEY，MySQL 将返回第一个没有任何 NULL 列的 UNIQUE 键作为 PRIMARY KEY
reference_definition	为字段添加注释

以上是创建一个数据表的一些基础知识，它看起来十分复杂，但在实际的应用中使用最基本的格式创建数据表即可，具体格式如下：

CREATE TABLE table_name (列名1 属性,列名2 属性…);

【例 4-1】 使用 CREATE TABLE 语句在 MySQL 数据库 db_library 中创建一个名为 tb_bookinfo 的数据表，该表包括 id、barcode、bookname、typeid、author、ISBN、price、page、bookcase 和 inTime 等字段。具体步骤如下。

（1）选择当前使用的数据库为 db_library，具体代码如下：

use db_library

（2）使用 CREATE TABLE 语句创建一个名为 tb_bookinfo 的数据表，主要包括 id、barcode、bookname、typeid、author、ISBN、price、page、bookcase 和 inTime 等字段，具体代码如下：

```
CREATE TABLE tb_bookinfo (
    barcode varchar(30),
    bookname varchar(70),
    typeid int(10) unsigned,
    author varchar(30),
    ISBN varchar(20),
    price float(8,2),
    page int(10) unsigned,
    bookcase int(10) unsigned,
    inTime date,
    del tinyint(1) DEFAULT '0',
    id int(11) NOT NULL
);
```

执行效果如图 4-1 所示。

```
mysql> use db_library
Database changed
mysql> CREATE TABLE tb_bookinfo (
    ->    barcode varchar(30),
    ->    bookname varchar(70),
    ->    typeid int(10) unsigned,
    ->    author varchar(30),
    ->    ISBN varchar(20),
    ->    price float(8,2),
    ->    page int(10) unsigned,
    ->    bookcase int(10) unsigned,
    ->    inTime date,
    ->    del tinyint(1) DEFAULT '0',
    ->    id int(11) NOT NULL
    -> );
Query OK, 0 rows affected (0.02 sec)

mysql>
```

❶ 选择数据库

❷ 创建数据表

图 4-1　创建数据表

4.2.1　设置默认的存储引擎

在创建数据表时，可以使用 ENGINE 属性设置表的存储引擎。如果省略了 ENGINE 属性，那么该表将沿用 MySQL 默认的存储引擎。ENGINE 属性的基本语法如下：

ENGINE=存储引擎类型

设置默认的存储引擎

 关于存储引擎的类型，请参见 3.6 节数据库存储引擎的应用。

【例 4-2】　在 MySQL 数据库 db_library 中创建一个名为 tb_booktype 的数据表，要求使用 MyISAM 存储引擎。具体步骤如下。

（1）选择当前使用的数据库为 db_library，具体代码如下：

use db_library

（2）在 CREATE TABLE 语句结尾处应用 ENGINE 属性设置使用 MyISAM 存储引擎，具体代码如下：

```
CREATE TABLE tb_booktype (
    id int(10) unsigned NOT NULL,
    typename varchar(30),
    days int(10) unsigned
) ENGINE=MyISAM;
```

执行效果如图 4-2 所示。

```
mysql> use db_library
Database changed
mysql> CREATE TABLE tb_booktype (
    ->    id int(10) unsigned NOT NULL,
    ->    typename varchar(30),
    ->    days int(10) unsigned
    ->    ENGINE=MyISAM;
Query OK, 0 rows affected (0.01 sec)

mysql>
```

❶ 选择数据库

❷ 设置使用 MyISAM 存储引擎

图 4-2　设置使用 MyISAM 存储引擎

4.2.2 设置自增类型字段

设置自增类型字段

自增类型字段是指该字段的值会依次递增，并且不重复。在默认的情况下，MySQL 数据库的自增类型字段的值是从 1 开始递增，并且步长为 1，即每增加一条记录，该字段的值为加 1。通常情况下，会将 ID 字段设置为自增类型字段。

 自增类型字段的数据类型必须为整数。向自增类型字段插入一个 NULL 值时，该字段的值会被自动设置为比上一次插入值更大的值。

在创建表时，可以使用 AUTO_INCREMENT 关键字设置某一字段为自增类型字段，其语法格式如下：

字段名 数据类型 AUTO_INCREMENT

例如，在创建 tb_booktype1 数据表时，将 id 字段设置为自增类型字段，可以使用下面的代码：

```
CREATE TABLE tb_booktype1 (
   id int(10) AUTO_INCREMENT,
   typename varchar(30),
   days int(10) unsigned
);
```

执行上面的代码后，将显示图 4-3 所示的错误。

```
ERROR 1075 (42000): Incorrect table definition; there can be only one auto colum
n and it must be defined as a key
mysql>
```

图 4-3 创建 tb_booktype1 数据表出错

从图 4-3 中可以看出，在将字段设置为自增类型字段时，建议将其设置为主键，否则数据表将创建失败。

【例 4-3】 在 MySQL 数据库 db_library 中创建一个名为 tb_booktype1 的数据表，要求将 id 字段设置为自动编号字段。具体步骤如下。

（1）选择当前使用的数据库为 db_library，具体代码如下：

use db_library

（2）在定义 id 字段时，使用 AUTO_INCREMENT 关键字，并且将 id 字段设置为主键，具体代码如下：

```
CREATE TABLE tb_booktype1 (
   id int(10) unsigned NOT NULL AUTO_INCREMENT,
   typename varchar(30),
   days int(10) unsigned,
   PRIMARY KEY (`id`)
);
```

执行效果如图 4-4 所示。

图 4-4 设置 id 字段为自增类型字段

4.2.3 设置字符集

在创建数据表时，可以通过 default charset 属性设置表的字符集。default charset 属性的基本语法如下：

设置字符集

```
DEFAULT CHARSET=字符集类型
```

 说明 如果省略了 DEFAULT CHARSET 属性，那么该表将沿用数据库字符集的值，即 my.ini 文件中指定的 default-character-set 变量的值。

例如，创建图书类型表，并设置其字符集为 GBK，可以使用下面的代码：

```
CREATE TABLE tb_booktype1 (
    id int(10) unsigned NOT NULL AUTO_INCREMENT,
    typename varchar(30),
    days int(10) unsigned,
    PRIMARY KEY (`id`)
) DEFAULT CHARSET=GBK;
```

4.2.4 复制表结构

创建表的 CREATE TABLE 命令还有另外一种语法结构，在一张已经存在的数据表的基础上创建一份该表的副本，也就是复制表。这种用法的语法格式如下：

复制表结构

```
CREATE TABLE [IF NOT EXISTS] 数据表名
    {LIKE 源数据表名 | (LIKE 源数据表名)}
```

参数说明如下。

- ❑ [IF NOT EXISTS]：可选项，如果使用该子句，表示当要创建的数据表名不存在时，才会创建；如果不使用该子句，当要创建的数据表名存在时，将出现错误。
- ❑ 数据表名：表示新创建的数据表的名，该数据表名必须是在当前数据库中不存在的表名。
- ❑ {LIKE 源数据表名 | (LIKE 源数据表名)}：必选项，用于指定依照哪个数据表来创建新表，也就是要为哪个数据表创建复本。

 说明 使用该语法复制数据表时，将创建一个与源数据表相同结构的新表，该数据表的列名、数据类型、空指定和索引都将被复制，但是表的内容是不会复制的。因此，新创建的表是一张空表。如果想要复制表中的内容，可以通过使用 AS（查询表达式）子句来实现。

【例 4-4】 在数据库 db_library 中创建一份数据表 tb_bookinfo 的副本 tb_bookinfobak。具体步骤如下。

（1）选择数据表所在的数据库 db_library，具体代码如下：

```
USE db_library;
```

（2）应用下面的语句向数据表 tb_bookinfo 中插入一条数据：

```
INSERT INTO tb_bookinfo VALUES ('9787115418425','Java Web 程序设计慕课版',3,'明日科技','115',49.80,350,1,'2017-02-04',0,1);
```

 说明 关于如何向数据表中插入数据的内容请参见本书的 5.1 节。

（3）创建一份数据表 tb_bookinfo 的副本 tb_bookinfobak，具体代码如下：

```
CREATE TABLE tb_bookinfobak
    LIKE tb_bookinfo;
```

执行效果如图 4-5 所示。

```
mysql> USE db_library
Database changed
mysql> CREATE TABLE tb_bookinfobak
    -> LIKE tb_bookinfo;
Query OK, 0 rows affected (0.02 sec)

mysql>
```

图 4-5　创建一份数据表 tb_bookinfo 的副本 tb_bookinfobak

（4）查看数据表 tb_bookinfo 和 tb_bookinfobak 的表结构，具体代码如下：

```
DESC tb_bookinfo;
DESC tb_bookinfobak;
```

执行结果如图 4-6 所示。

❶ 查看源数据表的表结构

```
mysql> DESC tb_bookinfo;
+----------+------------------+------+-----+---------+-------+
| Field    | Type             | Null | Key | Default | Extra |
+----------+------------------+------+-----+---------+-------+
| barcode  | varchar(30)      | YES  |     | NULL    |       |
| bookname | varchar(70)      | YES  |     | NULL    |       |
| typeid   | int(10) unsigned | YES  |     | NULL    |       |
| author   | varchar(30)      | YES  |     | NULL    |       |
| ISBN     | varchar(20)      | YES  |     | NULL    |       |
| price    | float(8,2)       | YES  |     | NULL    |       |
| page     | int(10) unsigned | YES  |     | NULL    |       |
| bookcase | int(10) unsigned | YES  |     | NULL    |       |
| inTime   | date             | YES  |     | NULL    |       |
| del      | tinyint(1)       | YES  |     | 0       |       |
| id       | int(11)          | NO   |     | NULL    |       |
+----------+------------------+------+-----+---------+-------+
11 rows in set (0.00 sec)
```

❷ 查看新复制的数据表的表结构

```
mysql> DESC tb_bookinfobak;
+----------+------------------+------+-----+---------+-------+
| Field    | Type             | Null | Key | Default | Extra |
+----------+------------------+------+-----+---------+-------+
| barcode  | varchar(30)      | YES  |     | NULL    |       |
| bookname | varchar(70)      | YES  |     | NULL    |       |
| typeid   | int(10) unsigned | YES  |     | NULL    |       |
| author   | varchar(30)      | YES  |     | NULL    |       |
| ISBN     | varchar(20)      | YES  |     | NULL    |       |
| price    | float(8,2)       | YES  |     | NULL    |       |
| page     | int(10) unsigned | YES  |     | NULL    |       |
| bookcase | int(10) unsigned | YES  |     | NULL    |       |
| inTime   | date             | YES  |     | NULL    |       |
| del      | tinyint(1)       | YES  |     | 0       |       |
| id       | int(11)          | NO   |     | NULL    |       |
+----------+------------------+------+-----+---------+-------+
11 rows in set (0.00 sec)

mysql>
```

图 4-6　查看 tb_bookinfo 和 tb_bookinfobak 的表结构

从图 4-6 中可以看出，数据表 tb_bookinfo 和 tb_bookinfobak 的表结构是一样的。

（5）分别查看数据表 tb_bookinfo 和 tb_bookinfobak 的内容，具体代码如下：

```
SELECT * FROM tb_bookinfo;
```

```
SELECT * FROM tb_bookinfobak;
```
执行效果如图 4-7 所示。

图 4-7　查看数据表 tb_bookinfo 和 tb_bookinfobak 的内容

从图 4-7 中可以看出，在复制表时，并没有复制表中的数据。

（6）如果在复制数据表时，想要同时复制其中的内容，那么需要使用下面的代码来实现：

```
CREATE TABLE tb_bookinfobak1
    AS SELECT * FROM tb_bookinfo;
```
执行结果如图 4-8 所示。

图 4-8　复制数据表同时复制其中的数据

（7）查看数据表 tb_bookinfobak1 中的数据，具体代码如下：

```
SELECT * FROM tb_bookinfobak1;
```
执行效果如图 4-9 所示。

图 4-9　查看新复制的数据表 tb_bookinfobak1 的数据

从图 4-9 中可以看出，在复制表的同时，也复制了表中的数据。但是，新复制出来的数据表并不包括原表中设置的主键、自动编号等内容。如果想要复制一下表结构和数据都完全一样的数据表，那么需要应用下面的两条语句实现：

```
CREATE TABLE tb_bookinfobak1 LIKE tb_bookinfo;
INSERT INTO tb_bookinfobak1 SELECT * FROM tb_bookinfo;
```

4.3　修改表结构

4.3.1　修改字段

修改字段

修改表结构使用 ALTER TABLE 语句。修改表结构指增加或者删除字段、修改字段名称或者字段类型、设置取消主键外键、设置取消索引以及修改表的注释等。语法如下：

```
Alter[IGNORE] TABLE 数据表名 alter_spec[,alter_spec]…
```

当指定 IGNORE 时，如果出现重复关键的行，则只执行一行，其他重复的行被删除。

其中，alter_spec 子句定义要修改的内容，其语法如下：

```
alter_specification:
    ADD [COLUMN] create_definition [FIRST | AFTER column_name ]          —添加新字段
  | ADD INDEX [index_name] (index_col_name,…)                            —添加索引名称
  | ADD PRIMARY KEY (index_col_name, …)                                  —添加主键名称
  | ADD UNIQUE [index_name] (index_col_name, …)                          —添加唯一索引
  | ALTER [COLUMN] col_name {SET DEFAULT literal | DROP DEFAULT}         —修改字段名称
  | CHANGE [COLUMN] old_col_name create_definition                       —修改字段类型
  | MODIFY [COLUMN] create_definition                                    —修改子句定义字段
  | DROP [COLUMN] col_name                                               —删除字段名称
  | DROP PRIMARY KEY                                                     —删除主键名称
  | DROP INDEX index_name                                                —删除索引名称
  | RENAME [AS] new_tbl_name                                             —更改表名
  | table_options
```

ALTER TABLE 语句允许指定多个动作，其动作间使用逗号分隔，每个动作表示对表的一个修改。

【例 4-5】　在数据表 tb_bookinfobak 中添加一个 translator 字段，类型为 varchar(30)，not null，将字段 inTime 的类型由 date 改为 DATETIME(6)，代码如下：

```
alter table tb_bookinfobak add translator varchar(30) not null ,
modify inTime DATETIME(6);
```

在命令模式下的运行情况如图 4-10 所示。

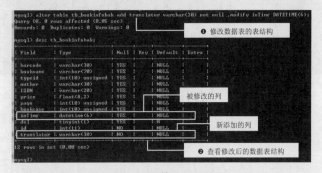

图 4-10　修改表结构

修改数据表结构后，可以通过语句 desc tb_bookinfobak;查看整个表的结构，以确认是否修改成功。

说明　通过 alter 修改表列，其前提是必须将表中的数据全部删除，然后才可以修改表列。

4.3.2　修改约束条件

创建数据表后，还可以对其约束条件进行修改，主要包括添加约束条件和删除约束条件两种，下面分别进行介绍。

修改约束条件

1. 添加约束条件

为表添加约束条件的语法格式如下：

Alter TABLE 数据表名 ADD CONSTRAINT 约束名 约束类型 (字段名)

其中，MySQL 支持的约束类型如表 4-9 所示。

表 4-9　MySQL 支持的约束类型

约束类型	说明
PRIMARY KEY	主键约束
DEFAULT	默认值约束
UNIQUE KEY	唯一约束
NOT NULL	非空约束
FOREIGN KEY	外键约束

例如，为数据表 tb_bookinfo 添加主键约束，可以使用下面的代码：

Alter TABLE tb_bookinfo ADD CONSTRAINT mrprimary PRIMARY KEY (id);

执行效果如图 4-11 所示。

```
mysql> Alter TABLE tb_bookinfo ADD CONSTRAINT mrprimary PRIMARY KEY (id);
Query OK, 0 rows affected (0.06 sec)
Records: 0  Duplicates: 0  Warnings: 0

mysql>
```

图 4-11　为数据表 tb_bookinfo 添加主键约束

修改后，可以通过 DESC tb_bookinfo;语句查看表结构，如图 4-12 所示。

```
mysql> DESC tb_bookinfo;
+----------+------------------+------+-----+---------+-------+
| Field    | Type             | Null | Key | Default | Extra |
+----------+------------------+------+-----+---------+-------+
| barcode  | varchar(30)      | YES  |     | NULL    |       |
| bookname | varchar(70)      | YES  |     | NULL    |       |
| typeid   | int(10) unsigned | YES  |     | NULL    |       |
| author   | varchar(30)      | YES  |     | NULL    |       |
| ISBN     | varchar(20)      | YES  |     | NULL    |       |
| price    | float(8,2)       | YES  |     | NULL    |       |
| page     | int(10) unsigned | YES  |     | NULL    |       |
| bookcase | int(10) unsigned | YES  |     | NULL    |       |
| inTime   | date             | YES  |     | NULL    |       |
| del      | tinyint(1)       | YES  |     | 0       |       |
| id       | int(11)          | NO   | PRI | NULL    |       |
+----------+------------------+------+-----+---------+-------+
11 rows in set (0.00 sec)
```
设置为主键

图 4-12　修改后的表结构

2. 删除约束条件

在 MySQL 中，删除约束条件时，对于不同的约束，采用的语法也是不一样的。下面将分别进行介绍。

❑ 删除主键约束。

删除主键约束的语法格式如下：

ALTER TABLE 表名 DROP PRIMARY KEY

例如，要删除数据表 tb_bookinfo 的主键约束，可以使用下面的语句：

ALTER TABLE tb_bookinfo DROP PRIMARY KEY;

❑ 删除外键约束。

删除外键约束的语法格式如下：

ALTER TABLE 表名 DROP FOREIGN KEY 约束名

例如，要删除数据表 tb_bookinfo 的外键约束，可以使用下面的语句：

ALTER TABLE tb_bookinfo DROP FOREIGN KEY mrfkey;

❑ 删除唯一性约束。

删除唯一性约束的语法格式如下：

ALTER TABLE 表名 DROP INDEX 唯一索引名

例如，要删除数据表 tb_bookinfo 的唯一性约束，可以使用下面的语句：

ALTER TABLE tb_bookinfo DROP INDEX mrindex;

4.3.3 修改表的其他选项

在 MySQL 中，还可以修改表的存储引擎、默认字符集、自增字段初始值等，下
面分别进行介绍。

修改表的其他选项

❑ 修改表的存储引擎。

修改表的存储引擎的语法格式如下：

ALTER TABLE 表名 ENGINE=新的存储引擎类型

例如，要修改数据表 tb_bookinfo 的存储引擎为 MyISAM，可以使用下面的语句：

ALTER TABLE tb_bookinfo ENGINE=MyISAM;

❑ 修改表的字符集。

修改表的字符集的语法格式如下：

ALTER TABLE 表名 DEFAULT CHARSET=新的字符集

例如，要修改数据表 tb_bookinfo 的字符集为 GBK，可以使用下面的语句：

ALTER TABLE tb_bookinfo DEFAULT CHARSET=GBK;

❑ 修改表的自增类型字段的初始值。

修改表的自增类型字段的初始值的语法格式如下：

ALTER TABLE 表名 AUTO_INCREMENT==新的初始值

例如，要修改数据表 tb_bookinfo 的自增类型字段的初始值为 100，可以使用下
面的语句：

ALTER TABLE tb_bookinfo AUTO_INCREMENT=100;

修改表名

4.3.4 修改表名

重命名数据表使用 RENAME TABLE 语句，语法如下：

RENAME TABLE 数据表名1 To 数据表名2

 该语句可以同时对多个数据表进行重命名，多个表之间以英文逗号"，"分隔。

【例 4-6】 将图书信息表的副本 tb_bookinfobak 重命名为 tb_books，代码如下：

RENAME TABLE tb_bookinfobak To tb_books;

执行效果如图 4-13 所示。

```
mysql> RENAME TABLE tb_bookinfobak To tb_books;
Query OK, 0 rows affected (0.01 sec)

mysql>
```

图 4-13 对数据表进行重命名

4.4 删除表

删除数据表的操作很简单，同删除数据库的操作类似，使用 DROP TABLE 语句即可实现。语法如下：

DROP TABLE 数据表名;

【例 4-7】 删除重命名后的图书信息表的副本 tb_books，代码如下：

DROP TABLE tb_books;

执行效果如图 4-14 所示。

```
mysql> DROP TABLE tb_books;
Query OK, 0 rows affected (0.01 sec)

mysql>
```

图 4-14 删除数据表

删除数据表的操作应该谨慎使用。一旦删除了数据表，那么表中的数据将会全部清除，没有备份则无法恢复。

在删除数据表的过程中，删除一个不存在的表将会产生错误，如果在删除语句中加入 IF EXISTS 关键字就不会出错了。格式如下：

DROP TABLE IF EXISTS 数据表名;

4.5 设置索引

索引是一种将数据库中单列或者多列的值进行排序的结构。在 MySQL 中，索引由数据表中的一列或多列组合而成，创建索引的目的是为了优化数据库的查询速度。下面就对 MySQL 中的索引进行详细介绍。

4.5.1 索引概述

通过索引查询数据，不但可以提高查询速度，也可以降低服务器的负载。创建索引后，用户查询数据时，系统可以不必遍历数据表中的所有记录，而是查询索引列。这样就可以有效地提高数据库系统的整体性能。这和我们通过图书的目录查找想要阅读的章节内容一样，十分方便。

凡事都有双面性，使用索引可以提高检索数据的速度，对于依赖关系的子表和父表之间的联合查询时，使用索引可以提高查询速度，并且可以提高整体的系统性能。但是，创建索引和维护需要耗费时间，并且该耗费时间与数据量的大小成正比；另外，索引需要占用物理空间，给数据的维护造成很多麻烦。

总体来说，索引可以提高查询的速度，但是会影响用户操作数据库的插入操作。因为，向有索引的表中插入记录时，数据库系统会按照索引进行排序。所以，用户可以将索引删除后再插入数据，当数据插入操作完成后，用户可以重新创建索引。

> 说明
> 不同的存储引擎定义每个表的最大索引数和最大索引长度。所有存储引擎对每个表至少支持 16 个索引，总索引长度至少为 256 字节。有些存储引擎支持更多的索引数和更大的索引长度。索引有两种存储类型，包括 B 型树（BTREE）索引和哈希（HASH）索引。其中 B 型树为系统默认索引方法。

常用的 MySQL 索引包括以下 6 个。

❑ 普通索引：即不应用任何限制条件的索引，该索引可以在任何数据类型中创建。字段本身的约束条件可以判断其值是否为空或唯一。创建该类型索引后，用户在查询时，便可以通过索引进行查询。在某数据表的某一字段中建立普通索引后，用户需要查询数据时，只需根据该索引进行查询即可。

❑ 唯一性索引：使用 UNIQUE 参数可以设置唯一索引。创建该索引时，索引的值必须唯一，通过唯一索引，用户可以快速地定位某条记录。主键是一种特殊的唯一索引。

❑ 全文索引：使用 FULLTEXT 参数可以设置索引为全文索引。全文索引只能创建在 CHAR、VARCHAR 或者 TEXT 类型的字段上。查询数据量较大的字符串类型的字段时，使用全文索引可以提高查询速度。例如，查询带有文章回复内容的字段可以应用全文索引方式。需要注意的是，在默认情况下，应用全文搜索大小写不敏感。如果索引的列使用二进制排序后，可以执行大小写敏感的全文索引。

❑ 单列索引：即只对应一个字段的索引。其可以包括上面叙述的三种索引方式。应用该索引的条件只需要保证该索引值对应一个字段即可。

❑ 多列索引：是在表的多个字段上创建一个索引。该索引指向创建时对应的多个字段，用户可以通过这几个字段进行查询。要想应用该索引，用户必须使用这些字段中的第一个字段。

❑ 空间索引：使用 SPATIAL 参数可以设置索引为空间索引。空间索引只能建立在空间数据类型上，这样可以提高系统获取空间数据的效率。MySQL 中只有 MyISAM 存储引擎支持空间检索，而且索引的字段不能为空值。

4.5.2 创建索引

创建索引是指在某个表的至少一列中建立索引，以便提高数据库性能。其中，建立索引可以提高表的访问速度。本节通过几种不同的方式创建索引，其中包括在建立数据库时创建索引、在已经建立的数据表中创建索引和修改数据表结构创建索引。

创建索引

1. 在建立数据表时创建索引

在建立数据表时可以直接创建索引，这种方式比较直接，且方便、易用。在建立数据表时创建索引的基本语法结构如下：

```
CREATE TABLE table_name(
属性名 数据类型[约束条件],
属性名 数据类型[约束条件]
...
属性名 数据类型
[UNIQUE | FULLTEXT | SPATIAL ]  INDEX | KEY
[别名]( 属性名1 [(长度)] [ASC | DESC])
```

```
);
```

其中，属性名后的属性值的含义如下。

❑ UNIQUE：可选参数，表明索引为唯一性索引。

❑ FULLTEXT：可选参数，表明索引为全文搜索。

❑ SPATIAL：可选参数，表明索引为空间索引。

INDEX 和 KEY 参数用于指定字段索引，用户在选择时，只需要选择其中的一种即可。另外别名为可选参数，其作用是给创建的索引取新名称。别名的参数说明如下。

❑ 属性名 1：指索引对应的字段名称，该字段必须被预先定义。

❑ 长度：可选参数，其指索引的长度，必须是字符串类型才可以使用。

❑ ASC/DESC：可选参数，ASC 表示升序排列，DESC 表示降序排列。

【例 4-8】 创建考生成绩表，名称为 tb_score，并在该表的 id 字段上建立索引，代码如下：

```
CREATE TABLE tb_score(
 id int(11) auto_increment primary key not null,
 name varchar(50) not null,
 math int(5) not null,
 english int(5) not null,
 chinese int(5) not null,
 index(id));
```

执行效果如图 4-15 所示。

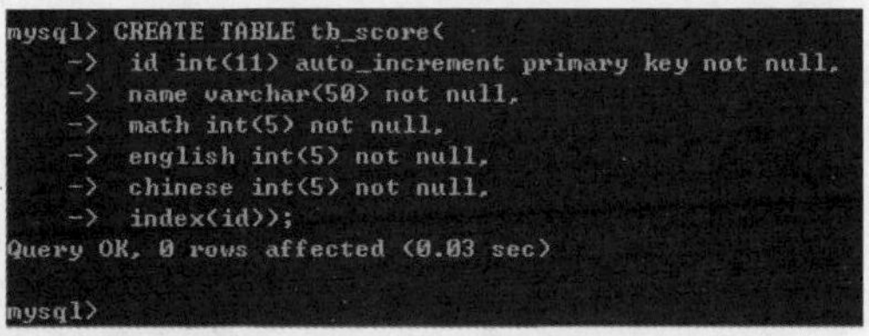

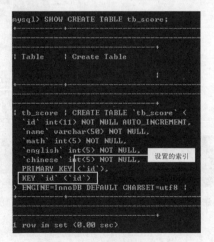

图 4-15　创建普通索引

在命令提示符中使用 SHOW CREATE TABLE 语句查看该表的结构，在命令提示符中输入的代码如下：

```
SHOW CREATE TABLE tb_score;
```

其运行结果如图 4-16 所示。

图 4-16　查看数据表结构

从图 4-16 中可以清晰地看到。该表结构的索引为 id，这说明该表的索引建立成功。

2. 在已建立的数据表中创建索引

在 MySQL 中，用户不但可以在创建数据表时创建索引，也可以直接在已经创建的表中，在已经存在的一个或几个字段中创建索引。其基本的命令结构如下所示：

```
CREATE [UNIQUE | FULLTEXT |SPATIAL ] INDEX index_name
ON table_name(属性 [(length)] [ ASC | DESC]);
```

命令的参数说明如下。

❑ index_name 为索引名称，该参数作用是给用户创建的索引赋予新的名称。

❑ table_name 为表名，即指定创建索引的表的名称。

❑ 可选参数，指定索引类型，包括 UNIQUE（唯一索引）、FULLTEXT（全文索引）、SPATIAL（空间索引）。

❑ 属性参数，指定索引对应的字段名称。该字段必须已经预存在于用户想要操作的数据表中，如果该数据表中不存在用户指定的字段，则系统会提示异常。

❑ length 为可选参数，用于指定索引长度。

❑ ASC 和 DESC 参数，指定数据表的排序顺序。

与建立数据表时创建索引相同，在已建立的数据表中创建索引同样包含 6 种索引方式。

【例 4-9】 为图书信息表 tb_bookinfo 的书名字段设置索引，代码如下：

```
CREATE INDEX idx_name ON tb_bookinfo (bookname);
```

执行效果如图 4-17 所示。

应用 SHOW CREATE TABLE 语句查看该数据表的结构。其运行结果如图 4-18 所示。

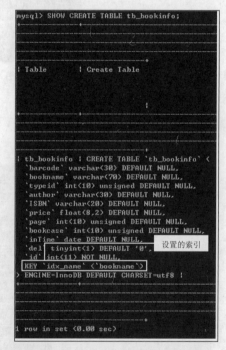

图 4-17 为图书信息表创建索引　　　　　图 4-18 查看添加索引后的表格结构

从图 4-18 中可以看出，名称为 idx_name 的索引创建成功。如果系统没有提示异常或错误，则说明已经向 tb_bookinfo 数据表中建立名称为 idx_name 的普通索引。

4.5.3 删除索引

删除索引

在 MySQL 中，创建索引后，如果用户不再需要该索引，则可以删除指定表的索引。因为这些已经被建立且不常使用的索引，一方面可能会占用系统资源，另一方面也可能导致更新速度下降，这会极大地影响数据表的性能。所以，在用户不需要该表的索引时，可以手动删除指定索引。删除索引可以通过 DROP 语句来实现，其基本的命令如下：

```
DROP INDEX index_name ON table_name;
```

其中，参数 index_name 是用户需要删除的索引名称，参数 table_name 指定数据表的名称。

> 【例 4-10】 将【例 4-8】中为图书信息表 tb_bookinfo 的书名字段设置的索引 idx_name 删除，代码如下：

```
DROP INDEX idx_name ON tb_bookinfo;
```

执行效果如图 4-19 所示。

```
mysql> DROP INDEX idx_name ON tb_bookinfo;
Query OK, 0 rows affected (0.01 sec)
Records: 0  Duplicates: 0  Warnings: 0

mysql>
```

图 4-19　删除图书信息表的书名索引

在顺利删除索引后，为确定该索引是否已被删除，用户可以再次应用 SHOW CREATE TABLE 语句来查看数据表结构。其运行结果如图 4-20 所示。

```
mysql> SHOW CREATE TABLE tb_bookinfo;



| Table      | Create Table




| tb_bookinfo | CREATE TABLE `tb_bookinfo` (
 `barcode` varchar(30) DEFAULT NULL,
 `bookname` varchar(70) DEFAULT NULL,
 `typeid` int(10) unsigned DEFAULT NULL,
 `author` varchar(30) DEFAULT NULL,
 `ISBN` varchar(20) DEFAULT NULL,
 `price` float(8,2) DEFAULT NULL,
 `page` int(10) unsigned DEFAULT NULL,
 `bookcase` int(10) unsigned DEFAULT NULL,
 `inTime` date DEFAULT NULL,
 `del` tinyint(1) DEFAULT '0',
 `id` int(11) NOT NULL
) ENGINE=InnoDB DEFAULT CHARSET=utf8 |


1 row in set (0.00 sec)
```

图 4-20　查看删除索引后的数据表结构

从图 4-20 可以看出，名称为 idx_name 的唯一索引已经被删除。

4.6 定义约束

4.6.1 定义主键约束

定义主键约束

主键可以是表中的某一列，也可以是表中多个列所构成的一个组合。其中，由多个列组合而成的主键也称为复合主键。在 MySQL 中，主键列必须遵守以下规则。

□ 每一个表只能定义一个主键。

□ 唯一性原则。主键的值，也称键值，必须能够唯一标识表中的每一行记录，且不能为 NULL。也就是说一张表中两个不同的行在主键上不能具有相同的值。

□ 最小化规则。复合主键不能包含不必要的多余列。也就是说，当从一个复合主键中删除一列后，如果剩下的列构成的主键仍能满足唯一性原则，那么这个复合主键是不正确的。

□ 一个列名在复合主键的列表中只能出现一次。

在 MySQL 中，可以在 CREATE TABLE 或者 ALTER TABLE 语句中使用 PRIMARY KEY 子句来创建主键约束，其实现方式有以下两种。

（1）作为列的完整性约束：在表的某个列的属性定义时，加上关键字 PRIMARY KEY 实现。

【例 4-11】 在创建管理员信息表 tb_manager 时，将 id 字段设置为主键，代码如下：

```
CREATE TABLE tb_manager(
  id int(10) unsigned NOT NULL AUTO_INCREMENT PRIMARY KEY,
  name varchar(30),
  PWD varchar(30)
);
```

运行上述代码，结果如图 4-21 所示。

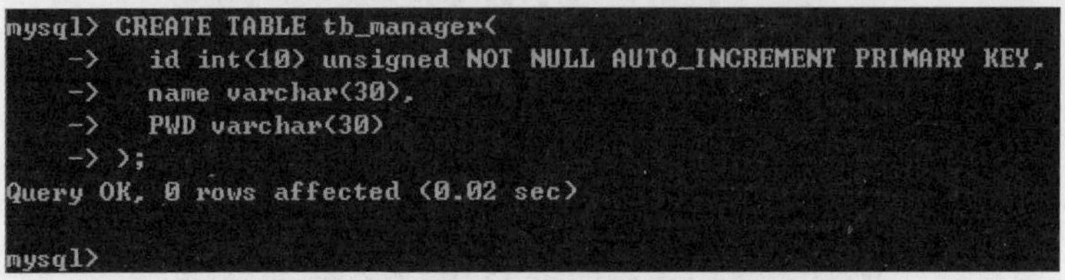

```
mysql> CREATE TABLE tb_manager<
    ->    id int(10) unsigned NOT NULL AUTO_INCREMENT PRIMARY KEY,
    ->    name varchar(30),
    ->    PWD varchar(30)
    -> );
Query OK, 0 rows affected (0.02 sec)

mysql>
```

图 4-21 将 id 字段设置为主键

（2）作为表的完整性约束：在表的所有列的属性定义后，加上 PRIMARY KEY(index_col_name,…) 子句实现。

【例 4-12】 在创建学生信息表 tb_student 时，将学号（id）和所在班级号（classid）字段设置为主键，代码如下：

```
create table tb_student (
id int auto_increment,
name varchar(30) not null,
sex varchar(2),
classid int not null,
birthday date,
PRIMARY KEY (id,classid)
```

```
);
```

运行上述代码，结果如图 4-22 所示。

图 4-22　将 id 字段和 classid 字段设置为主键

 说明　如果主键仅由表中的某一列所构成，那么以上两种方法均可以定义主键约束；如果主键由表中多个列所构成，那么只能用第二种方法定义主键约束。另外，定义主键约束后，MySQL 会自动为主键创建一个唯一索引，默认名为 PRIMARY，也可以修改为其他名称。

4.6.2　定义候选键约束

如果一个属性集能唯一标识元组，且又不含有多余的属性，那么这个属性集称为关系的候选键。例如，在包含学号、姓名、性别、年龄、院系、班级等列的"学生信息表"中，"学号"能够标识一名学生，因此，它可以作为候选键；而如果规定不允许有同名的学生，那么姓名也可以作为候选键。

定义候选键约束

候选键可以是表中的某一列，也可以是表中多个列所构成的一个组合。任何时候，候选键的值必须是唯一的，且不能为空（NULL）。候选键可以在 CREATE TABLE 或者 ALTER TABLE 语句中使用关键字 UNIQUE 来定义，其实现方法与主键约束类似，也是可作为列的完整性约束或者表的完整性约束两种方式。

在 MySQL 中，候选键与主键之间存在以下两点区别。

❑　一个表只能创建一个主键，但可以定义若干个候选键。
❑　定义主键约束时，系统会自动创建 PRIMARY KEY 索引，而定义候选键约束时，系统会自动创建 UNIQUE 索引。

【例 4-13】　创建图书信息表，将书名字段设置为候选键约束，代码如下：

```
CREATE TABLE tb_bookinfobak (
    barcode varchar(30),
    bookname varchar(70) UNIQUE,
    typeid int(10) unsigned,
    author varchar(30),
    ISBN varchar(20),
    price float(8,2),
    page int(10) unsigned,
    bookcase int(10) unsigned,
    inTime date,
    del tinyint(1) DEFAULT '0',
    id int(11) NOT NULL
```

```
);
```

运行上述代码，结果如图 4-23 所示。

```
mysql> CREATE TABLE tb_bookinfobak (
    ->    barcode varchar(30),
    ->    bookname varchar(70) UNIQUE,
    ->    typeid int(10) unsigned,
    ->    author varchar(30),
    ->    ISBN varchar(20),
    ->    price float(8,2),
    ->    page int(10) unsigned,
    ->    bookcase int(10) unsigned,
    ->    inTime date,
    ->    del tinyint(1) DEFAULT '0',
    ->    id int(11) NOT NULL
    -> );
Query OK, 0 rows affected (0.02 sec)
```

图 4-23　将 bookname 字段设置为候选键

4.6.3　定义非空约束

在 MySQL 中，非空约束可以通过在 CREATE TABLE 或 ALTER TABLE 语句中，某个列定义后面加上关键字 NOT NULL 来定义，用来约束该列的取值不能为空。

定义非空约束

【**例 4-14**】　创建图书馆管理系统的管理员信息表 tb_manager1，并为其 id 字段设置非空约束，代码如下：

```
CREATE TABLE tb_manager1(
  id int(10) unsigned NOT NULL AUTO_INCREMENT PRIMARY KEY,
  name varchar(30),
  PWD varchar(30)
);
```

运行上述代码，其结果如图 4-24 所示。

```
mysql> CREATE TABLE tb_manager1(
    ->    id int(10) unsigned NOT NULL AUTO_INCREMENT PRIMARY KEY,
    ->    name varchar(30),
    ->    PWD varchar(30)
    -> );
Query OK, 0 rows affected (0.02 sec)

mysql>
```

图 4-24　为 id 字段添加非空约束

4.6.4　定义 CHECK 约束

与非空约束一样，CHECK 约束也可以通过在 CREATE TABLE 或 ALTER TABLE 语句中，根据用户的实际完整性要求来定义。它可以分别对列或表实施 CHECK 约束，其中使用的语法如下：

定义 CHECK 约束

```
CHECK(expr)
```

其中，expr 是一个 SQL 表达式，用于指定需要检查的限定条件。在更新表数据时，MySQL 会检查更新后的数据行是否满足 CHECK 约束中的限定条件。该限定条件可以是简单的表达式，也可以是复杂的表达式（如子查询）。

下面将分别介绍如何对列和表实施 CHECK 约束。

❏ 对列实施 CHECK 约束。

将 CHECK 子句置于表的某个列的定义之后就是对列实施 CHECK 约束。下面将通过一个具体的实例来说明如何对列实施 CHECK 约束。

【例 4-15】 创建学生信息表 tb_student，限制其 age 字段的值只能是 7～18（不包括 18）的数，代码如下：

```
create table tb_student (
    id int auto_increment,
    name varchar(30) not null,
    sex varchar(2),
    age int not null CHECK(age>6 and age<18),
    remark varchar(100),
    primary key (id)
);
```

运行上述代码，结果如图 4-25 所示。

```
mysql> create table tb_student (
    -> id int auto_increment,
    -> name varchar(30) not null,
    -> sex varchar(2),
    -> age int not null CHECK(age>6 and age<18),
    -> remark varchar(100),
    -> primary key (id)
    -> );
Query OK, 0 rows affected (0.28 sec)

mysql>
```

图 4-25 对列实施 CHECK 约束

目前的 MySQL 版本只是对 CHECK 约束进行了分析处理，但会被直接忽略，并不会报错。

❏ 对表实施 CHECK 约束。

将 CHECK 子句置于表中所有列的定义以及主键约束和外键定义之后就是对表实施 CHECK 约束。下面将通过一个具体的实例来说明如何对表实施 CHECK 约束。

【例 4-16】 创建图书信息表 tb_bookinfo1，限制其 typeid 字段的值只能是 tb_booktype 表中id 字段的某一个 id 值，代码如下：

```
CREATE TABLE tb_bookinfo1 (
    barcode varchar(30),
    bookname varchar(70) UNIQUE,
    typeid int(10) unsigned,
    author varchar(30),
    ISBN varchar(20),
    price float(8,2),
    page int(10) unsigned,
    bookcase int(10) unsigned,
    inTime date,
    del tinyint(1) DEFAULT '0',
    id int(11) NOT NULL,
    CHECK(typeid IN (SELECT id FROM tb_booktype))
);
```

运行上述代码，其结果如图 4-26 所示。

```
mysql> CREATE TABLE tb_bookinfo1 (
    ->    barcode varchar(30),
    ->    bookname varchar(70) UNIQUE,
    ->    typeid int(10) unsigned,
    ->    author varchar(30),
    ->    ISBN varchar(20),
    ->    price float(8,2),
    ->    page int(10) unsigned,
    ->    bookcase int(10) unsigned,
    ->    inTime date,
    ->    del tinyint(1) DEFAULT '0',
    ->    id int(11) NOT NULL,
    ->    CHECK(typeid IN (SELECT id FROM tb_booktype))
    -> );
Query OK, 0 rows affected (0.02 sec)

mysql>
```

图 4-26　对表实施 CHECK 约束

小　结

本章主要介绍了对 MySQL 表结构进行管理的相关内容。主要包括如何创建、修改和删除表，以及设置索引和约束等内容。其中，最常用的是创建表、设置索引和定义约束，也是本章的重点。修改表结构和删除表的操作不太常用，但是也需要了解，做到在需要时知道使用哪些语句实现就可以了。

上机指导

在第 3 章上机指导中创建的 db_shop 数据库中，创建一个名为 tb_sell 的数据表，要求将 id 字段设置为无符号整数类型、自动编号，并且将其设置为主键，另外还需要设置该数据表采用 utf8 字符集，存储引擎为 InnoDB。结果如图 4-27 所示。

```
mysql> use db_shop
Database changed
mysql> CREATE TABLE tb_sell (
    ->    id int(10) unsigned NOT NULL AUTO_INCREMENT,
    ->    goodsid int(10),
    ->    price decimal(9,2) unsigned,
    ->    number int(10),
    ->    amount decimal(9,2) unsigned,
    ->    userid int(10),
    ->    PRIMARY KEY (`id`)
    -> ) ENGINE=MyISAM DEFAULT CHARSET=utf8;
Query OK, 0 rows affected (0.01 sec)

mysql>
```

上机指导

图 4-27　创建名称为 tb_sell 的数据表

具体实现步骤如下。

（1）选择当前使用的数据库为 db_shop（如果该数据库不存在，请先创建该数据库），具体代码如下：

```
use db_shop
```

（2）创建名称为 tb_sell 的数据表，将 id 字段设置为无符号整数类型、自动编号，并且

将其设置为主键，另外还需要设置该数据表采用 utf8 字符集、存储引擎为 InnoDB。具体代码
如下：

```
CREATE TABLE tb_sell (
  id int(10) unsigned NOT NULL AUTO_INCREMENT,
  goodsid int(10),
  price decimal(9,2) unsigned,
  number int(10),
  amount decimal(9,2) unsigned,
  userid int(10),
  PRIMARY KEY (`id`)
) ENGINE=InnoDB DEFAULT CHARSET=utf8;
```

习 题

4-1   MySQL 中提供了哪几种数据类型？

4-2   MySQL 中创建数据库的 SQL 语句是什么？

4-3   在创建数据表时，使用哪个属性设置表的存储引擎？

4-4   MySQL 中，主键列必须遵守哪些规则？

4-5   在 MySQL 中，候选键与主键之间的区别有哪些？

第5章

表记录的更新操作

■ 表记录的更新操作主要包括向表中插入记录、修改表中的记录以及删除表中的记录等。下面将详细介绍在 MySQL 中实现对表记录进行更新操作的方法。

本章要点:

掌握向数据表中插入单条记录的
方法 ■
掌握批量插入多条记录的方法 ■
掌握修改表记录的方法 ■
掌握使用DELETE语句删除表记录
的方法 ■
掌握清空表记录的方法 ■

5.1 插入表记录

在建立一个空的数据库和数据表时，首先需要考虑的是如何向数据表中添加数据，该操作可以使用 INSERT 语句来完成。使用 INSERT 语句可以向一个已有数据表插入一行或者多行数据。下面将分别进行介绍。

使用 INSERT…
VALUES 语句插入
新记录

5.1.1 使用 INSERT…VALUES 语句插入新记录

使用 INSERT…VALUES 语句插入数据，是 INSERT 语句最常用的语法格式。它的语法格式如下：

```
INSERT [LOW_PRIORITY | DELAYED | HIGH_PRIORITY] [IGNORE]
    [INTO] 数据表名 [(字段名,…)]
    VALUES ({值 | DEFAULT},…),(…),…
    [ ON DUPLICATE KEY UPDATE 字段名=表达式, … ]
```

参数说明如表 5-1 所示。

表 5-1　INSERT…VALUES 语句的参数说明

参数	说明
[LOW_PRIORITY	DELAYED	HIGH_PRIORITY]	可选参数，其中 LOW_PRIORITY 是 INSERT、UPDATE 和 DELETE 语句都支持的一种可选修饰符，通常应用在多用户访问数据库的情况下，用于指示 MySQL 降低 INSERT、DELETE 或 UPDATE 操作执行的优先级；DELAYED 是 INSERT 语句支持的一种可选修饰符，用于指定 MySQL 服务器把待插入的行数据放到一个缓冲器中，直到待插数据的表空闲时，才真正在表中插入数据行；HIGH_PRIORITY 是 INSERT 和 SELECT 语句支持的一种可选修饰符，它的作用是指定 INSERT 和 SELECT 操作的优先执行
[IGNORE]	可选项，表示在执行 INSERT 语句时，所出现的错误都会被当作警告处理
[INTO] 数据表名	用于指定被操作的数据表，其中，[INTO]为可选项
[(字段名，…)]	可选项，当不指定该选项时，表示要向表中所有列插入数据，否则表示向数据表的指定列插入数据
VALUES ({值 | DEFAULT},…),(…),…	必选项，用于指定需要插入的数据清单，其顺序必须与字段的顺序相应。其中的每一列的数据可以为一个常量、变量、表达式或者 NULL，但是其数据类型要与对应的字段类型相匹配；也可以直接使用 DEFAULT 关键字，表示为该列插入默认值，但是使用的前提是已经明确指定了默认值，否则会出错
ON DUPLICATE KEY UPDATE 子句	可选项，用于指定向表中插入行时，如果导致 UNIQUE KEY 或 PRIMARY KEY 出现重复值，系统是否根据 UPDATE 后的语句修改表中原有行数据

INSERT…VALUES 语句在使用时，通常可以分为以下两种情况。

1. 插入完整数据

通过 INSERT…VALUES 语句可以实现向数据表中插入完整的数据记录。下面通过一个具体的实例来演示如何向数据表中插入完整的数据记录。

【例 5-1】 通过 INSERT…VALUES 语句向图书馆管理系统的管理员信息表 tb_manager 中插入一条完整的数据。

（1）在编写 SQL 语句之前，先查看一下数据表 tb_manager 的表结构，具体代码如下：

```
USE db_library
DESC tb_manager;
```

运行效果如图 5-1 所示。

```
mysql> USE db_library ——————————  ❶ 选择数据库
Database changed
mysql> DESC tb_manager;              ❷ 查看表结构

+-------+------------------+------+-----+---------+----------------+
| Field | Type             | Null | Key | Default | Extra          |
+-------+------------------+------+-----+---------+----------------+
| id    | int(10) unsigned | NO   | PRI | NULL    | auto_increment |
| name  | varchar(30)      | YES  |     | NULL    |                |
| PWD   | varchar(30)      | YES  |     | NULL    |                |
+-------+------------------+------+-----+---------+----------------+
3 rows in set (0.00 sec)

mysql>
```

图 5-1　查看数据表 tb_manager 的表结构

（2）编写 SQL 语句，应用 INSERT…VALUES 语句实现向数据表 tb_manager 中插入一条完整的数据，具体代码如下：

```
INSERT INTO tb_manager VALUES(1,'mr','mrsoft');
```

运行效果如图 5-2 所示。

（3）通过 SELECT * FROM tb_manager 来查看数据表 tb_manager 中的数据，具体代码如下：

```
SELECT * FROM tb_manager;
```

执行效果如图 5-3 所示。

```
mysql> INSERT INTO tb_manager VALUES(1,'mr','mrsoft');
Query OK, 1 row affected (0.01 sec)

mysql>
```

图 5-2　向数据表 tb_manager 中插入一条完整的数据

```
mysql> SELECT * FROM tb_manager;
+----+------+--------+
| id | name | PWD    |
+----+------+--------+
|  1 | mr   | mrsoft |
+----+------+--------+
1 row in set (0.00 sec)
```

图 5-3　查看新插入的数据

2．插入数据记录的一部分

通过 INSERT…VALUES 语句还可以实现向数据表中插入数据记录的一部分，也就是只插入表的一行中的某几个字段的值。下面通过一个具体的实例来演示如何向数据表中插入数据记录的一部分。还是以例 5-1 中使用的数据表 tb_manager 为例进行插入。

【例 5-2】 通过 INSERT…VALUES 语句向数据表 tb_manager 中插入数据记录的一部分。

（1）编写 SQL 语句，应用 INSERT…VALUES 语句实现向数据表 tb_manager 中插入一条记录，只包括 name 和 PWD 字段的值，具体代码如下：

```
INSERT INTO tb_manager (name,PWD)
VALUES('mingrisoft','mingrisoft');
```

运行效果如图 5-4 所示。

（2）通过 SELECT * FROM tb_manager 来查看数据表 tb_manager 中的数据，具体代码如下：

SELECT * FROM tb_manager;

执行效果如图 5-5 所示。

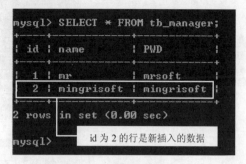

 图 5-4 向数据表 tb_manager 中插入数据记录的一部分　　　　图 5-5 查看新插入的数据

说明 由于在设计数据表时，将 id 字段设置为自动编号，所以即使我们没有指定 id 的值，MySQL 也会自动为它填上相应的编号。

5.1.2 插入多条记录

通过 INSERT…VALUES 语句还可以实现一次性插入多条数据记录。使用该方法批量插入数据，比使用多条单行的 INSERT 语句的效率要高。下面将通过一个具体的实例演示如何一次插入多条记录。

插入多条记录

【例 5-3】 通过 INSERT…VALUES 语句向数据表 tb_manager 中一次插入多条记录。

（1）编写 SQL 语句，应用 INSERT…VALUES 语句实现向数据表 tb_manager 中插入 3 条记录，都只包括 name 和 PWD 字段的值，具体代码如下：

```
INSERT INTO tb_manager (name,PWD)
VALUES('admin','111')
,( 'mingri','111')
,( 'mingrisoft','111');
```

运行效果如图 5-6 所示。

图 5-6 向数据表 tb_manager 中插入 3 条记录

（2）通过 SELECT * FROM tb_manager 来查看数据表 tb_manager 中的数据，具体代码如下：

SELECT * FROM tb_manager;

执行效果如图 5-7 所示。

图 5-7　查看新插入的 3 行数据

5.1.3　使用 INSERT…SELECT 语句插入结果集

在 MySQL 中，支持将查询结果插入到指定的数据表中，这可以通过 INSERT…
SELECT 语句来实现。

使用 INSERT…
SELECT 语句插入
结果集

```
INSERT [LOW_PRIORITY | HIGH_PRIORITY] [IGNORE]
    [INTO] 数据表名  [(字段名,…)]
    SELECT…
    [ ON DUPLICATE KEY UPDATE 字段名=表达式, … ]
```

参数说明如表 5-2 所示。

表 5-2　INSERT…SELECT 语句的参数说明

参数	说明
[LOW_PRIORITY | DELAYED | HIGH_PRIORITY] [IGNORE]	可选项，其作用与 INSERT…VALUES 语句相同，这里不再赘述
[INTO] 数据表名	用于指定被操作的数据表，其中，[INTO]为可选项，可以省略
[(字段名,…)]	可选项，当不指定该选项时，表示要向表中所有列插入数据，否则表示向数据表的指定列插入数据
SELECT 子句	用于快速地从一个或者多个表中取出数据，并将这些数据作为行数据插入到目标数据表中。需要注意的是：SELECT 子句返回的结果集中的字段数、字段类型必须与目标数据表完全一致
ON DUPLICATE KEY UPDATE 子句	可选项，其作用与 INSERT…VALUES 语句相同，这里不再赘述

【例 5-4】　实现从图书馆管理系统的借阅表 tb_borrow 中获取部分借阅信息（读者 ID 和图书 ID）
插入到归还表 tb_giveback 中。

（1）创建借阅表，主要包括 ID、读者 ID、图书 ID、借阅时间、归还时间、操作员、是否归还字段，
具体代码如下：

```
CREATE TABLE tb_borrow (
```

```
    id int(10) unsigned NOT NULL AUTO_INCREMENT,
    readerid int(10) unsigned,
    bookid int(10),
    borrowTime date,
    backTime date,
    operator varchar(30),
    ifback tinyint(1) DEFAULT '0',
    PRIMARY KEY (id)
) DEFAULT CHARSET=utf8;
```

（2）向借阅表中插入两条数据，具体代码如下：

```
INSERT INTO tb_borrow (readerid,bookid,borrowTime,backTime,operator,ifback) VALUES
    (1,1,'2017-02-14','2017-03-14','mr',1),
    (1,2,'2017-02-14','2017-03-14','mr',0);
```

（3）查询借阅表的数据，具体代码如下：

```
SELECT * FROM tb_borrow;
```

步骤（1）～步骤（3）的执行效果如图 5-8 所示。

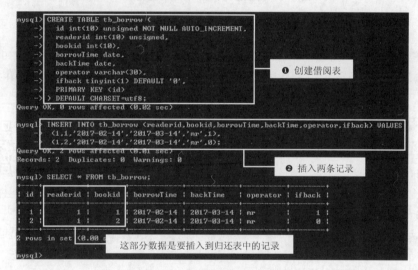

图 5-8　创建借阅表并插入数据

（4）创建归还表，主要包括 ID、读者 ID、图书 ID、归还日期、操作员字段，具体代码如下：

```
CREATE TABLE tb_giveback (
    id int(10) unsigned NOT NULL AUTO_INCREMENT,
    readerid int(11),
    bookid int(11),
    backTime date,
    operator varchar(30),
    PRIMARY KEY (id)
) DEFAULT CHARSET=utf8;
```

（5）实现从数据表 tb_borrow 中查询 readerid 和 bookid 字段的值，插入到数据表 tb_giveback 中。
具体代码如下：

```
INSERT INTO tb_giveback
    (readerid,bookid)
    SELECT readerid,bookid FROM tb_borrow;
```

（6）通过 SELECT 语句来查看数据表 tb_giveback 中的数据，具体代码如下：

SELECT * FROM tb_giveback;

步骤（5）和步骤（6）的执行效果如图 5-9 所示。

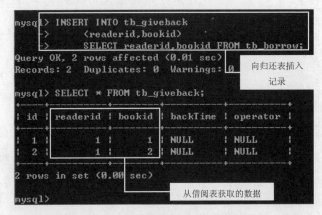

图 5-9　向归还表中插入数据并查看结果

说
明
　INSERT 语句和 SELECT 语句可以使用相同的字段名，也可以使用不同的字段名，因为 MySQL 不关心 SELECT 语句返回的字段名，它只是将返回的值按列插入到新表中。

5.1.4　使用 REPLACE 语句插入新记录

使用 REPLACE 语句插入新记录

在实现数据插入时，还可以使用 REPLACE 插入新记录。REPLACE 语句与 INSERT INTO 语句类似，所不同的是：如果一个要插入数据的表中存在主键约束（PRIMARY KEY）或者唯一约束（UNIQUE KEY），而且要插入的数据中又包含与要插入数据的表中相同的主键约束或唯一约束列的值，那么使用 INSERT INTO 语句则不能插入这条记录，而使用 REPLACE 语句则可以插入，只不过它会先将原数据表中起冲突的记录删除，然后再插入新的记录。

REPLACE 语句有以下 3 种语法格式。

语法一：

REPLACE INTO 数据表名[(字段列表)] VALUES(值列表)

语法二：

REPLACE INTO 目标数据表名[(字段列表1)] SELECT (字段列表2) FROM 源表 [WHERE 条件表达式]

语法三：

REPLACE INTO 数据表名 SET 字段1=值1,字段2=值2,字段3=值3…

例如，成功执行例 5-4 后，再应用下面的语句向归还表 tb_giveback 中插入两条数据：

INSERT INTO tb_giveback
　　SELECT id,readerid,bookid,backtime, operator FROM tb_borrow;

执行后的效果如图 5-10 所示。

```
mysql> INSERT INTO tb_giveback
    ->     SELECT id,readerid,bookid,backtime, operator FROM tb_borrow;
ERROR 1062 (23000): Duplicate entry '1' for key 'PRIMARY'
mysql>
```

图 5-10　应用 INSERT INTO 语句插入数据

从图 5-10 中可以发现，在插入数据时产生了主键重复。下面再应用 REPLACE 语句实现同样的操作，代码如下：

REPLACE INTO tb_giveback
    SELECT id,readerid,bookid,backtime, operator FROM tb_borrow;

执行后的效果如图 5-11 所示。

```
mysql> REPLACE INTO tb_giveback
    ->         SELECT id,readerid,bookid,backtime, operator FROM tb_borrow;
Query OK, 4 rows affected (0.01 sec)
Records: 2  Duplicates: 2  Warnings: 0

mysql>
```

图 5-11　应用 REPLACE 语句插入数据

从图 5-11 中可以发现，数据被成功插入了。通过 SELECT 语句来查看数据表 tb_giveback 中的数据，具体代码如下：

SELECT * FROM tb_giveback;

执行后的效果如图 5-12 所示。

```
mysql> SELECT * FROM tb_giveback;
+----+----------+--------+------------+----------+
| id | readerid | bookid | backTime   | operator |
+----+----------+--------+------------+----------+
|  1 |        1 |      1 | 2017-03-14 | mr       |
|  2 |        1 |      2 | 2017-03-14 | mr       |
+----+----------+--------+------------+----------+
2 rows in set (0.00 sec)
```

图 5-12　查看 REPLACE 语句插入数据的结果

从图 5-12 可以看出，新数据被成功插入。tb_giveback 表中的原数据请参见图 5-9。

5.2　修改表记录

修改表记录

要执行修改的操作可以使用 UPDATE 语句，语法如下：

UPDATE 数据表名SET column_name = new_value1,column_name2 = new_value2,…
WHERE 条件表达式

其中，SET 子句指出要修改的列和它们给定的值，WHERE 子句是可选的，如果给出，那么它将指定记录中哪行应该被更新，否则所有的记录行都将被更新。

【例 5-5】　将图书馆管理系统的借阅表中 id 字段为 2 的记录的"是否归还"字段值设置为 1，具体代码如下：

UPDATE tb_borrow SET ifback=1 WHERE id=2;

执行效果如图 5-13 所示。

更新时一定要保证 WHERE 子句的正确性，一旦 WHERE 子句出错，将会破坏所有改变的数据。

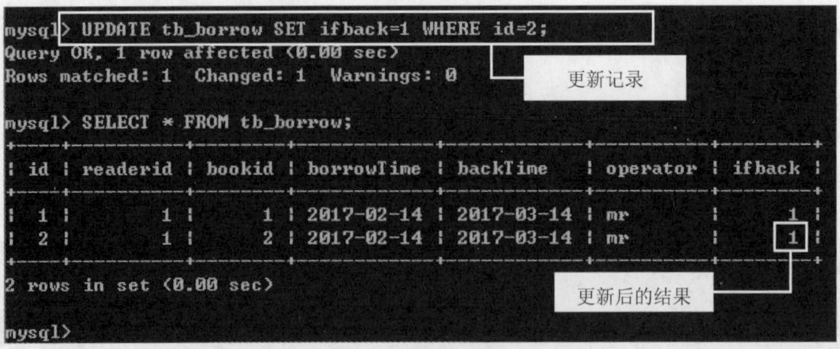

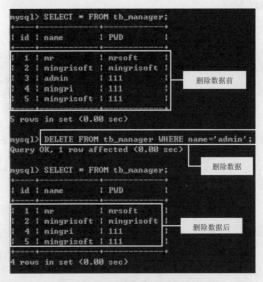

图 5-13　修改指定条件的记录

5.3　删除表记录

5.3.1　使用 DELETE 语句删除表记录

在数据库中，有些数据已经失去意义或者错误时，就需要将它们删除，此时可以使用 DELETE 语句，语法如下：

DELETE FROM 数据表名 WHERE condition

该语句在执行过程中，如果没有指定 WHERE 条件，将删除所有的记录；如果指定了 WHERE 条件，将按照指定的条件进行删除。

【例 5-6】　将图书馆管理系统的管理员信息表 tb_manager 中的名称为 admin 的管理员删除，具体代码如下：

DELETE FROM tb_manager WHERE name='admin';

执行效果如图 5-14 所示。

图 5-14　删除指定条件的记录

在实际的应用中，执行删除操作时，执行删除的条件一般应该为数据的 id，而不是具体某个字段值，这样可以避免一些不必要的错误发生。

5.3.2　使用 TRUNCATE 语句清空表记录

在删除数据时，如果要从表中删除所有的行，那么不必使用 DELETE 语句，而可以通过 TRUNCATE TABLE 语句删除所有数据，其基本的语法格式如下：

TRUNCATE [TABLE] 数据表名

在上面的语法中，数据表名表示的就是删除的数据表的表名，也可以使用"数据库名.数据表名"来指定该数据表隶属于哪个数据库。

由于 TRUNCATE TABLE 语句会删除数据表中的所有数据，并且无法恢复，因此使用 TRUNCATE TABLE 语句时一定要十分小心。

【例 5-7】　清空图书馆管理系统的管理员信息表 tb_manager，具体代码如下：

TRUNCATE TABLE tb_manager;

执行效果如图 5-15 所示。

图 5-15　清空管理员数据表 tb_manager

DELETE 语句和 TRUNCATE TABLE 语句的区别如下。

- 使用 TRUNCATE TABLE 语句后，表中的 AUTO_INCREMENT 计数器将被重新设置为该列的初始值。
- 对于参与了索引和视图的表，不能使用 TRUNCATE TABLE 语句来删除数据，而应用使用 DELETE 语句。
- TRUNCATE TABLE 操作比 DELETE 操作使用的系统和事务日志资源少。DELETE 语句每删除一行，都会在事务日志中添加一行记录，而 TRUNCATE TABLE 语句则是通过释放存储表数据所用的数据页来删除数据的，因此只在事务日志中记录页的释放。

小　结

本章主要介绍了对表记录进行更新操作的相关知识。主要包括向表中插入记录、修改表记录以及删除表记录。其中，在介绍插入表记录时，共介绍了 4 种方法，有插入单条记录的方法、插入多条记录的方法、插入结果集的方法以及使用 REPLACE 语句插入新记录的方法。在这 4 种方法中，最常用的是插入单条记录和插入多条记录的方法，需要重点掌握，灵活运用。

上机指导

向第 4 章上机指导中创建的 tb_sell 数据表中插入两条销售数据，然后将第 2 条数据删除。结果如图 5-16 所示。

上机指导

图 5-16　向数据表 tb_sell 中添加记录和删除记录

具体实现步骤如下。

（1）选择当前使用的数据库为 db_shop（如果该数据库不存在，请先创建该数据库），具体代码如下：

```
use db_shop
```

（2）应用 INSERT INTO 语句向数据表 tb_sell 中批量插入两条数据，具体代码如下：

```
INSERT INTO tb_sell (goodsid,price,number,amount,userid)
  values(1,199.80,1,199.8,1),
(3,100,2,200,2);
```

（3）查询插入后的 tb_sell 中的数据，具体代码如下：

```
SELECT * FROM tb_sell;
```

（4）应用 DELETE 语句删除第 2 条插入的数据，由于 id 字段采用了自动编号，所以第 2 条记录的 id 应该为 2，具体代码如下：

```
DELETE FROM tb_sell WHERE id=2;
```

（5）查询删除数据后的 tb_sell 中的数据，具体代码如下：

```
SELECT * FROM tb_sell;
```

习　题

5-1　MySQL 中使用哪些 SQL 语句可以实现向表中插入数据？

5-2　REPLACE 语句有哪几种语法格式？

5-3　请说明 INSERT INTO 语句和 REPLACE 语句的区别。

5-4　MySQL 中使用什么 SQL 语句可以修改表记录？

5-5　MySQL 中删除表记录的语句有哪些，它们之间的区别是什么？

第6章

表记录的检索

■ 表记录的检索是指从数据库中获取所需要的数据，也称为数据查询。它是数据库操作中最常用，也是最重要的操作。用户可以根据自己对数据的需求，使用不同的查询方式，获得不同的数据。在 MySQL 中是使用 SELECT 语句来实现数据查询的。本章将对查询语句的基本语法、在单表上查询数据、使用聚合函数查询数据、合并查询结果等内容进行详细的讲解，使读者轻松掌握查询数据的语句。

6.1 基本查询语句

基本查询语句

SELECT 语句是最常用的查询语句，它的使用方式有些复杂，但功能是相当强大的。SELECT 语句的基本语法如下：

```
SELECT selection_list                #要查询的内容，选择哪些列
FROM 数据表名                         #指定数据表
WHERE primary_constraint             #查询时需要满足的条件，行必须满足的条件
GROUP BY grouping_columns            #如何对结果进行分组
ORDER BY sorting_cloumns             #如何对结果进行排序
HAVING secondary_constraint          #查询时满足的第二条件
LIMIT count                          #限定输出的查询结果
```

其中使用的子句将在后面逐个介绍。下面先介绍 SELECT 语句的简单应用。

（1）使用 SELECT 语句查询一个数据表

使用 SELECT 语句时，首先确定所要查询的列。"*"代表所有的列。例如，查询 db_librarybak 数据库 tb_manager 表中的所有数据，代码如下：

```
mysql> use db_librarybak
Database changed
mysql> SELECT * FROM tb_manager;
+----+------------+------------+
| id | name       | PWD        |
+----+------------+------------+
| 1  | mr         | mrsoft     |
| 2  | mingrisoft | mingrisoft |
| 3  | admin      | 111        |
| 4  | mingri     | 111        |
| 5  | mrkj       | 111        |
+----+------------+------------+
5 rows in set (0.00 sec)
```

这是查询整个表中所有列的操作，还可以针对表中的某一列或多列进行查询。

（2）查询表中的一列或多列

针对表中的多列进行查询，只要在 SELECT 后面指定要查询的列名即可，多列之间用","分隔。例如，查询 tb_manager 表中的 id 和 name，代码如下：

```
mysql> SELECT id, name FROM tb_manager;
+----+------------+
| id | name       |
+----+------------+
| 1  | mr         |
| 2  | mingrisoft |
| 3  | admin      |
| 4  | mingri     |
| 5  | mrkj       |
+----+------------+
5 rows in set (0.00 sec)
```

（3）从多个表中获取数据

使用 SELECT 语句进行多表查询，需要确定所要查询的数据在哪个表中，在对多个表进行查询时，同样使用","对多个表进行分隔。

例如，从 tb_bookinfo 表和 tb_booktype 表中查询出 tb_bookinfo.id、tb_bookinfo.bookname、tb_booktype.typename、tb_bookinfo.price 和 tb_booktype.author 字段的值。其代码如下：

```
mysql> SELECT tb_bookinfo.id,tb_bookinfo.bookname,tb_booktype.typename,
    -> tb_bookinfo.price from   tb_booktype,tb_bookinfo;
+----+----------------------------+--------------+-----+
| id | bookname                   | typename     | price|
+----+----------------------------+--------------+-----+
|  7 | Java Web开发实战宝典        | 网络编程      | 89.00 |
|  7 | Java Web开发实战宝典        | 数据库开发    | 89.00 |
|  8 | Java Web开发典型模块大全    | 网络编程      | 89.00 |
|  8 | Java Web开发典型模块大全    | 数据库开发    | 89.00 |
|  9 | Java Web程序设计慕课版      | 网络编程      | 49.80 |
|  9 | Java Web程序设计慕课版      | 数据库开发    | 49.80 |
| 10 | Android程序设计慕课版       | 网络编程      | 49.80 |
| 10 | Android程序设计慕课版       | 数据库开发    | 49.80 |
+----+----------------------------+--------------+-----+
8 rows in set (0.00 sec)
```

说明　在查询数据库中的数据时，如果数据中涉及中文字符串，有可能在输出时会出现乱码。那么最后在执行查询操作之前，通过 set names 语句设置其编码格式，然后再输出中文字符串时就不会出现乱码了。如上例中所示，应用 set names 语句设置其编码格式为 utf8。

从上面的例子可以看出，在查询结果中，每一本图书都有两条记录（只是图书类型不同），如果不想要这样的结果，还可以在 WHERE 子句中使用连接运算来确定表之间的联系，然后根据这个条件返回查询结果。例如，从 tb_bookinfo 表和 tb_booktype 表中查询出 tb_bookinfo.id、tb_bookinfo.bookname、tb_booktype.typename、tb_bookinfo.price 和 tb_booktype.author 字段的值。其代码如下：

```
mysql> SELECT tb_bookinfo.id,tb_bookinfo.bookname,tb_booktype.typename,
tb_bookinfo.price from   tb_booktype,tb_bookinfo
WHERE tb_bookinfo.typeid=tb_booktype.id;
+----+----------------------------+--------------+-----+
| id | bookname                   | typename     | price|
+----+----------------------------+--------------+-----+
|  7 | Java Web开发实战宝典        | 网络编程      | 89.00 |
|  8 | Java Web开发典型模块大全    | 网络编程      | 89.00 |
|  9 | Java Web程序设计慕课版      | 数据库开发    | 49.80 |
| 10 | Android程序设计慕课版       | 网络编程      | 49.80 |
+----+----------------------------+--------------+-----+
4 rows in set (0.00 sec)
```

其中，tb_bookinfo.typeid=tb_booktype.id 将表 tb_bookinfo 和 tb_booktype 连接起来，叫做等同连接；如果不使用 tb_bookinfo.typeid=tb_booktype.id，那么产生的结果将是两个表的笛卡儿积，叫做全连接。

6.2　单表查询

单表查询是指从一张表中查询所需要的数据。所有查询操作都比较简单。下面对几种常见的操作进行详细介绍。

6.2.1 查询所有字段

查询所有字段是指查询表中所有字段的数据。这种方式可以将表中所有字段的数据都查询出来。在 MySQL 中可以使用"*"代表所有的列，即可查出所有的字段，语法格式如下：

查询所有字段

```
SELECT * FROM 表名;
```

【例 6-1】 查询图书馆管理系统的图书信息表 tb_bookinfo 的全部数据，具体代码如下：

```
SELECT * FROM tb_bookinfo;
```

执行效果如图 6-1 所示。

```
mysql> SELECT * FROM tb_bookinfo;

+------------+--------------------------+-------------------+-----+--------+------------+-----------+------+-------+
| barcode    | bookname                 | typeid | author     | translator | ISBN | price |
| page | bookcase | inTime    | operator | del | id     |            |           |      |       |
+------------+--------------------------+-------------------+-----+--------+------------+-----------+------+-------+
| 9787302210337 | Java Web开发实战宝典   |        4 | 王国辉     |            | 302  | 89.00 |
|  834 |        4 | 2017-02-24 | nr      |   0 |  7 |            |           |      |       |
| 9787115195975 | Java Web开发典型模块大全 |      4 | 王国辉、王毅、王殊宇 |    | 115  | 89.00 |
|  752 |        5 | 2017-02-24 | nr      |   0 |  8 |            |           |      |       |
| 9787115418425 | Java Web程序设计慕课版  |       5 | 明日科技   |            | 115  | 49.80 |
|  350 |        4 | 2017-02-24 | nr      |   0 |  9 |            |           |      |       |
| 9787115418302 | Android程序设计慕课版   |       4 | 明日科技   |            | 115  | 49.80 |
|  360 |        4 | 2017-02-24 | nr      |   0 | 10 |            |           |      |       |
+------------+--------------------------+-------------------+-----+--------+------------+-----------+------+-------+
4 rows in set (0.00 sec)

mysql>
```

图 6-1 查询图书信息表的全部数据

6.2.2 查询指定字段

查询指定字段可以使用下面的语法格式：

```
SELECT 字段名 FROM 表名;
```

查询指定字段

如果是查询多个字段，可以使用"，"对字段进行分隔。

【例 6-2】 从图书馆管理系统的图书信息表 tb_bookinfo 中查询图书的名称（对应字段为 bookname）和作者（对应字段为 author），具体代码如下：

```
SELECT bookname,author FROM tb_bookinfo;
```

执行效果如图 6-2 所示。

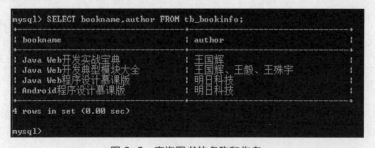

```
mysql> SELECT bookname,author FROM tb_bookinfo;

+--------------------------+----------------------+
| bookname                 | author               |
+--------------------------+----------------------+
| Java Web开发实战宝典     | 王国辉               |
| Java Web开发典型模块大全 | 王国辉、王毅、王殊宇 |
| Java Web程序设计慕课版   | 明日科技             |
| Android程序设计慕课版    | 明日科技             |
+--------------------------+----------------------+
4 rows in set (0.00 sec)

mysql>
```

图 6-2 查询图书的名称和作者

查询指定数据

6.2.3 查询指定数据

如果要从很多记录中查询出指定的记录，那么就需要一个查询的条件。设定查询条件应用的是

WHERE 子句。通过它可以实现很多复杂的条件查询。在使用 WHERE 子句时，需要使用一些比较运算符来确定查询的条件。常用的比较运算符如表 6-1 所示。

表 6-1　比较运算符

运算符	名称	示例	运算符	名称	示例
=	等于	id=5	IS NOT NULL	是否为空	id IS NOT NULL
>	大于	id>5	BETWEEN	是否在某区间中	id BETWEEN1 AND 15
<	小于	id<5	IN	在某些固定值中	id IN (3,4,5)
>=	大于等于	id>=5	NOT IN	不在某些固定值中	name NOT IN (shi,li)
<=	小于等于	id<=5	LIKE	模式匹配	name LIKE ('shi%')
!=或<>	不等于	id!=5	NOT LIKE	模式匹配	name NOT LIKE ('shi%')
IS NULL	是否为空	id IS NULL	REGEXP	正则表达式匹配	Name REGEXP 正则表达式

表 6-1 中列举的是 WHERE 子句常用的比较运算符，其中的 id 是记录的编号，name 是表中的用户名。

【例 6-3】　从图书馆管理系统的管理员表中查询名称为 mr 的管理员，主要是通过 WHERE 子句实现，具体代码如下：

```
SELECT * FROM tb_manager WHERE name='mr';
```
执行效果如图 6-3 所示。

```
mysql> SELECT * FROM tb_manager WHERE name='mr';
+----+------+--------+
| id | name | PWD    |
+----+------+--------+
|  1 | mr   | mrsoft |
+----+------+--------+
1 row in set (0.00 sec)

mysql>
```

图 6-3　查询指定数据

6.2.4　带 IN 关键字的查询

IN 关键字可以判断某个字段的值是否在指定的集合中。如果字段的值在集合中，则满足查询条件，该记录将被查询出来；如果不在集合中，则不满足查询条件。其语法格式如下：

带 IN 关键字的查询

```
SELECT * FROM 表名 WHERE 条件 [NOT] IN(元素 1,元素 2,…,元素 n);
```

❑ "NOT" 是可选参数，加上 NOT 表示不在集合内满足条件。

❑ "元素" 表示集合中的元素，各元素之间用逗号隔开，字符型元素需要加上单引号。

【例 6-4】　从图书馆管理系统的图书表 tb_bookinfo 中查询位于左 A-1（对应的 ID 号为 4）或右 A-1（对应的 ID 号为 6）的图书信息，查询语句如下：

SELECT bookname,author,price,page,bookcase FROM tb_bookinfo WHERE bookcase IN(4,6);

查询结果如图 6-4 所示。

图 6-4　使用 IN 关键字查询

6.2.5　带 BETWEEN AND 的范围查询

带 BETWEEN
AND 的范围查询

BETWEEN AND 关键字可以判断某个字段的值是否在指定的范围内。如果字段的值在指定范围内，则满足查询条件，该记录将被查询出来；如果不在指定范围内，则不满足查询条件。其语法如下：

SELECT * FROM 表名　WHERE 条件 [NOT] BETWEEN 取值1 AND 取值2;

- ❑　NOT：是可选参数，加上 NOT 表示不在指定范围内满足条件。
- ❑　取值 1：表示范围的起始值。
- ❑　取值 2：表示范围的终止值。

【例 6-5】　从图书馆管理系统的借阅表 tb_borrow 中查询 borrowTime 值在 2017-02-01～2017-02-28 之间的借阅信息，查询语句如下：

SELECT * FROM tb_borrow WHERE borrowtime BETWEEN '2017-02-01' AND '2017-02-28';

查询结果如图 6-5 所示。

图 6-5　使用 BETWEEN AND 关键字查询

如果要查询 tb_borrow 表中 borrowTime 值不在 2017-02-01～2017-02-28 之间的数据，则可以通过 NOT BETWEEN AND 来完成。其查询语句如下：

SELECT * FROM tb_borrow WHERE borrowtime NOT BETWEEN '2017-02-01' AND '2017-02-28';

带 LIKE 的字符
匹配查询

6.2.6　带 LIKE 的字符匹配查询

LIKE 属于较常用的比较运算符，通过它可以实现模糊查询。它有两种通配符："%"和下划线"_"。

- ❑　"%"可以匹配一个或多个字符，可以代表任意长度的字符串，长度可以为 0。例如，"明%技"表示以"明"开头，以"技"结尾的任意长度的字符串。该字符串可以代表明日科技、明日编程科技、明日图书科技等字符串。

❑ "_"只匹配一个字符。例如，m_n 表示以 m 开头，以 n 结尾的 3 个字符。中间的"_"可以代表任意一个字符。

 说明

字符串"p"和"明"都算做一个字符，在这点上英文字母和中文是没有区别的。

【例 6-6】 对图书馆管理系统的图书信息进行模糊查询，即要求查询 tb_bookinfo 表中 bookname 字段中包含 Java Web 字符的数据，具体代码如下：

```
SELECT * FROM tb_bookinfo WHERE bookname like '%Java Web%';
```
查询结果如图 6-6 所示。

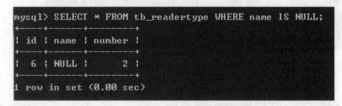

图 6-6 模糊查询

6.2.7 用 IS NULL 关键字查询空值

IS NULL 关键字可以用来判断字段的值是否为空值（NULL）。如果字段的值是空值，则满足查询条件，该记录将被查询出来。如果字段的值不是空值，则不满足查询条件。其语法格式如下：

```
IS [NOT] NULL
```
其中，"NOT"是可选参数，加上 NOT 表示字段不是空值时满足条件。

用 IS NULL 关键字查询空值

【例 6-7】 使用 IS NULL 关键字查询 tb_readertype 表中 name 字段的值为空的记录，具体代码如下：

```
SELECT * FROM tb_readertype WHERE name IS NULL;
```
查询结果如图 6-7 所示。

带 AND 的多条件查询

图 6-7 查询 name 字段值为空的记录

6.2.8 带 AND 的多条件查询

AND 关键字可以用来联合多个条件进行查询。使用 AND 关键字时，只有同时满足所有查询条件的记录会被查询出来。如果不满足这些查询条件的其中一个，这样的记录将被排除掉。

AND 关键字的语法格式如下：

SELECT * FROM 数据表名 WHERE 条件1 AND 条件2 [···AND 条件表达式n]；

AND 关键字连接两个条件表达式，可以同时使用多个 AND 关键字来连接多个条件表达式。

【例 6-8】 实现判断输入的管理员账号和密码是否存在。要求查询 tb_manager 表中 name 字段值为 mr，并且 PWD 字段值为 mrsoft 的记录，查询语句如下：

SELECT * FROM tb_manager WHERE name='mr' AND PWD='mrsoft'；

查询结果如图 6-8 所示。

```
mysql> SELECT * FROM tb_manager WHERE name='mr' AND PWD='mrsoft';
+----+------+--------+
| id | name | PWD    |
+----+------+--------+
|  1 | mr   | mrsoft |
+----+------+--------+
1 row in set (0.00 sec)

mysql>
```

图 6-8 使用 AND 关键字实现多条件查询

6.2.9 带 OR 的多条件查询

OR 关键字也可以用来联合多个条件进行查询，但是与 AND 关键字不同，OR 关键字只要满足查询条件中的一个，那么此记录就会被查询出来；如果不满足这些查询条件中的任何一个，这样的记录将被排除掉。OR 关键字的语法格式如下：

SELECT * FROM 数据表名 WHERE 条件1 OR 条件2 [···OR 条件表达式n]；

OR 可以用来连接两个条件表达式。而且，可以同时使用多个 OR 关键字连接多个条件表达式。

带 OR 的多条件查询

【例 6-9】 查询 tb_manager 表中 name 字段值为 mr 或者 mingrisoft 的记录，查询语句如下：

SELECT * FROM tb_manager WHERE name='mr' OR name='mingrisoft'；

查询结果如图 6-9 所示。

```
mysql> SELECT * FROM tb_manager WHERE name='mr' OR name='mingrisoft';
+----+------------+------------+
| id | name       | PWD        |
+----+------------+------------+
|  1 | mr         | mrsoft     |
|  2 | mingrisoft | mingrisoft |
+----+------------+------------+
2 rows in set (0.00 sec)

mysql>
```

图 6-9 使用 OR 关键字实现多条件查询

6.2.10 用 DISTINCT 关键字去除结果中的重复行

使用 DISTINCT 关键字可以去除查询结果中的重复记录，语法格式如下：

SELECT DISTINCT 字段名 FROM 表名；

用 DISTINCT 关键字去除结果中的重复行

【例 6-10】 实现从图书馆管理系统的读者信息表中获取职业。要求使用 DISTINCT 关键字去除 tb_reader 表中 vocation 字段中的重复记录，查询语句如下：

SELECT DISTINCT vocation FROM tb_reader;

查询结果如图 6-10 所示。去除重复记录前的 vocation 字段值如图 6-11 所示。

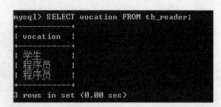

图 6-10　使用 DISTINCT 关键字去除结果中的重复行　　图 6-11　去除重复记录前的 vocation 字段值

6.2.11　用 ORDER BY 关键字对查询结果排序

用 ORDER BY 关键字对查询结果排序

使用 ORDER BY 可以对查询的结果进行升序（ASC）和降序（DESC）排列，在默认情况下，ORDER BY 按升序输出结果。如果要按降序排列可以使用 DESC 来实现。语法格式如下：

ORDER BY 字段名 [ASC|DESC];

❑ ASC 表示按升序进行排序。

❑ DESC 表示按降序进行排序。

 说明 对含有 NULL 值的列进行排序时，如果是按升序排列，NULL 值将出现在最前面；如果是按降序排列，NULL 值将出现在最后。

【例 6-11】　实现对图书借阅信息进行排序。要求查询 tb_borrow 表中的所有信息，并按照 "borrowTime" 进行降序排列，查询语句如下：

SELECT * FROM tb_borrow ORDER BY borrowTime DESC;

查询结果如图 6-12 所示。

图 6-12　按借阅时间进行降序排列

6.2.12　用 GROUP BY 关键字分组查询

用 GROUP BY 关键字分组查询

通过 GROUP BY 子句可以将数据划分到不同的组中，实现对记录进行分组查询。在查询时，所查询的列必须包含在分组的列中，目的是使查询到的数据没有矛盾。

1. 使用 GROUP BY 关键字来分组

单独使用 GROUP BY 关键字，查询结果只显示每组的一条记录。通常情况下，GROUP BY 关键字会与聚合函数一起使用。关于聚合函数的内容，请参见 6.3 节。

【例 6-12】　实现分组统计每本图书的借阅次数。要求使用 GROUP BY 关键字对 tb_borrow 表中的 bookid 字段进行分组查询，查询语句如下：

```
SELECT bookid,COUNT(*) FROM tb_borrow GROUP BY bookid;
```

查询结果如图 6-13 所示。为了使分组更加直观明了，可以查看借阅表的记录，排序后的记录图 6-12 所示。

```
mysql> SELECT bookid,COUNT(*) FROM tb_borrow GROUP BY bookid;
+--------+----------+
| bookid | COUNT(*) |
+--------+----------+
|      7 |        2 |
|      8 |        1 |
+--------+----------+
2 rows in set (0.00 sec)

mysql>
```

图 6-13　使用 GROUP BY 关键进行分组查询

2. GROUP BY 关键字与 GROUP_CONCAT()函数一起使用

使用 GROUP BY 关键字和 GROUP_CONCAT()函数查询，可以将每个组中的所有字段值都显示出来。

【例 6-13】　仍然对图书借阅表进行分组统计，这次使用 GROUP BY 关键字和 GROUP_CONCAT()函数对表中的 bookid 字段进行分组查询，查询语句如下：

```
SELECT bookid, GROUP_CONCAT(readerid) FROM tb_borrow GROUP BY bookid;
```

查询结果如图 6-14 所示。

```
mysql> SELECT bookid, GROUP_CONCAT(readerid) FROM tb_borrow GROUP BY bookid;
+--------+------------------------+
| bookid | GROUP_CONCAT(readerid) |
+--------+------------------------+
|      7 | 4,4                    |
|      8 | 5                      |
+--------+------------------------+
2 rows in set (0.00 sec)

mysql>
```

图 6-14　使用 GROUP BY 关键字与 GROUP_CONCAT()函数进行分组查询

从图 6-14 中可以看出，图书 ID 为 7 的图书被编号为 4 的读者借阅了两次。

3. 按多个字段进行分组

使用 GROUP BY 关键字也可以按多个字段进行分组。在分组过程中，先按照第一个字段进行分组，当第一个字段有相同值时，再按第二个字段进行分组，以此类推。

【例 6-14】　对 tb_borrow1 表中的 bookid 字段和 readerid 字段进行分组，分组过程中，先按照 bookid 字段进行分组。当 bookid 字段的值相等时，再按照 readerid 字段进行分组，查询语句如下：

```
SELECT bookid,readerid FROM tb_borrow GROUP BY bookid,readerid;
```

查询结果如图 6-15 所示。

```
mysql> SELECT bookid,readerid FROM tb_borrow1 GROUP BY bookid,readerid;
+--------+----------+
| bookid | readerid |
+--------+----------+
|      7 |        4 |
|      8 |        6 |
|      9 |        5 |
|      9 |        6 |
|     10 |        6 |
+--------+----------+
5 rows in set (0.00 sec)

mysql>
```

图 6-15　使用 GROUP BY 关键字实现多个字段分组

6.2.13 用 LIMIT 限制查询结果的数量

查询数据时，可能会查询出很多的记录。而用户需要的记录可能只是很少的一部分。这样就需要来限制查询结果的数量。LIMIT 是 MySQL 中的一个特殊关键字。LIMIT 子句可以对查询结果的记录条数进行限定，控制它输出的行数。下面通过具体实例来了解 LIMIT 的使用方法。

【例 6-15】 实现查询最后被借阅的 3 本图书。具体方法是查询 tb_borrow1 表，按照借阅时间进行降序排列，显示前 3 条记录，查询语句如下：

SELECT * FROM tb_borrow1 ORDER BY borrowTime DESC LIMIT 3;

查询结果如图 6-16 所示。

图 6-16 使用 LIMIT 关键字查询指定记录数

使用 LIMIT 还可以从查询结果的中间部分取值。首先要定义两个参数，参数 1 是开始读取的第一条记录的编号（在查询结果中，第一个结果的记录编号是 0，而不是 1）；参数 2 是要查询记录的个数。

【例 6-16】 对 tb_borrow1 表按照借阅时间进行降序排列，并从编号 2 开始，查询 3 条记录，查询语句如下：

SELECT * FROM tb_borrow1 ORDER BY borrowTime DESC LIMIT 2,3;

查询结果如图 6-17 所示。

图 6-17 使用 LIMIT 关键字查询指定范围的记录

6.3 聚合函数查询

聚合函数的最大特点是它们根据一组数据求出一个值。聚合函数的结果值只根据选定行中非 NULL 的值进行计算，NULL 值被忽略。

6.3.1 COUNT()函数

COUNT()函数用于对除 "*" 以外的任何参数，返回所选择集合中非 NULL 值的行的数目；对于参数 "*"，返回选择集合中所有行的数目，包含 NULL 值的行。没有 WHERE 子句的 COUNT(*)是经过内部优化的，能够快速地返回表中所有的记录总数。

【例 6-17】 实现统计图书馆管理系统中的读者人数。具体的实现方法是使用 COUNT()函数统计 tb_reader 表中的记录数，查询语句如下：

```
SELECT COUNT(*) FROM tb_reader;
```

查询结果如图 6-18 所示。结果显示，tb_reader 表中共有 3 条记录，表示有 3 位读者。

```
mysql> SELECT COUNT(*) FROM tb_reader;
+----------+
| COUNT(*) |
+----------+
|        3 |
+----------+
1 row in set (0.00 sec)

mysql>
```

图 6-18　使用 COUNT()函数统计记录数

SUM()函数

6.3.2　SUM()函数

SUM()函数可以求出表中某个数值类型字段取值的总和。

【例 6-18】 实现统计商品的销售金额。具体的实现方法是使用 SUM()函数统计 tb_sell 表中销售金额字段（amount）的总和。

在统计前，先来查询一下 tb_sell 表中 amount 字段的值，代码如下：

```
SELECT amount FROM tb_sell;
```

结果如图 6-19 所示。

下面使用 SUM()函数来查询。查询语句如下：

```
SELECT SUM(amount) FROM tb_sell;
```

查询结果如图 6-20 所示。结果显示 amount 字段的总和为 328.80。

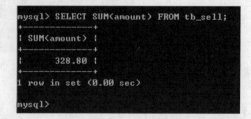

图 6-19　查询 tb_sell 表中 row 字段的值　　　　图 6-20　使用 SUM()函数统计销售金额的总和

6.3.3　AVG()函数

AVG()函数

AVG()函数可以求出表中某个数值类型字段取值的平均值。

【例 6-19】 计算学生的平均成绩。具体实现方法是使用 AVG()函数求 tb_student 表中总成绩（score）字段值的平均值。

在计算前，先来查询一下 tb_student 表中 score 字段的值，代码如下：

SELECT score FROM tb_student;

结果如图 6-21 所示。

```
mysql> SELECT score FROM tb_student;
+--------+
| score  |
+--------+
| 199.00 |
| 194.00 |
| 199.00 |
| 188.00 |
| 198.00 |
| 200.00 |
+--------+
6 rows in set (0.00 sec)

mysql>
```

图 6-21　查询 tb_student 表中 score 字段的值

下面使用 AVG()函数来计算。具体代码如下：

SELECT AVG(score) FROM tb_student;

查询结果如图 6-22 所示。

```
mysql> SELECT AVG(score) FROM tb_student;
+------------+
| AVG(score) |
+------------+
| 196.333333 |
+------------+
1 row in set (0.00 sec)

mysql>
```

图 6-22　使用 AVG()函数求 score 字段值的平均值

6.3.4　MAX()函数

MAX()函数可以求出表中某个数值类型字段取值的最大值。

【例 6-20】　计算学生表中的最高成绩。具体的实现方法是使用 MAX()函数查询 tb_student 表中 score 字段的最大值，代码如下：

MAX()函数

SELECT MAX(score) FROM tb_student;

查询结果如图 6-23 所示。

```
mysql> SELECT MAX(score) FROM tb_student;
+------------+
| MAX(score) |
+------------+
|     200.00 |
+------------+
1 row in set (0.00 sec)

mysql>
```

图 6-23　使用 MAX()函数求 score 字段的最大值

从 6.3.3 节的图 6-21 中可以看出，score 字段中最大值为 200.00，与使用 MAX()函数查询的结果一致。

6.3.5　MIN()函数

MIN()函数
MIN()函数的用法与 MAX()函数基本相同，它可以求出表中某个数值类型字段取值的最小值。

【例 6-21】　计算学生表中的最低成绩。具体的实现方法是使用 MIN ()函数查询 tb_student 表中 score 字段的最小值，代码如下：

```sql
SELECT MIN(score) FROM tb_student;
```

查询结果如图 6-24 所示。

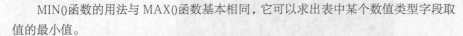

图 6-24　使用 MIN()函数求 score 字段的最小值

6.4　连接查询

连接是把不同表的记录连到一起的最普遍的方法。一种错误的观念认为由于 MySQL 的简单性和源代码开放性，使它不擅长连接。这种观念是错误的。MySQL 从一开始就能够很好地支持连接，现在还以支持标准的 SQL2 连接语句而自夸，这种连接语句可以以多种高级方法来组合表记录。

6.4.1　内连接查询

内连接查询
内连接是最普遍的连接类型，而且是最匀称的，因为它们要求构成连接的每个表的共有列匹配，不匹配的行将被排除。

内连接包括相等连接和自然连接，最常见的例子是相等连接，也就是使用等号运算符根据每个表共有的列的值匹配两个表中的行。这种情况下，最后的结果集只包含参加连接的表中与指定字段相符的行。

通过具体的数据表介绍内连接的执行过程如图 6-25 所示。

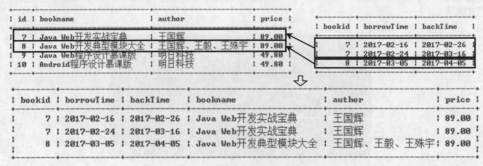

图 6-25　典型的内连接执行过程

【例 6-22】 使用内连接查询出图书的借阅信息。主要涉及图书信息表 tb_bookinfo 和借阅表 tb_borrow，这两个表通过图书 id 进行关联。具体步骤如下。

（1）查询图书信息表关键数据，包括 id、bookname、author、price 和 page 字段，代码如下：

```
SELECT id,bookname,author,price,page FROM tb_bookinfo;
```

执行效果如图 6-26 所示。

```
mysql> SELECT id,bookname,author,price,page FROM tb_bookinfo;
+----+----------------------+------------------------+-------+------+
| id | bookname             | author                 | price | page |
+----+----------------------+------------------------+-------+------+
|  7 | Java Web开发实战宝典   | 王国辉                  | 89.00 | 834  |
|  8 | Java Web开发典型模块大全| 王国辉、王毅、王殊宇     | 89.00 | 752  |
|  9 | Java Web程序设计慕课版 | 明日科技                | 49.80 | 350  |
| 10 | Android程序设计慕课版  | 明日科技                | 49.80 | 360  |
+----+----------------------+------------------------+-------+------+
4 rows in set (0.00 sec)
```

图 6-26　图书信息表数据

（2）查询借阅表关键数据，包括 bookid、borrowTime、backTime 和 ifback 字段，代码如下：

```
SELECT bookid,borrowTime,backTime,ifback FROM tb_borrow;
```

执行效果如图 6-27 所示。

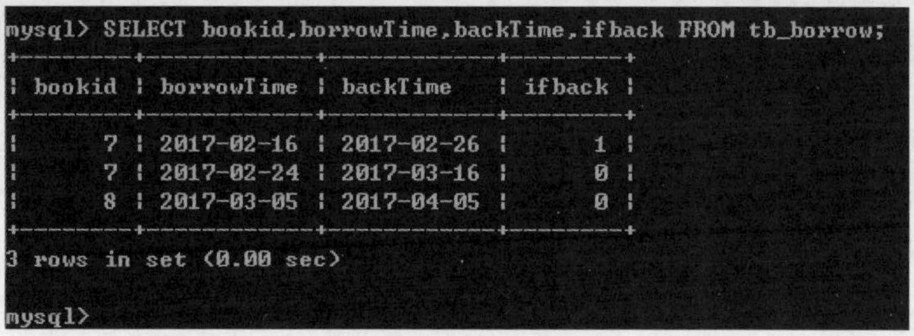

```
mysql> SELECT bookid,borrowTime,backTime,ifback FROM tb_borrow;
+--------+------------+------------+--------+
| bookid | borrowTime | backTime   | ifback |
+--------+------------+------------+--------+
|      7 | 2017-02-16 | 2017-02-26 |      1 |
|      7 | 2017-02-24 | 2017-03-16 |      0 |
|      8 | 2017-03-05 | 2017-04-05 |      0 |
+--------+------------+------------+--------+
3 rows in set (0.00 sec)

mysql>
```

图 6-27　图书信息表数据

（3）从图 6-26 和图 6-27 中可以看出，在两个表中存在一个图书编号字段，它在两个表中是等同的，即 tb_bookinfo 表的 id 字段与 tb_borrow 表的 bookid 字段相等，因此可以通过它们创建两个表的连接关系。代码如下：

```
SELECT bookid,borrowTime,backTime,ifback,bookname,author,price
FROM tb_borrow,tb_bookinfo WHERE tb_borrow.bookid=tb_bookinfo.id;
```

查询结果如图 6-28 所示。

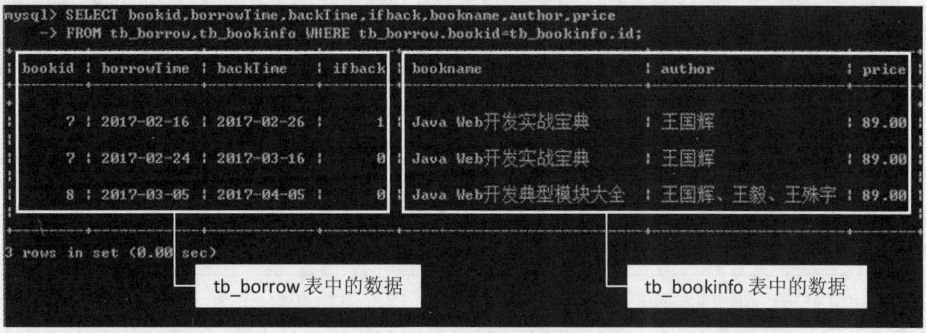

```
mysql> SELECT bookid,borrowTime,backTime,ifback,bookname,author,price
    -> FROM tb_borrow,tb_bookinfo WHERE tb_borrow.bookid=tb_bookinfo.id;
+--------+------------+------------+--------+----------------------+------------------------+-------+
| bookid | borrowTime | backTime   | ifback | bookname             | author                 | price |
+--------+------------+------------+--------+----------------------+------------------------+-------+
|      7 | 2017-02-16 | 2017-02-26 |      1 | Java Web开发实战宝典   | 王国辉                  | 89.00 |
|      7 | 2017-02-24 | 2017-03-16 |      0 | Java Web开发实战宝典   | 王国辉                  | 89.00 |
|      8 | 2017-03-05 | 2017-04-05 |      0 | Java Web开发典型模块大全| 王国辉、王毅、王殊宇     | 89.00 |
+--------+------------+------------+--------+----------------------+------------------------+-------+
3 rows in set (0.00 sec)
```

tb_borrow 表中的数据　　　　tb_bookinfo 表中的数据

图 6-28　内连接查询

6.4.2 外连接查询

外连接查询

与内连接不同，外连接是指使用 OUTER JOIN 关键字将两个表连接起来。外连接生成的结果集不仅包含符合连接条件的行数据，而且还包括左表（左外连接时的表）、右表（右外连接时的表）或两边连接表（全外连接时的表）中所有的数据行。语法格式如下：

SELECT 字段名称 FROM 表名1 LEFT|RIGHT JOIN 表名2 ON 表名1.字段名1=表名2.属性名2;

外连接分为左外连接（LEFT JOIN）、右外连接（RIGHT JOIN）和全外连接 3 种类型。

1. 左外连接

左外连接（LEFT JOIN）是指将左表中的所有数据分别与右表中的每条数据进行连接组合，返回的结果除内连接的数据外，还包括左表中不符合条件的数据，并在右表的相应列中添加 NULL 值。

例如，通过左外连接查询如图 6-26 所示的图书信息表和如图 6-27 所示的借阅表，代码如下：

SELECT bookid,borrowTime,backTime,ifback,bookname,author,price
 FROM tb_borrow LEFT JOIN tb_bookinfo ON tb_borrow.bookid=tb_bookinfo.id;

将得到图 6-29 所示的结果。

```
mysql> SELECT bookid,borrowTime,backTime,ifback,bookname,author,price
    -> FROM tb_borrow LEFT JOIN tb_bookinfo ON tb_borrow.bookid=tb_bookinfo.id;
+--------+------------+------------+--------+-----------------------+------------------+-------+
| bookid | borrowTime | backTime   | ifback | bookname              | author           | price |
+--------+------------+------------+--------+-----------------------+------------------+-------+
|      7 | 2017-02-16 | 2017-02-26 |      1 | Java Web开发实战宝典   | 王国辉            | 89.00 |
|      7 | 2017-02-24 | 2017-03-16 |      0 | Java Web开发实战宝典   | 王国辉            | 89.00 |
|      8 | 2017-03-05 | 2017-04-05 |      0 | Java Web开发典型模块大全 | 王国辉、王毅、王殊宇 | 89.00 |
+--------+------------+------------+--------+-----------------------+------------------+-------+
3 rows in set (0.00 sec)
```

图 6-29　左外连接查询图书借阅信息

从图 6-28 和图 6-29 中可以看出，针对这里的图书信息表和借阅表，内连接和左外连接得到的结果是一样的。这是因为左表（借阅表）中的数据在右表（图书信息表）中一定有与之相对应的数据。而如果将图书信息表作为左表，借阅表作为右表，则将得到图 6-30 所示的结果。

```
mysql> SELECT bookname,author,price,bookid,borrowTime,backTime,ifback
    ->  FROM tb_bookinfo LEFT JOIN tb_borrow ON tb_borrow.bookid=tb_bookinfo.id;
+-----------------------+------------------+-------+--------+------------+------------+--------+
| bookname              | author           | price | bookid | borrowTime | backTime   | ifback |
+-----------------------+------------------+-------+--------+------------+------------+--------+
| Java Web开发实战宝典   | 王国辉            | 89.00 |      7 | 2017-02-16 | 2017-02-26 |      1 |
| Java Web开发实战宝典   | 王国辉            | 89.00 |      7 | 2017-02-24 | 2017-03-16 |      0 |
| Java Web开发典型模块大全 | 王国辉、王毅、王殊宇 | 89.00 |      8 | 2017-03-05 | 2017-04-05 |      0 |
| Java Web程序设计慕课版  | 明日科技          | 49.80 |   NULL | NULL       | NULL       |   NULL |
| Android程序设计慕课版   | 明日科技          | 49.80 |   NULL | NULL       | NULL       |   NULL |
+-----------------------+------------------+-------+--------+------------+------------+--------+
5 rows in set (0.00 sec)
```

图 6-30　左外连接查询图书借阅信息 2

【例 6-23】　在图书馆管理系统中，图书信息表（tb_bookinfo）和图书类型表（tb_booktype）之间通过 typeid 字段相关联，并且在图书类型表中保存着图书的可借阅天数。因此，要实现获取图书的最多借阅天数，需要使用左外连接来实现。具体代码如下：

SELECT bookname,author,price,typeid,days
FROM tb_bookinfo LEFT JOIN tb_bookTYPE ON tb_bookinfo.typeid=tb_booktype.id;

查询结果如图 6-31 所示。

图 6-31　左外连接查询

2. 右外连接

右外连接（RIGHT JOIN）是指将右表中的所有数据分别与左表中的每条数据进行连接组合，返回的结果除内连接的数据外，还包括右表中不符合条件的数据，并在左表的相应列中添加 NULL。

【例 6-24】　对例 6-23 中的两个数据表进行行右外连接，其中图书类型表（tb_booktype）作为右表，图书信息表（tb_bookinfo）作为左表，两表通过图书 typeid 字段关联，代码如下：

```
SELECT tb_booktype.id,days,bookname,author,price
FROM tb_bookinfo RIGHT JOIN tb_bookTYPE ON tb_booktype.id = tb_bookinfo.typeid;
```

查询结果如图 6-32 所示。

```
mysql> SELECT tb_booktype.id,days,bookname,author,price
    -> FROM tb_bookinfo RIGHT JOIN tb_bookTYPE ON tb_booktype.id = tb_bookinfo.typeid;
+----+------+----------------------------+----------------------------+-------+
| id | days | bookname                   | author                     | price |
+----+------+----------------------------+----------------------------+-------+
|  4 |   20 | Java Web开发实战宝典       | 王国辉                     | 89.00 |
|  4 |   20 | Java Web开发典型模块大全   | 王国辉、王毅、王殊宇       | 89.00 |
|  5 |   15 | Java Web程序设计慕课版     | 明日科技                   | 49.80 |
|  4 |   20 | Android程序设计慕课版      | 明日科技                   | 49.80 |
|  7 |   30 | NULL                       | NULL                       | NULL  |
|  8 |   25 | NULL                       | NULL                       | NULL  |
+----+------+----------------------------+----------------------------+-------+
6 rows in set (0.00 sec)

mysql>
```

图 6-32　右外连接查询

6.4.3　复合条件连接查询

在连接查询时，也可以增加其他的限制条件，通过多个条件的复合查询，可以使查询结果更加准确。

复合条件连接查询

【例 6-25】　应用复合条件连接查询实现查询出未归还的图书借阅信息，主要是在例 6-22 的基础上加上判断是否归还字段的值等于 0 的条件，具体代码如下：

```
SELECT bookid,borrowTime,backTime,ifback,bookname,author,price
FROM tb_borrow,tb_bookinfo WHERE tb_borrow.bookid=tb_bookinfo.id AND ifback=0;
```

查询结果如图 6-33 所示。

```
mysql> SELECT bookid,borrowTime,backTime,ifback,bookname,author,price
    -> FROM tb_borrow,tb_bookinfo WHERE tb_borrow.bookid=tb_bookinfo.id AND ifback=0;
+--------+------------+------------+--------+--------------------------+----------------------+-------+
| bookid | borrowTime | backTime   | ifback | bookname                 | author               | price |
+--------+------------+------------+--------+--------------------------+----------------------+-------+
|      7 | 2017-02-24 | 2017-03-16 |      0 | Java Web开发实战宝典     | 王国辉               | 89.00 |
|      8 | 2017-03-05 | 2017-04-05 |      0 | Java Web开发典型模块大全 | 王国辉、王毅、王殊宇 | 89.00 |
+--------+------------+------------+--------+--------------------------+----------------------+-------+
2 rows in set (0.00 sec)
```

图 6-33　复合条件连接查询

6.5 子查询

子查询也是 SELECT 查询，但是是另一个 SELECT 查询的附属。MySQL 4.1 可以嵌套多个查询，在外面一层的查询中使用里面一层查询产生的结果集。这样就不是执行两个（或者多个）独立的查询，而是执行包含一个（或者多个）子查询的单独查询。

当遇到这样的多层查询时，MySQL 从最内层的查询开始，然后从它开始向外向上移动到外层（主）查询，在这个过程中每个查询产生的结果集都被赋给包围它的父查询，接着这个父查询被执行，它的结果也被指定给它的父查询。

除了结果集经常由包含一个或多个值的一列组成外，子查询和常规 SELECT 查询的执行方式一样。子查询可以用在任何可以使用表达式的地方，但它必须由父查询包围，而且，如同常规的 SELECT 查询，它必须包含一个字段列表（这是一个单列列表），一个具有一个或者多个表名字的 FROM 子句，以及可选的 WHERE、HAVING 和 GROUP BY 子句。

6.5.1 带 IN 关键字的子查询

只有子查询返回的结果列包含一个值时，比较运算符才适用。假如一个子查询返回的结果集是值的列表，这时比较运算符就必须用 IN 运算符代替。

IN 运算符可以检测结果集中是否存在某个特定的值，如果检测成功就执行外部的查询。

带 IN 关键字的
子查询

【例 6-26】 应用带 IN 关键字的子查询实现查询被借阅过的图书信息。

在查询前，先分别看一下图书信息表（tb_bookinfo）和借阅表（tb_borrow）中的图书编号字段的值，以便进行对比。tb_bookinfo 表中的 id 字段值如图 6-34 所示；tb_borrow 表中的 bookid 字段值如图 6-35 所示。

图 6-34 tb_bookinfo 表中的 id 字段值

图 6-35 tb_borrow 表中的 bookid 字段值

从上面的查询结果可以看出，在 tb_borrow 表的 bookid 字段中没有出现 9 和 10 的值。下面编写以下带 IN 关键字的子查询语句：

```
SELECT id,bookname,author,price
FROM tb_bookinfo WHERE id IN(SELECT bookid FROM tb_borrow);
```

查询结果如图 6-36 所示。

图 6-36 使用 IN 关键子实现子查询

查询结果只查询出了图书编号为 7 和 8 的记录，因为在 tb_borrow 表的 bookid 字段中没有出现 9 和 10 的值。

 说明 NOT IN 关键字的作用与 IN 关键字刚好相反。在本例中，如果将 IN 换为 NOT IN，则查询结果将会显示图书编号为 9 和 10 的记录。

6.5.2 带比较运算符的子查询

带比较运算符的子查询

子查询可以使用比较运算符。这些比较运算符包括=、!=、>、>=、<、<=等。比较运算符在子查询时使用得非常广泛。

【例 6-27】 从学生信息表（tb_student）和等级表（tb_grade）中查询考试成绩为优秀的学生信息。

在等级表（tb_grade）中查询考试成绩为优秀的分数，代码如下：

```
SELECT score FROM tb_grade WHERE name='优秀';
```

执行结果如图 6-37 所示。

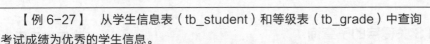

图 6-37 查询考试成绩为优秀的分数

从结果中看出，当分数大于等于 198.00 时即为 "优秀"。下面再来查询 tb_student 学生信息表的记录，代码如下：

```
SELECT * FROM tb_student;
```

执行结果如图 6-38 所示。

图 6-38 查询 tb_student 表中的记录

结果显示，有 4 名学生的成绩为优秀。下面使用比较运算符的子查询方式来查询成绩为优秀的学生信息，代码如下：

```
SELECT * FROM tb_student
WHERE score >=( SELECT score FROM tb_grade WHERE name='优秀');
```

查询结果如图 6-39 所示。

```
mysql> SELECT * FROM tb_student
    -> WHERE score >=( SELECT score FROM tb_grade WHERE name='优秀');
+----+------+-----+---------+--------+
| id | name | sex | classid | score  |
+----+------+-----+---------+--------+
|  1 | 琦琦 | 女  |      13 | 199.00 |
|  3 | 浩浩 | 男  |      11 | 199.00 |
|  5 | 远远 | 男  |      14 | 198.00 |
|  6 | 聪聪 | 女  |      16 | 200.00 |
+----+------+-----+---------+--------+
4 rows in set (0.00 sec)

mysql>
```

图 6-39　使用比较运算符的子查询方式来查询成绩为"优秀"的学生信息

6.5.3　带 EXISTS 关键字的子查询

使用 EXISTS 关键字时，内层查询语句不返回查询的记录，而是返回一个真假值。如果内层查询语句查询到满足条件的记录，就返回一个真值（true）；否则，将返回一个假值（false）。当返回的值为 true 时，外层查询语句将进行查询；当返回的为 false 时，外层查询语句不进行查询或者查询不出任何记录。

带 EXISTS 关键字
的子查询

【例 6-28】　应用带 EXISTS 关键字的子查询实现查询已经被借阅的图书信息。具体代码如下：

```
SELECT id,bookname,author,price FROM tb_bookinfo
 WHERE EXISTS (SELECT * FROM tb_borrow WHERE tb_borrow.bookid=tb_bookinfo.id);
```

查询结果如图 6-40 所示。

```
mysql> SELECT id,bookname,author,price FROM tb_bookinfo
    ->  WHERE EXISTS (SELECT * FROM tb_borrow WHERE tb_borrow.bookid=tb_bookinfo.id);
+----+-------------------------+------------------------+-------+
| id | bookname                | author                 | price |
+----+-------------------------+------------------------+-------+
|  7 | Java Web开发实战宝典    | 王国辉                 | 89.00 |
|  8 | Java Web开发典型模块大全 | 王国辉、王毅、王殊宇   | 89.00 |
+----+-------------------------+------------------------+-------+
2 rows in set (0.00 sec)
```

图 6-40　使用 EXISTS 关键字的子查询

因为子查询 tb_borrow 表中存在 bookid 字段与 tb_bookinfo 表的 id 字段相等的记录，即返回值为真，外层查询接收到真值后，开始执行查询。

当 EXISTS 关键与其他查询条件一起使用时，需要使用 AND 或者 OR 来连接表达式与 EXISTS 关键字。

说明

NOT EXISTS 与 EXISTS 刚好相反，使用 NOT EXISTS 关键字时，当返回的值是 true 时，外层查询语句不执行查询；当返回值是 false 时，外层查询语句将执行查询。

例如，将【例 6-28】中的 EXISTS 关键字修改为 NOT EXISTS 关键字，代码如下：

```
SELECT id,bookname,author,price FROM tb_bookinfo
 WHERE NOT EXISTS (SELECT * FROM tb_borrow WHERE tb_borrow.bookid=tb_bookinfo.id);
```

则执行结果为查询尚未被借阅的图书信息，执行效果如图 6-41 所示。

```
mysql> SELECT id,bookname,author,price FROM tb_bookinfo
    ->  WHERE NOT EXISTS (SELECT * FROM tb_borrow WHERE tb_borrow.bookid=tb_bookinfo.id);
+----+-------------------------+-----------+-------+
| id | bookname                | author    | price |
+----+-------------------------+-----------+-------+
|  9 | Java Web程序设计慕课版   | 明日科技  | 49.80 |
| 10 | Android程序设计慕课版     | 明日科技  | 49.80 |
+----+-------------------------+-----------+-------+
2 rows in set (0.00 sec)

mysql>
```

图 6-41　使用 NOT EXISTS 关键字的子查询

6.5.4　带 ANY 关键字的子查询

ANY 关键字表示满足其中任意一个条件，通常与比较运算符一起使用。使用 ANY 关键字时，只要满足内层查询语句返回的结果中的任意一个，就可以通过该条件来执行外层查询语句。语法格式如下：

带 ANY 关键字的子查询

列名　比较运算符　ANY(子查询)

如果比较运算符是"<"，则表示小于子查询结果集中某一个值；如果是">"，则表示至少大于子查询结果集中的某一个值（或者说大于子查询结果集中的最小值）。

【例 6-29】　实现查询比一年三班最低分高的全部学生信息。主要是通过带 ANY 关键字的子查询实现查询成绩大于一年三班的任何一名同学的学生信息。具体代码如下：

SELECT * FROM tb_student1
WHERE score > ANY(SELECT score FROM tb_student1 WHERE classid=13);

查询结果如图 6-42 所示。

```
mysql> SELECT * FROM tb_student1 WHERE score > ANY(SELECT score FROM tb_student1 WHERE classid=13);
+----+------+-----+---------+--------+
| id | name | sex | classid | score  |
+----+------+-----+---------+--------+
|  1 | 琦琦 | 女  |      13 | 199.00 |
|  2 | 宁宁 | 女  |      13 | 194.00 |
|  3 | 浩浩 | 男  |      11 | 199.00 |
|  5 | 远远 | 男  |      14 | 198.00 |
|  6 | 聪聪 | 女  |      16 | 200.00 |
| 12 | 瑶瑶 | 女  |      11 | 190.00 |
+----+------+-----+---------+--------+
6 rows in set (0.00 sec)

mysql>
```

图 6-42　使用 ANY 关键字实现子查询

为了使结果更加直观，应用下面的语句查询 tb_student1 表中的一年三班的学生成绩和 tb_student1 表中全部学生成绩：

SELECT score FROM tb_student1 WHERE classid=13;
SELECT score FROM tb_student1;

执行结果如图 6-43 所示。

结果显示，tb_student1 表中的一年三班的学生成绩的最小值为 189.00，在 tb_ student1 表中成绩大于 189.00 的记录有 6 条，与带 ANY 关键字的子查询结果相同。

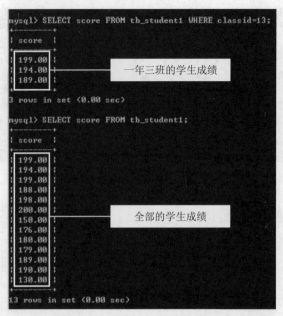

图 6-43　tb_student1 表中的一年三班的学生成绩和全部学生成绩

6.5.5　带 ALL 关键字的子查询

ALL 关键字表示满足所有条件。通常与比较运算符一起使用。使用 ALL 关键字时，只有满足内层查询语句返回的所有结果才可以执行外层查询语句。语法格式如下：

带 ALL 关键字的子查询

列名　比较运算符　ALL(子查询)

如果比较运算符是 "<"，则表示小于子查询结果集中的任何一个值（或者说小于子查询结果集中的最小值）；如果是 ">"，则表示大于子查询结果集中的任何一个值（或者说大于子查询结果集中的最大值）。

> 【例 6-30】　实现查询比一年三班最高分高的全部学生信息。主要是通过带 ALL 关键字的子查询实现查询成绩大于一年三班的任何一名同学的学生信息。具体代码如下：

```
SELECT * FROM tb_student1
WHERE score > ALL(SELECT score FROM tb_student1 WHERE classid=13);
```
查询结果如图 6-44 所示。

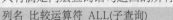

图 6-44　使用 ALL 关键字实现子查询

从图 6-43 可以看出，一年三班的最高分成绩是 199.00，在 tb_student1 表中成绩大于 199.00 的记录只有一条，与带 ALL 关键字的子查询结果相同。

ANY 关键字和 ALL 关键字的使用方式是一样的，但是这两者有很大的区别。使用 ANY 关键字时，只要满足内层查询语句返回的结果中的任何一个，就可以通过该条件来执行外层查询语句。而 ALL 关键字则需要满足内层查询语句返回的所有结果，才可以执行外层查询语句。

6.6 合并查询结果

合并查询结果

合并查询结果是将多个 SELECT 语句的查询结果合并到一起。因为某种情况下，需要将几个 SELECT 语句查询出来的结果合并起来显示。合并查询结果使用 UNION 和 UNION ALL 关键字。UNION 关键字是将所有的查询结果合并到一起，然后去除相同记录；而 UNION ALL 关键字则只是简单地将结果合并到一起。下面分别介绍这两种合并方法。

1. 使用 UNION 关键字

使用 UNION 关键字可以将多个结果集合并到一起，并且会去除相同记录。下面举例说明具体的使用方法。

【例 6-31】 将图书信息表 1（tb_bookinfo）和图书信息表 2（tb_bookinfo1）合并。

先来看一下 tb_bookinfo 表和 tb_bookinfo1 表中 bookname 字段的值，查询结果如图 6-45 和图 6-46 所示。

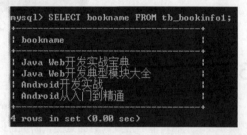

图 6-45 tb_bookinfo 表中 bookname 字段的值　　　图 6-46 tb_bookinfo1 表中 bookname 字段的值

结果显示，在 tb_bookinfo 表中 bookname 字段的值有 4 个，而 tb_bookinfo1 表中 bookname 字段的值也有 4 个。但是它们的前两个值是相同的。下面使用 UNION 关键字合并两个表的查询结果，查询语句如下：

```
SELECT bookname FROM tb_bookinfo
UNION
SELECT bookname FROM tb_bookinfo1;
```

查询结果如图 6-47 所示。结果显示，合并后将所有结果合并到了一起，并去除了重复值。

图 6-47 使用 UNION 关键字合并查询的结果

2. 使用 UNION ALL 关键字

UNION ALL 关键字的使用方法同 UNION 关键字类似，也是将多个结果集合并到一起，但是该关键字不会去除相同记录。

下面修改【例 6-31】，实现查询 tb_bookinfo 表和 tb_bookinfo1 表中的 bookname 字段，并使用 UNION ALL 关键字合并查询结果，但是不去除重复值，具体代码如下：

```
SELECT bookname FROM tb_bookinfo
UNION ALL
SELECT bookname FROM tb_bookinfo1;
```

查询结果如图 6-48 所示。tb_bookinfo 表和 tb_bookinfo1 表的记录请参见【例 6-31】。

图 6-48　使用 UNION ALL 关键字合并查询的结果

6.7　定义表和字段的别名

在查询时，可以为表和字段取一个别名，这个别名可以代替其指定的表和字段。为字段和表取别名，能够使查询更加方便，而且可以使查询结果以更加合理的方式显示。

6.7.1　为表取别名

当表的名称特别长或者进行连接查询时，在查询语句中直接使用表名很不方便。这时可以为表取一个贴切的别名。

为表取别名

【例 6-32】　使用左连接查询出图书的完整信息，并为图书信息表（tb_bookinfo）指定别名为 book，为图书类别表（tb_booktype）指定别名为 type。具体代码如下：

```
SELECT bookname,author,price,page,typename,days
FROM tb_bookinfo AS book
LEFT JOIN tb_booktype AS type ON book.typeid= type.id;
```

其中，"tb_bookinfo AS book" 表示 tb_bookinfo 表的别名为 book；book.typeid 表示 tb_bookinfo 表中的 typeid 字段。查询结果如图 6-49 所示。

6.7.2　为字段取别名

当查询数据时，MySQL 会显示每个输出列的名称。默认情况下，显示的列名是创建表时定义的列名。我们同样可以为这个列取一个别名。另外，在使用聚合函数进行查询时，也可以为统计结果列设置一个别名。

为字段取别名

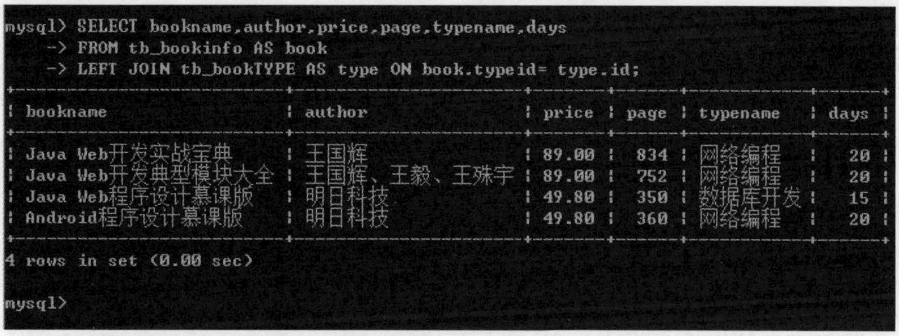

图 6-49　为表取别名

MySQL 中为字段取别名的基本形式如下：

字段名 [AS] 别名

【例 6-33】　实现统计每本图书的借阅次数，并取别名为 degree。在【例 6-12】的基础上进行修改，只需要在 COUNT(*)后面接上 AS 关键字和别名 degree 即可，修改后的代码如下：

SELECT bookid,COUNT(*) AS degree FROM tb_borrow GROUP BY bookid；

查询结果如图 6-50 所示。

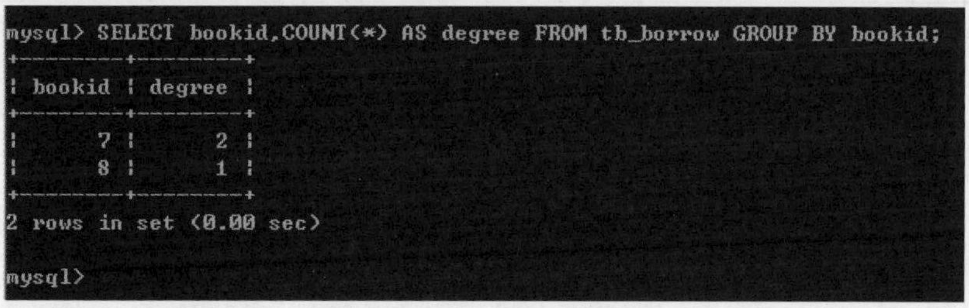

图 6-50　为字段取别名

6.8　使用正则表达式查询

正则表达式是用某种模式去匹配一类字符串的一个方式。正则表达式的查询能力比通配字符的查询能力更强大，而且更加的灵活。下面详细讲解如何使用正则表达式来查询。

在 MySQL 中，使用 REGEXP 关键字来匹配查询正则表达式。其基本形式如下：

字段名 REGEXP '匹配方式'

❑ "字段名"参数表示需要查询的字段名称。

❑ "匹配方式"参数表示以哪种方式来进行匹配查询。"匹配方式"参数中支持的模式匹配字符如表 6-2 所示。

表 6-2　正则表达式的模式字符

模式字符	含义	应用举例
^	匹配以特定字符或字符串开头的记录	使用 "^" 表达式查询 tb_book 表中 books 字段以字母 php 开头的记录，语句如下： SELECT books FROM tb_book WHERE books REGEXP '^php'；

续表

模式字符	含义	应用举例
$	匹配以特定字符或字符串结尾的记录	使用 "$" 表达式查询 tb_book 表中 books 字段以 "模块" 结尾的记录，语句如下： SELECT books FROM tb_book WHERE books REGEXP '模块$';
.	匹配字符串的任意一个字符，包括回车和换行	使用 "." 表达式来查询 tb_book 表中 books 字段中包含 P 字符的记录，语句如下： SELECT books FROM tb_book WHERE books REGEXP 'P.';
[字符集合]	匹配 "字符集合" 中的任意一个字符	使用 "[]" 表达式来查询 tb_book 表中 books 字段中包含 PCA 字符的记录，语句如下： SELECT books FROM tb_book WHERE books REGEXP '[PCA]';
[^字符集合]	匹配除 "字符集合" 以外的任意一个字符	查询 tb_program 表中 talk 字段值中包含 c～z 字母以外的记录，语句如下： SELECT talk FROM tb_program WHERE talk regexp '[^c-z]';
S1|S2|S3	匹配 S1、S2 和 S3 中的任意一个字符串	查询 tb_books 表中 books 字段中包含 php、c 或者 java 字符中任意一个字符的记录，语句如下： SELECT books FROM tb_books WHERE books regexp 'php|c|java';
*	匹配多个该符号之前的字符，包括 0 和 1 个	使用 "*" 表达式查询 tb_book 表中 books 字段中 A 字符前出现过 J 字符的记录，语句如下： SELECT books FROM tb_book WHERE books regexp 'J*A';
+	匹配多个该符号之前的字符，包括 1 个	使用 "+" 表达式来查询 tb_book 表中 books 字段中 A 字符前面至少出现过一个 J 字符的记录，语句如下： SELECT books FROM tb_book WHERE books regexp 'J+A';
字符串{N}	匹配字符串出现 N 次	使用 {N} 表达式查询 tb_book 表中 books 字段中连续出现 3 次 a 字符的记录，语句如下： SELECT books FROM tb_book WHERE books regexp 'a{3}';
字符串{M,N}	匹配字符串出现至少 M 次，最多 N 次	使用 {M,N} 表达式查询 tb_book 表中 books 字段中最少出现 2 次、最多出现 4 次 a 字符的记录，语句如下： SELECT books FROM tb_book WHERE books regexp 'a{2,4}';

这里的正则表达式与 Java 语言、PHP 语言等编程语言中的正则表达式基本一致。

6.8.1 匹配指定字符中的任意一个

使用方括号（[]）可以将需要查询的字符组成一个字符集。只要记录中包含方括号中的任意字符，该记录将会被查询出来。例如，通过 "[abc]" 可以查询包含 a、b 和 c 等 3 个字母中任何一个的记录。

匹配指定字符中的任意一个

【例 6-34】 实现在图书馆管理系统中查询包括字母 k、r 或 s 的管理员信息。主要是对管理员信息表进行查询，设置的查询条件是通过正则表达式验证 name 字段。具体代码如下：

SELECT * FROM tb_manager
WHERE name REGEXP '[krs]';

代码执行结果如图 6-51 所示。

为了比较查询结果，再查询出管理员信息表中的全部数据，如图 6-52 所示。

图 6-51　匹配指定字符中的任意一个

图 6-52　管理员信息表的全部数据

从图 6-51 和图 6-52 中可以看出，由于 admin 中不包括字母 k、r 或 s，所以该记录没有被查询出来。

6.8.2　使用"*"和"+"来匹配多个字符

正则表达式中，"*"和"+"都可以匹配多个该符号之前的字符。但是，"+"至少表示一个字符，而"*"可以表示 0 个字符。

使用"*"和"+"来
匹配多个字符

【例 6-35】 实现在图书馆管理系统中查询 E-mail 地址不正确的读者信息。主要是对读者信息表进行查询，设置的查询条件是通过正则表达式验证 email 字段。具体代码如下：

SELECT id,name,sex,barcode,vocation,tel,email
FROM tb_reader
WHERE email NOT REGEXP '^[a-zA-Z0-9_-]+@[a-zA-Z0-9_-]+(\.[a-zA-Z0-9_-]+)+$';

代码执行结果如图 6-53 所示。

```
mysql> SELECT id,name,sex,barcode,vocation,tel,email
    -> FROM tb_reader
    -> WHERE email NOT REGEXP '^[a-zA-Z0-9_-]+@[a-zA-Z0-9_-]+(\.[a-zA-Z0-9_-]+)+$';
+----+------+-----+----------------+----------+----------+--------+
| id | name | sex | barcode        | vocation | tel      | email  |
+----+------+-----+----------------+----------+----------+--------+
| 5  | wgh  | 女  | 20170224000002 | 程序员   | 84978981 | wgh717 |
+----+------+-----+----------------+----------+----------+--------+
1 row in set (0.00 sec)

mysql>
```

图 6-53　查询 E-mail 地址不正确的读者信息

从图 6-53 中可以看出，ID 为 5 的读者的 E-mail 地址 wgh717 显然是不正确的，所以该记录被查询出来。

小 结

　　本章对 MySQL 数据库常见的表记录的检索方法进行了详细讲解，并通过大量的举例说明，使读者能更好地理解所学知识的用法。在阅读本章时，读者应该重点掌握多条件查询、连接查询、子查询和查询结果排序。本章学习的难点是使用正则表达式来查询。正则表达式的功能很强大，使用起来很灵活。希望读者能够阅读有关正则表达式的相关知识，从而对正则表达式了解得更加透彻。

上机指导

　　在第 3 章上机指导中创建的 db_shop 数据库中，创建一个名称为 tb_goods 的数据表，并向该数据表中插入 3 条记录，然后应用连接查询获取包括商品信息在内的销售数据。结果如图 6-54 所示。

上机指导

图 6-54　获取包括商品信息在内的销售数据

　　具体实现步骤如下。

　　（1）选择当前使用的数据库为 db_shop（如果该数据库不存在，请先创建该数据库），具体代码如下：

use db_shop

（2）创建名称为 tb_goods 的商品信息表，包括 id、name、type、introduce、price 和 intime 6 个字段。代码如下：

```
CREATE TABLE tb_goods (
    id int(10) unsigned NOT NULL AUTO_INCREMENT,
    name varchar(70),
    typeid int(10) unsigned,
    introduce varchar(200),
    intime TIMESTAMP DEFAULT CURRENT_TIMESTAMP,
    PRIMARY KEY (`id`)
);
```

（3）应用 INSERT INTO 语句向数据表 tb_goods 中批量插入 3 条数据，具体代码如下：

```
INSERT INTO tb_goods(name,typeid,introduce)
 values('个性创意手机壳套',1,'高精度彩绘浮雕磨砂壳，创意手绘图案，360度自由指环'),
('VR眼镜',2,'手机+VR 秒变私人影院'),
('64G手机U盘',3,'精致质感、双接口设计、高速传输、360度旋转');
```

（4）查询插入后的 tb_goods 中的数据，具体代码如下：

```
SELECT * FROM tb_goods;
```

（5）应用 INSERT INTO 语句向数据表 tb_sell 中批量插入两条数据，具体代码如下：

```
INSERT INTO tb_sell (goodsid,price,number,amount,userid)
 values(2,99.90,2,199.8,1),
(3,100,2,200,1);
```

（6）查询插入后的 tb_sell 中的数据，具体代码如下：

```
SELECT * FROM tb_sell;
```

（7）应用连接查询获取包括商品信息在内的销售数据，具体代码如下：

```
SELECT s.id,g.name,s.price,s.number,s.amount,s.userid,g.introduce
FROM tb_sell AS s,tb_goods AS g WHERE s.goodsid=g.id;
```

习 题

6-1 如何查询所有字段？

6-2 如何实现带 LIKE 关键字的查询？

6-3 如何实现对查询结果进行排序？

6-4 MySQL 中包含哪些聚合函数，它们的作用都是什么？

6-5 什么是子查询？

PART07

第7章

视图

本章要点：

掌握使用CREATE VIEW语句创建
视图的方法 ■
了解创建视图的注意事项 ■
掌握使用SHOW TABLE STATUS
语句查看视图的方法 ■
掌握使用CREATE OR REPLACE
VIEW语句修改视图的方法 ■
掌握使用ALTER语句修改视图的
方法 ■
掌握更新视图和使用DROP VIEW
语句删除视图的方法 ■

■ 视图是从一个或多个表中导出的表，是一种虚拟存在的表。视图就像一个窗口，通过这个窗口可以看到系统专门提供的数据。这样，用户可以不用看到整个数据库表中的数据，而只关心对自己有用的数据。视图可以使用户的操作更方便，而且可以保障数据库系统的安全性。本章将介绍视图的含义和作用，并介绍视图定义的原则和创建视图的方法，然后将对修改视图、查看视图和删除视图的方法进行详细的讲解。

7.1 视图概述

视图是由数据库中的一个表或多个表导出的虚拟表。其作用是方便用户对数据的操作。本节将详细讲解视图的概念及作用。

7.1.1 视图的概念

视图是一个虚拟表，是从数据库中一个或多个表中导出来的表，其内容由查询定义。同真实的表一样，视图包含一系列带有名称的列和行数据。但是，数据库中只存放了视图的定义，而并没有存放视图中的数据。这些数据存放在原来的表中。使用视图查询数据时，数据库系统会从原来的表中取出对应的数据。因此，视图中的数据是依赖于原来的表中的数据的。一旦表中的数据发生改变，显示在视图中的数据也会发生改变。

视图的概念

视图是存储在数据库中的用于查询的 SQL 语句，使用它主要有两方面原因：一个原因是安全，视图可以隐藏一些数据，例如一个员工信息表，可以用视图只显示姓名、工龄、地址，而不显示社会保险号和工资数等；另一个原因是可使复杂的查询易于理解和使用。

7.1.2 视图的作用

对其中所引用的基础表来说，视图的作用类似于筛选。定义视图的筛选可以来自当前或其他数据库的一个或多个表，或者其他视图。通过视图进行查询没有任何限制，通过它们进行数据修改时的限制也很少。下面将视图的作用归纳为如下 3 点。

视图的作用

1. 简单性

看到的就是需要的。视图不仅可以简化用户对数据的理解，也可以简化他们的操作。那些被经常使用的查询可以被定义为视图，从而使得用户不必为以后的操作每次指定全部的条件。

2. 安全性

视图的安全性可以防止未授权用户查看特定的行或列。权限用户只能看到表中特定行的方法如下。

（1）在表中增加一个标志用户名的列。

（2）建立视图，使用户只能看到标有自己用户名的行。

（3）把视图授权给其他用户。

3. 逻辑数据独立性

视图可以使应用程序和数据库表在一定程度上独立。如果没有视图，程序一定是建立在表上的。有了视图之后，程序可以建立在视图之上，从而使程序与数据库表被视图分割开来。视图可以在以下 4 个方面使程序与数据独立。

（1）如果应用建立在数据库表上，当数据库表发生变化时，可以在表上建立视图，通过视图屏蔽表的变化，从而应用程序可以不动。

（2）如果应用建立在数据库表上，当应用发生变化时，可以在表上建立视图，通过视图屏蔽应用的变化，从而使数据库表不动。

（3）如果应用建立在视图上，当数据库表发生变化时，可以在表上修改视图，通过视图屏蔽表的变化，从而应用程序可以不动。

（4）如果应用建立在视图上，当应用发生变化时，可以在表上修改视图，通过视图屏蔽应用的变化，从而数据库可以不动。

7.2　创建视图

创建视图是指在已经存在的数据库表上建立视图。视图可以建立在一张表中，也可以建立在多张表中。本节主要讲解创建视图的方法。

7.2.1　查看创建视图的权限

查看创建视图的权限

创建视图需要具有 CREATE VIEW 的权限。同时应该具有查询涉及的列的 SELECT 权限。可以使用 SELECT 语句来查询这些权限信息，查询语法如下：

```
SELECT Select_priv,Create_view_priv FROM mysql.user WHERE user='用户名';
```

- ❑ Select_priv 属性表示用户是否具有 SELECT 权限，Y 表示拥有 SELECT 权限，N 表示没有。
- ❑ Create_view_priv 属性表示用户是否具有 CREATE VIEW 权限；mysql.user 表示 MySQL 数据库下面的 user 表。
- ❑ "用户名"参数表示要查询是否拥有 DROP 权限的用户，该参数需要用单引号引起来。

【例 7-1】　查询 MySQL 中 root 用户是否具有创建视图的权限，代码如下：

```
SELECT Select_priv,Create_view_priv FROM mysql.user WHERE user='root';
```

执行结果如图 7-1 所示。

```
mysql> SELECT Select_priv,Create_view_priv FROM mysql.user WHERE user='root';
+------------+------------------+
| Select_priv | Create_view_priv |
+------------+------------------+
| Y          | Y                |
| Y          | Y                |
| Y          | Y                |
+------------+------------------+
3 rows in set (0.00 sec)
```

图 7-1　查看用户是否具有创建视图的权限

结果中"Select_priv"和"Create_view_priv"列的值都为 Y，这表示 root 用户具有 SELECT（查看）和 CREATE VIEW（创建视图）的权限。

7.2.2　创建视图

创建视图

MySQL 中，创建视图是通过 CREATE VIEW 语句实现的。其语法如下：

```
CREATE [ALGORITHM={UNDEFINED|MERGE|TEMPTABLE}]
    VIEW 视图名[(属性清单)]
    AS SELECT语句
    [WITH [CASCADED|LOCAL] CHECK OPTION];
```

- ❑ ALGORITHM 是可选参数，表示视图选择的算法。
- ❑ "视图名"参数表示要创建的视图名称。
- ❑ "属性清单"是可选参数，指定视图中各个属性的名词，默认情况下与 SELECT 语句中查询的属性相同。
- ❑ SELECT 语句参数是一个完整的查询语句，表示从某个表中查出某些满足条件的记录，将这些记录导入视图中。
- ❑ WITH CHECK OPTION 是可选参数，表示更新视图时要保证在该视图的权限范围之内。

【例 7-2】 在数据库 db_librarybak 中创建一个保存完整图书信息的视图，命名为 v_book，该视图包括两张数据表，分别是图书信息表（tb_bookinfo）和图书类别表（tb_booktype）。视图包含 tb_bookinfo 表中的 barcode、bookname、author、price 和 page 列；包含 tb_booktype 表中的 typename 字段。代码如下：

```
CREATE VIEW
v_book (barcode,bookname,author,price,page,booktype)
AS SELECT barcode,bookname,author,price,page,typename
FROM tb_bookinfo AS b,tb_booktype AS t WHERE b.typeid=t.id;
```

执行结果如图 7-2 所示。

```
mysql> CREATE VIEW
    -> v_book (barcode,bookname,author,price,page,booktype)
    -> AS SELECT barcode,bookname,author,price,page,typename
    -> FROM tb_bookinfo AS b ,tb_booktype AS t WHERE b.typeid=t.id;
Query OK, 0 rows affected (0.01 sec)

mysql>
```

图 7-2　创建视图 v_book

在执行上面的代码前，如果之前没有执行过选择当前数据库的语句，则需要先执行 USE db_librarybak 语句选择当前的数据库，否则将提示以下错误：

ERROR 1046 (3D000): No database selected

视图 v_book 创建后，就可以通过 SELECT 语句查询视图中的数据（即完整的图书信息），具体代码如下：

```
SELECT * FROM v_book;
```

执行效果如图 7-3 所示。

```
mysql> SELECT * FROM v_book;
+---------------+-------------------------+------------------------+-------+------+----------+
| barcode       | bookname                | author                 | price | page | booktype |
+---------------+-------------------------+------------------------+-------+------+----------+
| 9787302210337 | Java Web开发实战宝典    | 王国辉                 | 89.00 | 834  | 网络编程 |
| 9787115195975 | Java Web开发典型模块大全| 王国辉、王毅、王殊宇   | 89.00 | 752  | 网络编程 |
| 9787115418425 | Java Web程序设计慕课版  | 明日科技               | 49.80 | 350  | 数据库开发 |
| 9787115418302 | Android程序设计慕课版   | 明日科技               | 49.80 | 360  | 网络编程 |
+---------------+-------------------------+------------------------+-------+------+----------+
4 rows in set (0.00 sec)

mysql>
```

图 7-3　通过视图查看完整的图书信息

如果在获取图书信息时，还需要获取对应的书架名称，那么可以应用下面的代码，再创建一个名称为 v_book1 的视图。在该视图中，包括 3 张数据表，分别是图书信息表（tb_bookinfo）、图书类别表（tb_booktype）和书架表（tb_bookcase）。

```
CREATE VIEW v_book1 (barcode,bookname,author,price,page,booktype,bookcase)
AS
SELECT barcode,bookname,author,price,page,typename,c.name
FROM
(SELECT b.*,t.typename FROM tb_bookinfo AS b ,tb_booktype AS t WHERE b.typeid=t.id)
AS book,tb_bookcase AS c
WHERE book.bookcase=c.id ;
```

视图创建完毕后，可以应用下面的 SQL 语句查询包括书架名称的图书信息：

```
SELECT * FROM v_book1;
```

执行效果如图 7-4 所示。

```
mysql> SELECT * FROM v_book1;
+---------------+--------------------------------+-----------------------+-------+------+-----------+----------+
| barcode       | bookname                       | author                | price | page | booktype  | bookcase |
+---------------+--------------------------------+-----------------------+-------+------+-----------+----------+
| 9787302210337 | Java Web开发实战宝典           | 王国辉                | 89.00 |  834 | 网络编程  | 左A-1    |
| 9787115195975 | Java Web开发典型模块大全       | 王国辉、王毅、王殊宇  | 89.00 |  752 | 网络编程  | 左A-2    |
| 9787115418425 | Java Web程序设计慕课版         | 明日科技              | 49.80 |  350 | 数据库开发| 左A-1    |
| 9787115418302 | Android程序设计慕课版          | 明日科技              | 49.80 |  360 | 网络编程  | 左A-1    |
+---------------+--------------------------------+-----------------------+-------+------+-----------+----------+
4 rows in set (0.00 sec)

mysql>
```

图 7-4　查询包括书架名称的图书信息

7.2.3　创建视图的注意事项

创建视图的注意
事项

创建视图时需要注意以下 10 点。

（1）运行创建视图的语句需要用户具有创建视图（CREATE VIEW）的权限，若加了[or replace]时，还需要用户具有删除视图（DROP VIEW）的权限。

（2）SELECT 语句不能包含 FROM 子句中的子查询。

（3）SELECT 语句不能引用系统或用户变量。

（4）SELECT 语句不能引用预处理语句参数。

（5）在存储子程序内，定义不能引用子程序参数或局部变量。

（6）在定义中引用的表或视图必须存在。但是，创建了视图后，可以舍弃定义引用的表或视图。要想检查视图定义是否存在这类问题，可使用 CHECK TABLE 语句。

（7）在定义中不能引用 temporary 表，不能创建 temporary 视图。

（8）在视图定义中命名的表必须已存在。

（9）不能将触发程序与视图关联在一起。

（10）在视图定义中允许使用 ORDER BY，但是，如果从特定视图中进行了选择，而该视图使用了具有自己 ORDER BY 的语句，它将被忽略。

7.3　视图操作

7.3.1　查看视图

查看视图

查看视图是指查看数据库中已存在的视图。查看视图必须要有 SHOW VIEW 的权限。查看视图的方法主要包括 DESCRIBE 语句、SHOW TABLE STATUS 语句、SHOW CREATE VIEW 语句等。本节将主要介绍这几种查看视图的方法。

1. DESCRIBE 语句

DESCRIBE 可以缩写成 DESC，DESC 语句的格式如下：

```
DESC 视图名;
```

例如，使用 DESC 语句查询 v_book 视图中的结构，其代码如下：

```
mysql> DESC v_book;
```

```
+-----------+------------------+------+-----+---------+-------+
| Field     | Type             | Null | Key | Default | Extra |
+-----------+------------------+------+-----+---------+-------+
| barcode   | varchar(30)      | YES  |     | NULL    |       |
| bookname  | varchar(70)      | YES  |     | NULL    |       |
| author    | varchar(30)      | YES  |     | NULL    |       |
| price     | float(8,2)       | YES  |     | NULL    |       |
| page      | int(10) unsigned | YES  |     | NULL    |       |
| booktype  | varchar(30)      | YES  |     | NULL    |       |
+-----------+------------------+------+-----+---------+-------+
6 rows in set (0.00 sec)
```

上面的结果中显示了字段的名称（Field）、数据类型（Type）、是否为空（Null）、是否为主外键（Key）、默认值（Default）和额外信息（Extra）等内容。

如果只需了解视图中的各个字段的简单信息，可以使用 DESCRIBE 语句。DESCRIBE 语句查看视图的方式与查看普通表的方式是相同的，结果显示的方式也相同。通常情况下，都是使用 DESC 代替 DESCRIBE。

2. SHOW TABLE STATUS 语句

在 MYSQL 中，可以使用 SHOW TABLE STATUS 语句查看视图的信息。其语法格式如下：

```
SHOW TABLE STATUS LIKE '视图名';
```

❑ "LIKE" 表示后面匹配的是字符串。

❑ "视图名" 参数指要查看的视图名称，需要用单引号定义。

在 MySQL 的命令行窗口中，语句结束符可以为 "；" "\G" 或者 "\g"。其中 "；" 和 "\g" 的作用是一样的，都是按表格的形式显示结果，而 "\G" 则会将结果旋转 90 度，把原来的列按行显示。

【例 7-3】 下面使用 SHOW TABLE STATUS 语句查看图书视图（v_book）的结构，代码如下：

```
SHOW TABLE STATUS LIKE 'v_book'\G
```

执行结果如图 7-5 所示。

```
mysql> SHOW TABLE STATUS LIKE 'v_book'\G
*************************** 1. row ***************************
           Name: v_book
         Engine: NULL
        Version: NULL
     Row_format: NULL
           Rows: NULL
 Avg_row_length: NULL
    Data_length: NULL
Max_data_length: NULL
   Index_length: NULL
      Data_free: NULL
 Auto_increment: NULL
    Create_time: NULL
    Update_time: NULL
     Check_time: NULL
      Collation: NULL
       Checksum: NULL
 Create_options: NULL
        Comment: VIEW
1 row in set (0.00 sec)

ERROR:
No query specified

mysql>
```

图 7-5　使用 SHOW TABLE STATUS 语句查看视图 v_book 中的信息

从执行结果可以看出，存储引擎、数据长度等信息都显示为 NULL，则说明视图为虚拟表，与普通数据表是有区别的。下面使用 SHOW TABLE STATUS 语句来查看 tb_bookinfo 表的信息，执行结果如图 7-6 所示。

```
mysql> SHOW TABLE STATUS LIKE 'tb_bookinfo'\G
*************************** 1. row ***************************
           Name: tb_bookinfo
         Engine: MyISAM
        Version: 10
     Row_format: Dynamic
           Rows: 4
 Avg_row_length: 105
    Data_length: 420
Max_data_length: 281474976710655
   Index_length: 2048
      Data_free: 0
 Auto_increment: 11
    Create_time: 2017-02-06 18:28:42
    Update_time: 2017-02-07 08:31:52
     Check_time: NULL
      Collation: utf8_general_ci
       Checksum: NULL
 Create_options:
        Comment:
1 row in set (0.00 sec)

ERROR:
No query specified

mysql>
```

图 7-6　使用 SHOW TABLE STATUS 语句来查看 tb_bookinfo 表的信息

从上面的结果中可以看出，数据表的信息都已经显示出来了，这就是视图和普通数据表的区别。

3. SHOW CREATE VIEW 语句

在 MYSQL 中，SHOW CREATE VIEW 语句可以查看视图的详细定义。其语法格式如下：

SHOW CREATE VIEW 视图名

【例 7-4】　下面使用 SHOW CREATE VIEW 语句查看视图 v_book 的详细定义，代码如下：

SHOW CREATE VIEW v_book\G

代码执行结果如图 7-7 所示。

```
mysql> SHOW CREATE VIEW v_book\G
*************************** 1. row ***************************
           View: v_book
    Create View: CREATE ALGORITHM=UNDEFINED DEFINER=`root`@`localhost` SQL
SECURITY DEFINER VIEW `v_book` AS select `b`.`barcode` AS `barcode`,`b`.`booknam
e` AS `bookname`,`b`.`author` AS `author`,`b`.`price` AS `price`,`b`.`page` AS `
page`,`t`.`typename` AS `booktype` from (`tb_bookinfo` `b` join `tb_booktype` `t
`) where (`b`.`typeid` = `t`.`id`)
character_set_client: utf8
collation_connection: utf8_general_ci
1 row in set (0.00 sec)

mysql>
```

图 7-7　使用 SHOW CREATE VIEW 语句查看视图 v_book 的定义

通过 SHOW CREATE VIEW 语句，可以查看视图的所有信息。

7.3.2　修改视图

修改视图是指修改数据库中已存在的表的定义。当基本表的某些字段发生改变时，可以通过修改视图来保持视图和基本表之间一致。MySQL 中通过 CREATE OR REPLACE VIEW 语句和 ALTER VIEW 语句来修改视图。下面介绍这两种修改视图

修改视图

的方法。

1. CREATE OR REPLACE VIEW

在 MySQL 中，CREATE OR REPLACE VIEW 语句可以用来修改视图。该语句的使用非常灵活。在视图已经存在的情况下，对视图进行修改；视图不存在时，可以创建视图。CREATE OR REPLACE VIEW 语句的语法如下：

```
CREATE OR REPLACE [ALGORITHM={UNDEFINED | MERGE | TEMPTABLE}]
VIEW 视图[(属性清单)]
AS SELECT 语句
[WITH [CASCADED | LOCAL] CHECK OPTION];
```

【例 7-5】 下面使用 CREATE OR REPLACE VIEW 语句将视图 v_book 的字段修改为 barcode、bookname、price 和 booktype，代码如下：

```
CREATE OR REPLACE VIEW
v_book (barcode,bookname,price,booktype)
AS SELECT barcode,bookname,price,typename
FROM tb_bookinfo AS b,tb_booktype AS t WHERE b.typeid=t.id;
```

执行结果如图 7-8 所示。

图 7-8 使用 CREATE OR REPLACE VIEW 语句修改视图

使用 DESC 语句查询 v_book 视图，结果如图 7-9 所示。

图 7-9 使用 DESC 语句查询 v_book

从上面的结果中可以看出，修改后的 v_book 中只有 4 个字段。

2. ALTER VIEW

ALTER VIEW 语句改变了视图的定义，包括被索引视图，但不影响所依赖的存储过程或触发器。该语句与 CREATE VIEW 语句有着同样的限制，如果删除并重建了一个视图，就必须重新为它分配权限。

ALTER VIEW 语句的语法如下：

```
ALTER VIEW [algorithm={merge | temptable | undefined} ]VIEW view_name [(column_list)] AS
select_statement[WITH [cascaded | local] CHECK OPTION]
```

❑ algorithm：该参数已经在创建视图中做了介绍，这里不再赘述。

□ view_name：视图的名称。

□ select_statement：SQL 语句用于限定视图。

> 在创建视图时，在使用了 WITH CHECK OPTION、WITH ENCRYPTION、WITH SCHEMABING 或 VIEW_METADATA 选项时，如果想保留这些选项提供的功能，必须在 ALTER VIEW 语句中将它们包括进去。

【例 7-6】 下面将 v_book 视图进行修改，将原有的 barcode、bookname、price 和 booktype 4 个属性更改为 barcode、bookname 和 booktype 3 个属性。代码如下：

```
ALTER VIEW v_book(barcode,bookname,booktype)
AS SELECT barcode,bookname,typename
FROM tb_bookinfo AS b,tb_booktype AS t WHERE b.typeid=t.id
WITH CHECK OPTION；
```

执行效果如图 7-10 所示。

```
mysql> ALTER VIEW v_book(barcode,bookname,booktype)
    -> AS SELECT barcode,bookname,typename
    -> FROM tb_bookinfo AS b ,tb_booktype AS t WHERE b.typeid=t.id
    -> WITH CHECK OPTION;
Query OK, 0 rows affected (0.01 sec)

mysql>
```

图 7-10　修改视图属性

结果显示修改成功，下面再来查看一下修改后的视图属性，结果如图 7-11 所示。

```
mysql> DESC v_book;
+----------+-------------+------+-----+---------+-------+
| Field    | Type        | Null | Key | Default | Extra |
+----------+-------------+------+-----+---------+-------+
| barcode  | varchar(30) | YES  |     | NULL    |       |
| bookname | varchar(70) | YES  |     | NULL    |       |
| booktype | varchar(30) | YES  |     | NULL    |       |
+----------+-------------+------+-----+---------+-------+
3 rows in set (0.00 sec)

mysql>
```

图 7-11　查看修改后的视图属性

结果显示，此时视图中包含 3 个属性。

7.3.3　更新视图

更新视图

对视图的更新其实就是对表的更新，更新视图是指通过视图来插入（INSERT）、更新（UPDATE）和删除（DELETE）表中的数据。因为视图是一个虚拟表，其中没有数据，通过视图更新时，都是转换到基本表来更新。更新视图时，只能更新权限范围内的数据，超出了范围，就不能更新。本节讲解更新视图的方法和更新视图的限制。

1. 更新视图

下面通过一个具体的实例介绍更新视图的方法。

【例 7-7】 对图书视图 v_book 中的数据进行更新。

先来查看 v_book 视图中的原有数据，如图 7-12 所示。

图 7-12　查看 v_book 视图中的数据

下面更新视图中的第 3 条记录，将 bookname 的值修改为"Java Web 程序设计（慕课版）"，代码如下：

UPDATE v_book SET bookname='Java Web程序设计（慕课版）' WHERE barcode='9787115418425';

执行效果如图 7-13 所示。

图 7-13　更新视图中的数据

结果显示更新成功。下面再来查看一下 v_book 视图中的数据是否有变化，结果如图 7-14 所示。

图 7-14　查看更新后视图中的数据

下面再来查看一下 tb_book 表中的数据是否有变化，结果如图 7-15 所示。

图 7-15　查看 tb_book 表中的数据

从上面的结果可以看出，对视图的更新其实就是对基本表的更新。

2. 更新视图的限制

并不是所有的视图都可以更新，以下几种情况是不能更新视图的。

（1）视图中包含 COUNT( )、SUM( )、MAX( )和 MIN( )等函数。例如：

CREATE VIEW book_view1(a_sort,a_book)
AS SELECT sort,books, COUNT(name) FROM tb_book;

（2）视图中包含 UNION、UNION ALL、DISTINCT、GROUP BY 和 HAVIG 等关键字。例如：

CREATE VIEW book_view1(a_sort,a_book)
AS SELECT sort,books, FROM tb_book GROUP BY id;

（3）常量视图。例如：

CREATE VIEW book_view1
AS SELECT 'Aric' as a_book;

（4）视图中的 SELECT 中包含子查询。例如：

CREATE VIEW book_view1(a_sort)
AS SELECT (SELECT name FROM tb_book);

（5）由不可更新的视图导出的视图。例如：

CREATE VIEW book_view1
AS SELECT * FROM book_view2;

（6）创建视图时，ALGORITHM 为 TEMPTABLE 类型。例如：

CREATE ALGORITHM=TEMPTABLE
VIEW book_view1
AS SELECT * FROM tb_book;

（7）视图对应的表上存在没有默认值的列，而且该列没有包含在视图里。例如，表中包含的 name 字段没有默认值，但是视图中不包括该字段。那么这个视图是不能更新的。因为在更新视图时，这个没有默认值的记录将没有值插入，也没有 NULL 值插入。数据库系统是不会允许这样的情况出现的，其会阻止这个视图更新。

上面的几种情况其实就是一种情况，规则就是，视图的数据和基本表的数据不一样了。

 视图中虽然可以更新数据，但是有很多的限制。一般情况下，最好将视图作为查询数据的虚拟表，而不要通过视图更新数据。因为，使用视图更新数据时，如果没有全面考虑在视图中更新数据的限制，可能会造成数据更新失败。

7.3.4 删除视图

删除视图是指删除数据库中已存在的视图。删除视图时，只能删除视图的定义，不会删除数据。MySQL 中，使用 DROP VIEW 语句来删除视图。但是，用户必须拥有 DROP 权限。本节将介绍删除视图的方法。

删除视图

DROP VIEW 语句的语法如下：

DROP VIEW IF EXISTS <视图名> [RESTRICT | CASCADE]

❑ IF EXISTS 参数指判断视图是否存在，如果存在则执行，不存在则不执行。

❑ "视图名列表"参数表示要删除的视图的名称和列表，各个视图名称之间用逗号隔开。

该语句从数据字典中删除指定的视图定义；如果该视图导出了其他视图，则使用 CASCADE 级联删除，或者先显式删除导出的视图，再删除该视图；删除基表时，由该基表导出的所有视图定义都必须显式删除。

【例 7-8】 删除前面实例中一直使用的图书视图 v_book，代码如下：

DROP VIEW IF EXISTS v_book;

执行结果如图 7-16 所示。

```
mysql> DROP VIEW IF EXISTS v_book;
Query OK, 0 rows affected (0.00 sec)

mysql>
```

图 7-16　删除视图

执行结果显示删除成功。下面验证一下视图是否真正被删除，执行 SHOW CREATE VIEW 语句查看视图的结构，代码如下：

SHOW CREATE VIEW v_book;

执行结果如图 7-17 所示。

```
mysql> SHOW CREATE VIEW v_book;
ERROR 1146 (42S02): Table 'db_librarybak.v_book' doesn't exist
mysql>
```

图 7-17　查看视图是否删除成功

结果显示，视图 v_book 已经不存在了，说明使用 DROP VIEW 语句删除视图成功。

小　结

本章对 MySQL 数据库的视图的含义和作用进行了详细讲解，并且讲解了创建视图、修改视图和删除视图的方法。创建视图和修改视图是本章的重点内容，需要读者在计算机上实际操作体会。读者在创建视图和修改视图后，一定要查看视图的结构，以确保创建和修改的操作正确。更新视图是本章的一个难点。因为实际中存在一些造成视图不能更新的因素。希望读者在练习中认真分析。

上机指导

在第 3 章上机指导中创建的 db_shop 数据库中，创建一个名称为 v_sell 的视图，用于保存包括商品信息在内的销售数据。结果如图 7-18 所示。

```
mysql> use db_shop
Database changed
mysql> CREATE VIEW
    -> v_sell (id,goodsname,price,number,amount,userid,introduce)
    -> AS SELECT s.id,g.name,s.price,s.number,s.amount,s.userid,g.introduce FROM tb_sell AS s,tb_goods AS g WHERE s.goodsid=g.id;
Query OK, 0 rows affected (0.01 sec)

mysql> SELECT * FROM v_sell;
+----+-----------------+--------+--------+--------+--------+------------------------------------------------+
| id | goodsname       | price  | number | amount | userid | introduce                                      |
+----+-----------------+--------+--------+--------+--------+------------------------------------------------+
|  1 | 个性创意手机壳套 | 199.80 |      1 | 199.80 |      1 | 高精度彩绘浮雕雕磨砂壳，创意手绘图案，360度自由指环 |
|  3 | VR眼镜          |  99.90 |      2 | 199.80 |      1 | 手机+VR 秒变私人影院                             |
|  4 | 64G手机U盘       | 100.00 |      2 | 200.00 |      1 | 精致质感、双接口设计、高速传输、360度旋转          |
+----+-----------------+--------+--------+--------+--------+------------------------------------------------+
3 rows in set (0.00 sec)

mysql>
```

图 7-18　创建包括商品信息在内的视图

具体实现步骤如下。

（1）选择当前使用的数据库为 db_shop（如果该数据库不存在，请先创建该数据库），具体代码如下：

上机指导

```
use db_shop
```

（2）创建名称为 v_sell 的视图，包括 id、goodsname、price、number、amount、userid 和 introduce 7 个字段。代码如下：

```
CREATE VIEW
v_sell (id,goodsname,price,number,amount,userid,introduce)
AS SELECT s.id,g.name,s.price,s.number,s.amount,s.userid,g.introduce FROM tb_sell AS
s,tb_goods AS g WHERE s.goodsid=g.id;
```

（3）查询步骤（2）创建的视图 v_sell 的数据，具体代码如下：

```
SELECT * FROM v_sell;
```

习 题

7-1 什么是视图？

7-2 如何查看用户是否具有创建视图的权限？

7-3 如何创建视图？

7-4 创建视图时应注意什么？

7-5 什么是更新视图？

PART08

第8章

触发器

本章要点：

了解MySQL触发器的概念 ■

掌握在MySQL中创建单个执行语句

的触发器的方法 ■

掌握在MySQL中创建多个语句的

触发器的方法 ■

掌握在MySQL数据库中查看触发器的

方法 ■

掌握删除触发器的方法 ■

熟练应用触发器 ■

■ 触发器是由事件来触发某个操作。这些事件包括 INSERT 语句、UPDATE 语句和 DELETE 语句。当数据库系统执行这些事件时，就会激活触发器执行相应的操作。本章将介绍触发器的含义、作用。读者还能够学到创建触发器、查看触发器和删除触发器的方法，同时还可以了解各种事件的触发器的执行情况。

8.1　MySQL 触发器

触发器是由 MySQL 的基本命令事件来触发某种特定操作，这些基本的命令由 INSERT、UPDATE、DELETE 等事件来触发某些特定操作。满足触发器的触发条件时，数据库系统就会自动执行触发器中定义的程序语句。这样可以令某些操作之间的一致性得到协调。

8.1.1　创建 MySQL 触发器

在 MySQL 中，创建只有一个执行语句的触发器的基本形式如下：

创建 MySQL 触发器

```
CREATE  TRIGGER  触发器名 BEFORE | AFTER 触发事件
ON 表名 FOR EACH ROW 执行语句
```

具体的参数说明如下。

❑ 触发器名指定要创建的触发器名字。

❑ 参数 BEFORE 和 AFTER 指定触发器执行的时间。BEFORE 指在触发时间之前执行触发语句；AFTER 表示在触发时间之后执行触发语句。

❑ 触发事件参数指数据库操作触发条件，其中包括 INSERT \ UPDATE 和 DELETE。

❑ 表名指定触发事件操作表的名称。

❑ FOR EACH ROW 表示任何一条记录上的操作满足触发事件都会触发该触发器。

❑ 执行语句指触发器被触发后执行的程序。

> 【例 8-1】　实现保存图书信息时，自动向日志表添加一条数据。具体的实现方法是为图书信息表（tb_bookinfo）创建一个由插入命令"INSERT"触发的触发器 auto_save_log。具体步骤如下。

（1）创建一个名称为 tb_booklog 的数据表，该表的结构非常简单，只包括 id、event 和 logtime 3 个字段。具体代码如下：

```
CREATE TABLE IF NOT EXISTS tb_booklog (
id int(11) PRIMARY KEY auto_increment NOT NULL,
event varchar(200) NOT NULL,
logtime timestamp NOT NULL DEFAULT current_timestamp
);
```

执行结果如图 8-1 所示。

```
mysql> CREATE TABLE IF NOT EXISTS tb_booklog (
    -> id int(11) PRIMARY KEY auto_increment NOT NULL,
    -> event varchar(200) NOT NULL,
    -> logtime timestamp NOT NULL DEFAULT current_timestamp
    -> );
Query OK, 0 rows affected (0.02 sec)
```

图 8-1　创建名称为 tb_booklog 的数据表

（2）为 tb_bookinfo 表创建名称为 auto_save_log 的触发器，其代码如下：

```
DELIMITER //
CREATE TRIGGER auto_save_log BEFORE INSERT
ON tb_bookinfo FOR EACH ROW
INSERT INTO tb_booklog (event,logtime) values('插入了一条图书信息',now());
//
```

以上代码的运行结果如图 8-2 所示。

```
mysql> DELIMITER //
mysql> CREATE TRIGGER auto_save_log BEFORE INSERT
    -> ON tb_bookinfo FOR EACH ROW
    -> INSERT INTO tb_booklog (event,logtime) values('插入了一条图书信息',now());
    -> //
Query OK, 0 rows affected (0.01 sec)
mysql>
```

图 8-2　创建 auto_save_log 触发器

auto_save_log 触发器创建成功，其具体的功能是当用户向 tb_bookinfo 表中执行"INSERT"插入操作时，数据库系统会自动在插入语句执行之前向 tb_bookinfo 表中插入日志信息（包括操作名称和执行时间）。下面通过向 tb_bookinfo 表中插入一条图书信息来查看触发器的作用，代码如下：

```
INSERT INTO tb_bookinfo
(barcode,bookname,typeid,author,translator,ISBN,price,page,bookcase,inTime,operator,del)
 VALUES
('9787115418081','Oracle数据库管理与开发慕课版',5,
 '明日科技','','115',49.80,312,4,'2017-02-10','mr',0);
```

执行效果如图 8-3 所示。

```
mysql> INSERT INTO tb_bookinfo
    -> (barcode,bookname,typeid,author,translator,ISBN,price,page,bookcase,inTime,operator,del)
    -> VALUES
    -> ('9787115418081','Oracle数据库管理与开发慕课版',5,'明日科技','','115',49.80,312,4,'2017-02-10','mr',0);
Query OK, 1 row affected (0.01 sec)

mysql>
```

图 8-3　向 tb_bookinfo 表中插入一条图书信息

执行 SELECT 语句查看 tb_booklog 表中是否执行 INSERT 操作，代码如下：

```
SELECT * FROM tb_booklog;
```

执行结果如图 8-4 所示。

```
mysql> SELECT * FROM tb_booklog;
+----+--------------------+---------------------+
| id | event              | logtime             |
+----+--------------------+---------------------+
|  1 | 插入了一条图书信息  | 2017-02-10 10:21:05 |
+----+--------------------+---------------------+
1 row in set (0.00 sec)

mysql>
```

图 8-4　查看 tb_booklog 表中是否执行插入操作

以上结果显示，在向 tb_bookinfo 表中插入数据时，tb_booklog 表中也会被插入一条日志信息。

8.1.2　创建具有多个执行语句的触发器

上面 8.1.1 小节中已经介绍了如何创建一个最基本的触发器，但是在实际应用中，往往触发器中包含多个执行语句。创建具有多个执行语句的触发器语法结构如下：

创建具有多个执行语句的触发器

```
CREATE TRIGGER 触发器名称 BEFORE | AFTER 触发事件
ON 表名 FOR EACH ROW
BEGIN
```

执行语句列表
END

创建具有多个执行语句触发器的语法结构与创建触发器的一般语法结构大体相同，其参数说明请参考 8.1.1 小节中的参数说明，这里不再赘述。在该结构中，将要执行的多条语句放入 BEGIN 与 END 之间。多条语句需要执行的内容，要用分隔符 "；" 隔开。

 一般放在 BEGIN 与 END 之间的多条执行语句必须用结束分隔符 "；" 分开。在创建触发器过程中需要更改分隔符，故这里应用上一章提到的 DELIMITERT 语句，将结束符号变为 "//"。当触发器创建完成后，读者同样可以应用该语句将结束符换回 "；"。

下面创建一个由 DELETE 触发多个执行语句的触发器 delete_time_info。模拟一个删除日志数据表和一个删除时间表。当用户删除数据库中的某条记录后，数据库系统会自动向日志表中写入日志信息。

【例 8-2】 实现删除图书信息时，分别向日志表和临时表中各添加一条数据，具体步骤如下。

（1）在例 8-1 的基础上，再创建一个名称为 tb_bookinfobak 的图书信息临时表，可以通过直接复制图书信息表 tb_bookinfo1 的表结构实现，具体代码如下：

```
CREATE TABLE tb_bookinfobak
    LIKE tb_bookinfo1;
```

（2）创建一个由 DELETE 触发多个执行语句的触发器 delete_book_info。实现在删除数据时，向日志信息表中插入一条日志信息，并且向图书信息临时表中添加删除的这条数据，这样可以保存数据的安全性，其代码如下：

```
DELIMITER //
CREATE DEFINER=`root`@`localhost` TRIGGER   BEFORE   DELETE
ON tb_bookinfo1 FOR EACH ROW
BEGIN
INSERT INTO tb_booklog (event,logtime) values('删除了一条图书信息',now());
INSERT INTO tb_bookinfobak SELECT * FROM tb_bookinfo1 where id=OLD.id;
END
//
```

运行以上代码的结果如图 8-5 所示。

```
mysql> DELIMITER //
mysql> CREATE DEFINER=`root`@`localhost` TRIGGER delete_book_info BEFORE  DELETE
    -> ON tb_bookinfo1 FOR EACH ROW
    -> BEGIN
    -> INSERT INTO tb_booklog (event,logtime) values('删除了一条图书信息',now());
    -> INSERT INTO tb_bookinfobak SELECT * FROM tb_bookinfo1 where id=OLD.id;
    -> END
    -> //
Query OK, 0 rows affected (0.01 sec)

mysql>
```

图 8-5　创建具有多个语句的触发器 delete_book_info

（3）触发器创建成功，当执行删除操作后，tb_booklog 与 tb_bookinfobak 表中将各插入一条相关记录。执行删除操作的代码如下：

```
DELETE FROM tb_bookinfo1 WHERE id=5;
```

删除成功后，应用 SELECT 语句分别查看 tb_booklog 与 tb_bookinfobak 数据表的数据。代码如下：

```
SELECT * FROM tb_booklog;
SELECT * FROM tb_bookinfobak;
```

其运行结果如图 8-6、图 8-7 所示。

```
mysql> SELECT * FROM tb_booklog;
+----+------------------------+---------------------+
| id | event                  | logtime             |
+----+------------------------+---------------------+
|  1 | 插入了一条图书信息      | 2017-02-10 10:21:05 |
|  6 | 删除了一条图书信息      | 2017-02-13 10:48:56 |
+----+------------------------+---------------------+
2 rows in set (0.00 sec)
```

图 8-6　查看 tb_booklog 数据表信息

```
mysql> SELECT * FROM tb_bookinfobak;
+---------------+-------------------+--------+--------+-----------+------------+------+-------+------+----------+------+---------+
| barcode       | bookname          | typeid | author | translator| ISBN       | price| page  | bookcase | inTime |
| operator      | del | id |
+---------------+-------------------+--------+--------+-----------+------------+------+-------+------+----------+------+---------+
| 9787302287582 | HTML5从入门到精通   |      7 | 明日科技| NULL       | 302  | 59.80 |    0 |        7 | 2017-0
2-25 | mr      |   0 |  5 |
+---------------+-------------------+--------+--------+-----------+------------+------+-------+------+----------+------+---------+
1 row in set (0.00 sec)
mysql>
```

图 8-7　查看 tb_bookinfobak 数据表信息

从图 8-6 和图 8-7 中可以看出，触发器创建成功后，当用户对 tb_bookinfo1 表执行 DELETE 操作时，将向 tb_booklog 表插入一条日志信息；向 tb_bookinfobak 表中插入被删除的图书信息。

 说明 在 MySQL 中，一个表在相同的触发事件和相同的触发时间只能创建一个触发器，如触发事件为 INSERT，触发时间为 AFTER 的触发器只能有一个。但是可以定义 BEFORE 的触发器。

8.2　查看触发器

查看触发器是指查看数据库中已存在的触发器的定义、状态和语法等信息。查看触发器应使用 SHOW TRIGGERS 语句。

SHOW
TRIGGERS

8.2.1　SHOW TRIGGERS

在 MySQL 中，可以执行 SHOW TRIGGERS 语句查看触发器的基本信息，其基本形式如下：

```
SHOW TRIGGERS;
```
或者
```
SHOW TRIGGERS\G
```

进入 MySQL 数据库，选择 db_librarybak 数据库并查看该数据库中存在的触发器，其运行结果如图 8-8 所示。

在命令提示符中输入 SHOW TRIGGERS 语句即可查看选择数据库中的所有触发器，但是应用该查看语句存在一定弊端，即只能查询所有触发器的内容，并不能指定查看某个触发器的信息。这样一来，在用户查找指定触发器信息的时候会很不方便。故推荐读者只在触发器数量较少的情况下应用 SHOW TRIGGERS 语句查询触发器基本信息。

```
mysql> SHOW TRIGGERS\G
*************************** 1. row ***************************
             Trigger: auto_save_log
               Event: INSERT
               Table: tb_bookinfo
           Statement: INSERT INTO tb_booklog (event,logtime) values('插入了一条图书信息',now())
              Timing: BEFORE
             Created: 2017-02-10 10:15:04.42
            sql_mode: STRICT_TRANS_TABLES,NO_AUTO_CREATE_USER,NO_ENGINE_SUBSTITUTION
             Definer: root@localhost
character_set_client: utf8
collation_connection: utf8_general_ci
  Database Collation: utf8_general_ci
*************************** 2. row ***************************
             Trigger: delete_book_info
               Event: DELETE
               Table: tb_bookinfo1
           Statement: BEGIN
INSERT INTO tb_booklog (event,logtime) values('删除了一条图书信息',now());
INSERT INTO tb_bookinfobak SELECT * FROM tb_bookinfo1 where id=OLD.id;
END
              Timing: BEFORE
             Created: 2017-02-13 10:41:00.70
            sql_mode: STRICT_TRANS_TABLES,NO_AUTO_CREATE_USER,NO_ENGINE_SUBSTITUTION
             Definer: root@localhost
character_set_client: utf8
collation_connection: utf8_general_ci
  Database Collation: utf8_general_ci
2 rows in set (0.00 sec)

mysql>
```

图 8-8　查看触发器

8.2.2　查看 triggers 表中的触发器信息

查看 triggers 表中
的触发器信息

在 MySQL 中，所有触发器的定义都存在该数据库的 triggers 表中。读者可以通过查询 triggers 表来查看数据库中所有触发器的详细信息。其 SQL 语句如下：

SELECT * FROM information_schema.triggers;

或者

SELECT * FROM information_schema.triggers\G

其中 information_schema 是 MySQL 中默认存在的库，而 information_schema 是数据库中用于记录触发器信息的数据表。通过 SELECT 语句查看触发器信息。

但是如果用户想要查看某个指定触发器的内容，可以通过 WHERE 子句应用 TRIGGER 字段作为查询条件。

要查询指定名称的触发器，可以使用下面的语法格式：

SELECT * FROM information_schema.triggers WHERE TRIGGER_NAME= '触发器名称';

其中“触发器名称”这一参数为用户指定要查看的触发器名称，和其他 SELECT 查询语句相同，该名称内容需要用一对“'”（单引号）引用指定的文字内容。

要查询指定数据库对应的触发器，可以使用下面的语法格式：

SELECT * FROM information_schema.triggers WHERE TRIGGER_SCHEMA= '数据库名称';

例如，要查看 db_librarybak 数据库中的全部触发器，可以使用下面的代码：

SELECT * FROM information_schema.triggers WHERE TRIGGER_SCHEMA='db_librarybak'\G

其运行结果与图 8-8 所示的相同。

如果数据库中存在数量较多的触发器，建议读者使用第 2 种查看触发器的方式。这样会在查找指定触发器的过程中避免很多不必要的麻烦。

8.3　使用触发器

在 MySQL 中，触发器按以下顺序执行：BEFORE 触发器→表操作→AFTER 触发器操作，其中表操作包括常用的数据库操作命令，如 INSERT、UPDATE、DELETE。

8.3.1 触发器的执行顺序

触发器的执行顺序

下面通过一个具体的实例演示触发器的执行顺序。

【例 8-3】 触发器与表操作存在一定的执行顺序，下面通过创建一个示例向读者展示三者的执行顺序关系。具体步骤如下。

（1）创建一个名称为 tb_temp 的临时表，代码如下：

```
CREATE TABLE IF NOT EXISTS tb_temp (
id int(11) PRIMARY KEY auto_increment NOT NULL,
event varchar(200) NOT NULL,
time timestamp NOT NULL DEFAULT current_timestamp
);
```

（2）在 tb_bookcase 数据表上创建名称为 before_in 的 BEFORE INSERT 触发器，其代码如下：

```
CREATE TRIGGER before_in BEFORE INSERT ON
tb_bookcase FOR EACH ROW
INSERT INTO tb_temp (event) values ('BEFORE INSERT');
```

（3）在 tb_bookcase 数据表上创建名称为 after_in 的 AFTER INSERT 触发器，其代码如下：

```
CREATE TRIGGER after_in AFTER INSERT ON
tb_bookcase for each row
INSERT INTO tb_temp (event) values ('AFTER INSERT');
```

运行步骤（2）、（3）的结果如图 8-9 所示。

```
mysql> CREATE TRIGGER before_in BEFORE INSERT ON
    -> tb_bookcase FOR EACH ROW
    -> INSERT INTO tb_temp (event) values ('BEFORE INSERT');
Query OK, 0 rows affected (0.02 sec)

mysql> CREATE TRIGGER after_in AFTER INSERT ON
    -> tb_bookcase for each row
    -> INSERT INTO tb_temp (event) values ('AFTER INSERT');
Query OK, 0 rows affected (0.02 sec)

mysql>
```

图 8-9　创建触发器运行结果

（4）创建完毕触发器，向数据表 tb_bookcase 中插入一条记录。代码如下：

```
INSERT INTO tb_bookcase(name) VALUES ('右A-2');
```

执行成功后，通过 SELECT 语句查看 tb_temp 数据表的插入情况。代码如下：

```
SELECT * FROM tb_temp;
```

运行以上代码，其运行结果如图 8-10 所示。

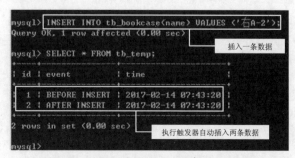

图 8-10　查看 tb_temp 表中触发器的执行顺序

查询结果显示 BEFORE 和 AFTER 触发器被激活。BEFORE 触发器首先被激活，然后 AFTER 触发器再被激活。

> **说明** 触发器中不能包含 START TRANSCATION、COMMIT 或 ROLLBACK 等关键词，也不能包含 CALL 语句。触发器执行非常严密，每一环都息息相关，任何错误都可能导致程序无法向下执行。已经更新过的数据表是不能回滚（ROLLBACK）的。故在设计过程中一定要注意触发器的逻辑严密性。

8.3.2 使用触发器维护冗余数据

使用触发器维护冗余数据

在数据库中，冗余数据的一致性非常重要。为了避免数据不一致问题的发生，尽量不要人工维护数据，建议通过编程自动维护。例如，通过触发器实现。下面通过一个具体的实例介绍如何使用触发器维护冗余数据。

> 【例 8-4】 使用触发器维护库存数量。主要是通过商品销售信息表创建一个触发器，实现当添加一条商品销售信息时，自动修改库存信息表中的库存数量。具体步骤如下。

（1）创建库存信息表 tb_stock，包括 id（编号）、goodsname（商品名称）、number（库存数量）字段，具体代码如下：

```
CREATE TABLE IF NOT EXISTS tb_stock (
id int(11) PRIMARY KEY auto_increment NOT NULL,
goodsname varchar(200) NOT NULL,
number int(11)
);
```

（2）向库存信息表 tb_stock 中添加一条商品库存信息，代码如下：

```
INSERT INTO tb_stock(goodsname,number) VALUES ('马克杯350ML',100);
```

（3）为商品销售信息表 tb_sell 创建一个触发器，名称为 auto_number，实现向商品销售信息表 tb_sell 中添加数据时自动更新库存信息表 tb_stock 的商品库存数量，具体代码如下：

```
DELIMITER //
CREATE TRIGGER auto_number AFTER INSERT
ON tb_sell FOR EACH ROW
BEGIN
DECLARE sellnum int(10);
SELECT number FROM tb_sell where id=NEW.id INTO @sellnum;
UPDATE tb_stock SET number=number-@sellnum WHERE goodsname='马克杯350ML';
END
//
```

> **说明** 在上面的代码中，DECLARE 关键字用于定义一个变量，这里定义的是保存销售数量的变量。在 MySQL 中，引用变量时需要在变量名前面添加 "@" 符号。

（4）向商品销售信息表 tb_sell 中插入一条商品销售信息，具体代码如下：

```
INSERT INTO tb_sell(goodsname,goodstype,number,price,amount) VALUES
('马克杯 350ML',1,1,29.80,29.80);
```

（5）查看库存信息表 tb_stock 中商品"马克杯 350ML"的库存数量，代码如下：

```
SELECT * FROM tb_stock WHERE goodsname='马克杯350ML';
```

执行结果如图 8-11 所示。

```
mysql> SELECT * FROM tb_stock WHERE goodsname='马克杯350ML';
+----+-----------+--------+
| id | goodsname | number |
+----+-----------+--------+
|  1 | 马克杯350ML |     99 |
+----+-----------+--------+
1 row in set (0.00 sec)

mysql>
```

图 8-11　查看库存数量

从图 8-11 中可以看出，现在的库存数量是 99，而在步骤（2）中插入的库存数量是 100，所以库存信息表 tb_stock 中的指定商品（马克杯 350ML）的库存数量已经被自动修改了。

8.4　删除触发器

在 MySQL 中，既然可以创建触发器，同样也可以通过命令删除触发器。删除触发器指删除原来已经在某个数据库中创建的触发器，与 MySQL 中删除数据库的命令相似，删除触发器也是使用 DROP 关键字。其语法格式如下：

DROP TRIGGER 触发器名称

"触发器名称"参数为用户指定要删除的触发器名称，如果指定某个特定触发器名称，MySQL 在执行过程中将会在当前库中查找触发器。

 说明　在应用完触发器后，切记一定要将触发器删除，否则在执行某些数据库操作时，会造成数据的变化。

【例 8-5】　删除名称为 delete_book_info 的触发器，其执行代码如下：

DROP TRIGGER delete_book_info;

执行上述代码，其运行结果如图 8-12 所示。

```
mysql> DROP TRIGGER delete_book_info;
Query OK, 0 rows affected (0.00 sec)

mysql>
```

图 8-12　删除触发器

通过查看触发器命令来查看数据库 db_librarybak 中的触发器信息，其代码如下：

SHOW TRIGGERS\G

查看触发器信息，可以从图 8-13 看出，名称为 delete_book_info 的触发器已经被删除。

```
mysql> SHOW TRIGGERS\G
*************************** 1. row ***************************
             Trigger: auto_save_log
               Event: INSERT
               Table: tb_bookinfo
           Statement: INSERT INTO tb_booklog (event,logtime) values('插入了一条图书信息',now())
              Timing: BEFORE
             Created: 2017-02-10 10:15:04.42
            sql_mode: STRICT_TRANS_TABLES,NO_AUTO_CREATE_USER,NO_ENGINE_SUBSTITUTION
             Definer: root@localhost
character_set_client: utf8
collation_connection: utf8_general_ci
  Database Collation: utf8_general_ci
1 row in set (0.00 sec)

mysql>
```

图 8-13　查看 db_librarybak 数据库中的触发器信息

图 8-13 的返回结果显示，该数据库中存在两个触发器信息，这两个触发器是在 8.1 节中被创建的，如果用户在 db_librarybak 数据库中未创建该触发器，则返回结果会是一个"Empty set"。

小 结

本章对 MySQL 数据库的触发器的定义和作用、创建触发器、查看触发器、使用触发器和删除触发器等内容进行了详细讲解，创建触发器和使用触发器是本章的重点内容。读者在创建触发器后，一定要查看触发器的结构。使用触发器时，触发器执行的顺序为 BEFORE 触发器→表操作（INSERT、UPDATE 和 DELETE）→AFTER 触发器。读者应该利用本章学到的知识结合实际需要来设计触发器。

上机指导

在第 3 章上机指导中创建的 db_shop 数据库中，为销售表（tb_sell）创建一个 AFTER INSERT 触发器，实现插入一条销售信息后，自动更新库存表。结果如图 8-14 所示。

```
mysql> USE db_shop
Database changed
mysql> CREATE TABLE tb_stock (
    ->     id int(10) unsigned NOT NULL AUTO_INCREMENT,
    ->     goodsid int(10),
    ->     price decimal(9,2) unsigned,
    ->     number int(10),
    ->     PRIMARY KEY (`id`)
    -> );
Query OK, 0 rows affected (0.01 sec)

mysql> INSERT INTO tb_stock (goodsid,price,number)        插入 3 条库存商品，库
    -> VALUES                                             存数量都是 30
    -> (1,199.80,30),
    -> (2,99.90,30),
    -> (3,100.00,30);
Query OK, 3 rows affected (0.01 sec)
Records: 3  Duplicates: 0  Warnings: 0

mysql> DELIMITER //
mysql> CREATE TRIGGER auto_update_stock AFTER INSERT
    -> ON tb_sell FOR EACH ROW
    -> UPDATE tb_stock SET number=number-NEW.number WHERE goodsid=NEW.goodsid;
    -> //
Query OK, 0 rows affected (0.01 sec)

mysql> INSERT INTO tb_sell (goodsid,price,number,amount,userid)
    -> values(2,99.90,2,199.8,1);
    -> //                                                 销售一个 id 为 2 的商
Query OK, 1 row affected (0.00 sec)                       品，数量为 2

mysql> SELECT * FROM tb_stock;
    -> //

+----+---------+--------+--------+
| id | goodsid | price  | number |
+----+---------+--------+--------+
|  1 |       1 | 199.80 |     30 |
|  2 |       2 |  99.90 |     28 |       商品 id 为 2 的商品，数
|  3 |       3 | 100.00 |     30 |       量减去 2 个，结果为 28
+----+---------+--------+--------+
3 rows in set (0.00 sec)

mysql>
```

图 8-14　创建自动更改库存数量的触发器

具体实现步骤如下。

（1）选择当前使用的数据库为 db_shop（如果该数据库不存在，请先创建该数据库），具体代码如下：

上机指导

```
use db_shop
```

（2）创建名称为 tb_stock 的库存表，包括 id、goodsid、price 和 number 4 个字段。代码如下：

```
CREATE TABLE tb_stock (
    id int(10) unsigned NOT NULL AUTO_INCREMENT,
    goodsid int(10),
    price decimal(9,2) unsigned,
    number int(10),
    PRIMARY KEY ('id')
);
```

（3）向 tb_stock 表中批量插入 3 条商品的库存信息，具体代码如下：

```
INSERT INTO tb_stock (goodsid,price,number)
VALUES
(1,199.80,30),
(2,99.90,30),
(3,100.00,30);
```

（4）为销售表（tb_sell）创建一个 AFTER INSERT 触发器，实现插入一条销售信息后，自动更新库存表。代码如下：

```
DELIMITER //
CREATE TRIGGER auto_update_stock AFTER INSERT
ON tb_sell FOR EACH ROW
UPDATE tb_stock SET number=number-NEW.number WHERE goodsid=NEW.goodsid;
//
```

（5）向 tb_sell 表中插入一条销售信息，代码如下：

```
INSERT INTO tb_sell (goodsid,price,number,amount,userid)
  values(2,99.90,2,199.8,1);
```

（6）查询库存表 tb_stock 中的数据，代码如下：

```
SELECT * FROM tb_stock;
```

习 题

8-1 什么是触发器？

8-2 请写出创建具有多个执行语句的触发器的语法格式。

8-3 如何查看触发器信息？

8-4 触发器的触发顺序是什么？

8-5 如何删除触发器？

第9章

存储过程与存储函数

■　存储过程与存储函数是在数据库中定义一些 SQL 语句的集合,然后直接调用这些存储过程与存储函数来执行已经定义好的 SQL 语句。存储过程与存储函数可以避免开发人员重复地编写相同的 SQL 语句。而且,存储过程与存储函数是在 MySQL 服务器中存储和执行的,可以减少客户端和服务器端的数据传输。本章将介绍存储过程和存储函数的含义、作用,以及创建、使用、查看、修改及删除存储过程与存储函数的方法。

9.1 创建存储过程与存储函数

在数据库系统中，为了保证数据的完整性和一致性，同时也为提高其应用性能，大多数据库常采用存储过程和存储函数技术。MySQL 在 5.0 版本后，也应用了存储过程与存储函数，存储过程和存储函数经常是一组 SQL 语句的组合，这些语句被当作整体存入 MySQL 数据库服务器中。用户定义的存储函数不能用于修改全局库状态，但该函数可从查询中被唤醒调用，也可以像存储过程一样通过语句执行。随着 MySQL 技术的日趋完善，存储过程与存储函数将在以后的项目中得到广泛的应用。

创建存储过程

9.1.1 创建存储过程

在 MySQL 中，创建存储过程的基本形式如下：

```
CREATE PROCEDURE sp_name ([proc_parameter[,…]])
        [characteristic …] routine_body
```

其中 sp_name 参数是存储过程的名称；proc_parameter 表示存储过程的参数列表；characteristic 参数指定存储过程的特性；routine_body 参数是 SQL 代码的内容，可以用 BEGIN…END 来标识 SQL 代码的开始和结束。

> proc_parameter 中的参数由 3 部分组成，分别是输入输出类型、参数名称和参数类型。其形式为[IN | OUT | INOUT]param_name type。其中 IN 表示输入参数；OUT 表示输出参数；INOUT 表示既可以输入也可以输出；param_name 参数是存储过程参数名称；type 参数指定存储过程的参数类型，该类型可以是 MySQL 数据库的任意数据类型。

一个存储过程包括名字、参数列表，还可以包括很多 SQL 语句集。下面创建一个存储过程，其代码如下：

```
DELIMITER //
CREATE PROCEDURE proc_name (in parameter integer)
BEGIN
DECLARE variable VARCHAR(20);
IF parameter=1 THEN
SET variable='MySQL';
ELSE
SET variable='PHP';
END IF;
INSERT INTO tb (name) VALUES (variable);
END;
```

MySQL 中存储过程的建立以关键字 CREATE PROCEDURE 开始，后面仅跟存储过程的名称和参数。MySQL 的存储过程名称不区分大小写，例如 PROCE1()和 proce1()代表同一存储过程名。存储过程名或存储函数名不能与 MySQL 数据库中的内建函数重名。

MySQL 存储过程的语句块以 BEGIN 开始，以 END 结束。语句体中可以包含变量的声明、控制语句、SQL 查询语句等。由于存储过程内部语句要以分号结束，所以在定义存储过程前，应将语句结束标志";"更改为其他字符，并且应降低该字符在存储过程中出现的机率，更改结束标志可以用关键字"DELIMITER"定义，例如：

```
mysql>DELIMITER //
```

存储过程创建之后，可用如下语句进行删除（参数 proc_name 指存储过程名）：

```
DROP PROCEDURE proc_name
```

下面创建一个名称为 proc_count 的存储过程。在创建该存储过程前，需要先创建一个名称为 tb_borrow1 的数据表，该数据表的结构如表 9-1 所示。如果在前面的学习中已经创建过该数据表，那么就不需要再重新创建了。

表 9-1　tb_borrow1 数据表结构

字段名	类型（长度）	默认	额外	说明
id	INT(10)		AUTO_INCREMENT	主键自增型 id
readerid	INT(10)			读者编号
bookid	INT(10)			图书编号
borrowTime	DATE			借阅日期
backTime	DATE			归还日期
operator	VARCHAR(30)			操作员
ifback	TINYINT(1)		DEFAULT '0'	是否归还

【例 9-1】　创建一个统计指定图书借阅次数的存储过程。主要是通过创建一个名称为 proc_count 的存储过程，实现统计 tb_borrow1 数据表中指定图书编号的图书的借阅次数。代码如下：

```
DELIMITER //
CREATE PROCEDURE proc_count(IN id INT,OUT borrowcount INT)
READS SQL DATA
BEGIN
SELECT count(*) INTO borrowcount FROM tb_borrow1 WHERE bookid=id;
END
//
```

在上述代码中，定义了一个输出变量 borrowcount 和输入变量 id。存储过程应用 SELECT 语句从 tb_borrow1 表中获取指定图书的记录总数，最后将结果传递给变量 borrowcount。存储过程的执行结果如图 9-1 所示。

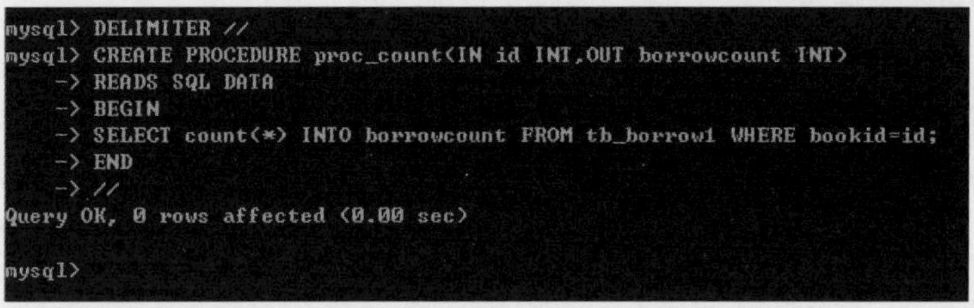

图 9-1　创建存储过程 proc_count

这里是通过将查询结果保存在一个输出变量中返回的。实际上，还可以将输出结果通过结果集返回，具体的代码如下：

```
DELIMITER //
CREATE PROCEDURE proc_count1(IN id INT)
READS SQL DATA
BEGIN
SELECT count(*) AS borrowcount FROM tb_borrow1 WHERE bookid=id;
END
//
```

执行结果如图 9-2 所示。

```
mysql> DELIMITER //
mysql> CREATE PROCEDURE proc_count1(IN id INT)
    -> READS SQL DATA
    -> BEGIN
    -> SELECT count(*) AS borrowcount FROM tb_borrow1 WHERE bookid=id;
    -> END
    -> //
Query OK, 0 rows affected (0.00 sec)

mysql>
```

图 9-2　创建存储过程 proc_count1

代码执行完毕后，没有报出任何出错信息就表示存储函数已经创建成功。以后就可以调用这个存储过程实现相应的功能。调用存储过程后，数据库会执行存储过程中的 SQL 语句。

 MySQL 中默认的语句结束符为分号;，存储过程中的 SQL 语句需用分号来结束。为了避免冲突，首先用"DELIMITER //"将 MySQL 的结束符设置为"//"，最后再用"DELIMITER;"来将结束符恢复成分号。这与创建触发器时是一样的。

9.1.2　创建存储函数

创建存储函数

创建存储函数与创建存储过程大体相同。创建存储函数的基本形式如下：

```
CREATE FUNCTION sp_name ([func_parameter[,…]])
    RETURNS type
    [characteristic …] routine_body
```

创建存储函数的参数说明如表 9-2 所示。

表 9-2　创建存储函数的参数说明

参数	说明
sp_name	存储函数的名称
func_parameter	存储函数的参数列表
RETURNS type	指定返回值的类型
characteristic	指定存储过程的特性
routine_body	SQL 代码的内容

func_parameter 可以由多个参数组成，其中每个参数均由参数名称和参数类型组成，其结构如下：

```
param_name type
```

param_name 参数是存储函数的函数名称；type 参数用于指定存储函数的参数类型。该类型可以是 MySQL 数据库所支持的类型。

【例 9-2】　同样，应用 tb_borrow1 数据表，创建一个统计指定图书借阅次数的存储函数，名称为 func_count。实现统计 tb_borrow1 数据表中指定图书编号的图书的借阅次数。其代码如下：

```
DELIMITER //
CREATE FUNCTION func_count(id INT)
RETURNS INT(10)
BEGIN
RETURN(SELECT count(*) FROM tb_borrow1 WHERE bookid=id);
```

```
END
//
```

上述代码中，存储函数的名称为 func_count；该函数的参数为 id；返回值是 INT 类型，用于实现从 tb_borrow1 数据表中统计 bookid 与参数 id 相同的记录数，并返回。存储函数的执行结果如图 9-3 所示。

```
mysql> DELIMITER //
mysql> CREATE FUNCTION func_count(id INT)
    -> RETURNS INT(10)
    -> BEGIN
    -> RETURN(SELECT count(*) FROM tb_borrow1 WHERE bookid=id);
    -> END
    -> //
Query OK, 0 rows affected (0.00 sec)

mysql>
```

图 9-3 创建 func_count()存储函数

9.1.3 变量的应用

变量的应用

MySQL 存储过程中的参数主要有局部参数和全局参数两种，这两种参数又可以被称为局部变量和全局变量。局部变量只在定义该局部变量的 BEGIN…END 范围内有效，全局变量在整个存储过程范围内均有效。

1. 局部变量

在 MySQL 中，局部变量以关键字 DECLARE 声明，后跟变量名和变量类型，基本语法如下：

DECLARE var_name[,…] type [DEFAULT value]

DECLARE 是用来声明变量的；var_name 参数是设置变量的名称，如果用户需要，也可以同时定义多个变量；type 参数用来指定变量的类型；DEFAULT value 的作用是指定变量的默认值，不对该参数进行设置时，其默认值为 NULL。

例如，应用下面的语句将声明一个局部变量，但不为变量设置默认值：

DECLARE id INT

下面的语句将实现在声明变量的同时，为其指定默认值：

DECLARE id INT DEFAULT 10

下面通过一个具体的实例演示如何在 MySQL 存储过程中定义局部变量及其使用方法。在该例中，分别在内层和外层 BEGIN…END 块中都定义同名的变量 x，按照语句从上到下执行的顺序，如果变量 x 在整个程序中都有效，则最终结果应该都为"内层"，但真正的输出结果却不同，这说明在内部 BEGIN…END 块中定义的变量只在该块内有效。

【例 9-3】 演示局部变量只在某个 BEGIN…END 块内有效。代码如下：

```
DELIMITER //
CREATE PROCEDURE proc_local()
BEGIN
DECLARE x CHAR(10) DEFAULT '外层';
BEGIN
DECLARE x CHAR(10) DEFAULT '内层';
SELECT x;
END;
SELECT x;
END;
//
```

上述代码的运行结果如图 9-4 所示。

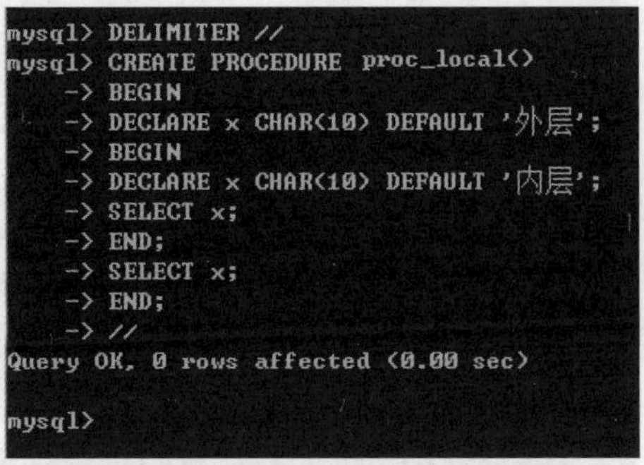

图 9-4　创建定义局部变量的存储过程

应用 MySQL 调用该存储过程，代码如下：

CALL proc_local() //

运行结果如图 9-5 所示。

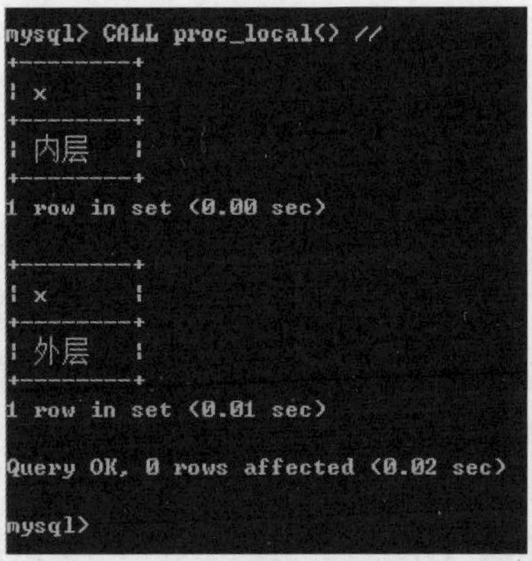

图 9-5　调用存储过程 proc_local() 的结果

> **说明**
>
> 调用存储过程的详细介绍请参见本书 9.2 节。

2．全局变量

MySQL 中的全局变量不必声明即可使用，全局变量在整个过程中有效，全局变量名以字符 "@" 作为起始字符。下面的例子为全局变量的使用方法。

> 【例 9-4】　在该例中，分别在内部和外部 BEGIN…END 块中都定义了同名的全局变量@t，并且最终输出结果相同，从而说明全局变量的作用范围为整个程序。设置全局变量的代码如下：

```
DELIMITER //
CREATE PROCEDURE proc_global()
BEGIN
SET @t="外层";
BEGIN
SET @t="内层";
SELECT @t;
```

```
END;
SELECT @t;
End;
//
```

上述代码的运行结果如图 9-6 所示。

图 9-6　创建会话（全局）变量的存储过程

应用 MySQL 调用该存储过程，具体代码如下：

```
CALL proc_global() //
```

运行结果如图 9-7 所示。

图 9-7　调用存储过程 proc_global()的结果

3. 为变量赋值

在 MySQL 中，除了在声明局部变量和全局变量时，可以为其设置默认值外，还可以应用以下两种方式为其赋值。

❑ 使用 SET 关键字为变量赋值

MySQL 中可以使用 SET 关键字为变量赋值。SET 语句的基本语法如下：

```
SET var_name=expr[,var_name=expr]…
```

SET 关键字用来为变量赋值；var_name 参数是变量的名称；expr 参数是赋值表达式。一个 SET 语句可以同时为多个变量赋值，各个变量的赋值语句之间用 "，" 隔开。例如：为变量 mr_soft 赋值，代码如下：

```
SET mr_soft=10;
```

❑ 使用 SELECT…INTO 语句为变量赋值

使用 SELECT…INTO 语句也可以为变量赋值。其语法结构如下：

```
SELECT col_name[,…] INTO var_name[,…] FROM table_name WHERE condition
```

其中 col_name 参数标识查询的字段名称；var_name 参数是变量的名称；table_name 参数为指定数据表的名称；condition 参数为指定查询条件。

例如：从 tb_bookinfo 表中查询 barcode 为 "9787115418425" 的记录。将该记录下的 price 字段内容赋值给变量 book_price。其关键代码如下：

```
SELECT price INTO book_price FROM tb_bookinfo WHERE barcode= '9787115418425';
```

 说明 上述赋值语句必须存在于创建的存储过程中。且需将赋值语句放置在 BEGIN…END 之间。若脱离此范围，该变量将不能使用或被赋值。

9.1.4 光标的运用

光标的运用

通过 MySQL 查询数据库，其结果可能为多条记录。在存储过程和函数中使用光标可以实现逐条读取结果集中的记录。光标的使用包括声明光标（DECLARE CURSOR）、打开光标（OPEN CURSOR）、使用光标（FETCH CURSOR）和关闭光标（CLOSE CURSIR）。值得一提的是，光标必须声明在处理程序之前，且声明在变量和条件之后。

1. 声明光标

在 MySQL 中，声明光标仍使用 DECLARE 关键字，其语法如下：

```
DECLARE cursor_name CURSOR FOR select_statement
```

cursor_name 是光标的名称，光标名称使用与表名同样的规则；select_statement 是一个 SELECT 语句，返回一行或多行数据。其中这个语句也可以在存储过程中定义多个光标，但是必须保证每个光标名称的唯一性，即每一个光标必须有自己唯一的名称。

通过上述定义来声明光标 cursor_book，其代码如下：

```
DECLARE cursor_book CURSOR FOR SELECT
barcode,bookname,price
FROM tb_bookinfo
WHERE typeid=4;
```

 说明 这里 SELECT 子句中不能包含 INTO 子句，并且光标只能在存储过程或存储函数中使用。上述代码并不能单独执行。

2. 打开光标

在声明光标之后，要从光标中提取数据，必须首先打开光标。在 MySQL 中，使用 OPEN 关键字来打开光标。其基本的语法如下：

```
OPEN cursor_name
```

其中 cursor_name 参数表示光标的名称。在程序中，一个光标可以打开多次。由于可能在用户打开光标后，其他用户或程序正在更新数据表，所以可能会导致用户在每次打开光标后，显示的结果都不同。

打开上面已经声明的光标 cursor_book，其代码如下：

```
OPEN cursor_book
```

3. 使用光标

光标在顺利打开后，可以使用 FETCH…INTO 语句来读取数据。其语法如下：

```
FETCH   cursor_name INTO var_name[,var_name]…
```

其中 cursor_name 代表已经打开光标的名称；var_name 参数表示将光标中的 SELECT 语句查询出来的信息存入该参数中。var_name 是存放数据的变量名，必须在声明光标前定义好。FETCH…INTO 语句与 SELECT…INTO 语句具有相同的意义。

将已打开的光标 cursor_book 中由 SELECT 语句查询出来的信息存入 tmp_barcode、tmp_bookname 和 tmp_price 中。其中 tmp_barcode、tmp_bookname 和 tmp_price 必须在使用前定义。其代码如下：

```
FETCH cursor_book INTO tmp_barcode,tmp_bookname,tmp_price;
```

4. 关闭光标

光标使用完毕后，要及时关闭，在 MySQL 中采用 CLOSE 关键字关闭光标，其语法格式如下：

```
CLOSE cursor_name
```

cursor_name 参数表示光标名称。下面关闭已打开的光标 cursor_book。代码如下：

```
CLOSE cursor_book
```

说明 对于已关闭的光标，在其关闭之后则不能使用 FETCH 来使用光标。光标在使用完毕后一定要关闭。

9.2 存储过程和存储函数的调用

存储过程和存储函数都是存储在服务器的 SQL 语句的集合。要使用这些已经定义好的存储过程和存储函数就必须要通过调用的方式来实现。对存储过程和函数的操作主要可以分为调用、查看、修改和删除。

调用存储过程

9.2.1 调用存储过程

存储过程的调用在前面的示例中多次被用到。MySQL 中使用 CALL 语句来调用存储过程。调用存储过程后，数据库系统将执行存储过程中的语句，然后将结果返回给输出值。CALL 语句的基本语法形式如下：

```
CALL sp_name([parameter[,…]]);
```

其中 sp_name 是存储过程的名称；parameter 是存储过程的参数。

> 【例 9-5】 调用统计图书借阅次数的存储过程，即例 9-1 创建的存储过程 proc_count。代码如下：

```
SET @bookid=7;
CALL proc_count(@bookid,@borrowcount);
SELECT @borrowcount;
```

执行结果如图 9-8 所示。

```
mysql> SET @bookid=7;
Query OK, 0 rows affected (0.00 sec)

mysql> CALL proc_count(@bookid,@borrowcount);
Query OK, 1 row affected (0.00 sec)

mysql> SELECT @borrowcount;
+--------------+
| @borrowcount |
+--------------+
|            2 |
+--------------+
1 row in set (0.00 sec)

mysql>
```

图 9-8 调用存储过程 proc_count

应用下面的语句查询 tb_borrow1 中的 bookid 为 7 的记录：

SELECT * FROM tb_borrow1 WHERE bookid=7;

执行结果如图 9-9 所示。

```
mysql> SELECT * FROM tb_borrow1 WHERE bookid=7;
+----+----------+--------+------------+------------+----------+--------+
| id | readerid | bookid | borrowTime | backTime   | operator | ifback |
+----+----------+--------+------------+------------+----------+--------+
|  1 |        4 |      7 | 2017-02-16 | 2017-02-26 | mr       |      1 |
|  2 |        4 |      7 | 2017-02-24 | 2017-03-16 | mr       |      0 |
+----+----------+--------+------------+------------+----------+--------+
2 rows in set (0.00 sec)

mysql>
```

图 9-9　tb_borrow1 中的 bookid 为 7 的记录

从图 9-9 中可以看出，符合条件的记录为两条，与图 9-8 的执行结果完全一致。

如果想要调用 9.1.1 节创建的存储过程 proc_count1，可以使用下面的代码：

SET @bookid=7;
CALL proc_count1(@bookid);

执行结果如图 9-10 所示。

```
mysql> CALL proc_count1(@bookid);
+-------------+
| borrowcount |
+-------------+
|           2 |
+-------------+
1 row in set (0.00 sec)

Query OK, 0 rows affected (0.00 sec)

mysql>
```

图 9-10　调用存储过程 proc_count1

9.2.2　调用存储函数

调用存储函数

在 MySQL 中，存储函数的使用方法与 MySQL 内部函数的使用方法基本相同。用户自定义的存储函数与 MySQL 内部函数性质相同。区别在于，存储函数是用户自定义的，而内部函数由 MySQL 自带。其语法结构如下：

SELECT function_name([parameter[,…]]);

【例 9-6】　调用统计图书借阅次数的存储函数，即例 9-2 创建的存储函数 func_count。代码如下：

SET @bookid=7;
CALL func_count(@bookid);

执行结果如图 9-11 所示。

```
mysql> SELECT func_count(@bookid);
+---------------------+
| func_count(@bookid) |
+---------------------+
|                   2 |
+---------------------+
1 row in set (0.00 sec)

mysql>
```

图 9-11　调用存储过程 proc_count

存储过程可以使用 SELECT 语句返回结果集，但是存储函数则不能使用 SELECT 语句返回结果集，否则将显示如下错误：

Not allowed to return a result set from a function

9.3　查看存储过程和函数

存储过程和函数创建以后，用户可以查看存储过程和函数的状态和定义。用户可以通过 SHOW STATUS 语句查看存储过程和函数状态，也可以通过 SHOW CREATE 语句来查看存储过程和函数的定义。

查看存储过程和
函数

9.3.1　SHOW STATUS 语句

在 MySQL 中可以通过 SHOW STATUS 语句查看存储过程和函数的状态。其基本语法结构如下：

SHOW {PROCEDURE | FUNCTION}STATUS[LIKE 'pattern']

其中，PROCEDURE 参数表示查询存储过程；FUNCTION 参数表示查询存储函数；LIKE 'pattern' 参数用来匹配存储过程或函数名称。

9.3.2　SHOW CREATE 语句

MySQL 中可以通过 SHOW CREATE 语句来查看存储过程和函数的状态。其语法结果如下：

SHOW CREATE{PROCEDURE | FUNCTION } sp_name;

其中，PROCEDURE 参数表示存储过程；FUNCTION 参数表示查询存储函数；sp_name 参数表示存储过程或函数的名称。

SHOW CREATE
语句

【例 9-7】　查询名称为 proc_count 的存储过程，其代码如下：

SHOW CREATE PROCEDURE proc_count\G
其运行结果如图 9-12 所示。

```
mysql> SHOW CREATE PROCEDURE proc_count\G
*************************** 1. row ***************************
           Procedure: proc_count
            sql_mode: STRICT_TRANS_TABLES,NO_AUTO_CREATE_USER,NO_ENGINE_SUBSTITUTION
    Create Procedure: CREATE DEFINER=`root`@`localhost` PROCEDURE `proc_count`(IN id INT,OUT borrowcount INT)
    READS SQL DATA
BEGIN
SELECT count(*) INTO borrowcount FROM tb_borrow1 WHERE bookid=id;
END
character_set_client: utf8
collation_connection: utf8_general_ci
  Database Collation: utf8_general_ci
1 row in set (0.00 sec)
```

图 9-12　应用 SHOW CREATE 语句查看存储过程

查询结果显示了存储过程的定义、字符集等信息。

说明　SHOW STATUS 语句只能查看存储过程或函数所操作的数据库对象，如存储过程或函数的名称、类型、定义者、修改时间等信息，并不能查询存储过程或函数的具体定义。如果需要查看详细定义，需要使用 SHOW CREATE 语句。

9.4 修改存储过程和函数

修改存储过程和
函数

修改存储过程和存储函数是指修改已经定义好的存储过程和函数。MySQL 中通过 ALTER PROCEDURE 语句来修改存储过程。通过 ALTER FUNCTION 语句来修改存储函数。

MySQL 中修改存储过程和函数的语句的语法形式如下：

```
ALTER {PROCEDURE | FUNCTION} sp_name [characteristic …]
characteristic:
    { CONTAINS SQL | NO SQL | READS SQL DATA | MODIFIES SQL DATA }
    | SQL SECURITY { DEFINER | INVOKER }
    | COMMENT 'string'
```

其参数说明如表 9-3 所示。

表 9-3　修改存储过程和函数的语法的参数说明

参数	说明
sp_name	存储过程或函数的名称
characteristic	指定存储函数的特性
CONTAINS SQL	表示子程序包含 SQL 语句，但不包含读写数据的语句
NO SQL	表示子程序不包含 SQL 语句
READS SQL DATA	表示子程序中包含读数据的语句
MODIFIES SQL DATA	表示子程序中包含写数据的语句
SQL SECURITY{DEFINER | INVOKER}	指明权限执行。DEFINER 表示只有定义者自己才能够执行；INVOKER 表示调用者可以执行
COMMENT'string'	是注释信息

【例 9-8】　修改例 9-1 创建的存储过程 proc_count，为其指定执行权限。其代码如下：

```
ALTER PROCEDURE proc_count
MODIFIES SQL DATA
SQL SECURITY INVOKER;
```

其运行结果如图 9-13 所示。

```
mysql> ALTER PROCEDURE proc_count
    -> MODIFIES SQL DATA
    -> SQL SECURITY INVOKER;
Query OK, 0 rows affected (0.00 sec)

mysql>
```

图 9-13　修改存储过程 proc_count 的定义

 说明

如果读者希望查看修改后的结果，可以应用 SELECT…FROM information_schema.Ruotines WHERE ROUTINE_NAME='sp_name'来查看表的信息。由于篇幅限制，这里不进行详细讲解了。

9.5 删除存储过程和函数

删除存储过程和
函数

删除存储过程和函数指删除数据库中已经存在的存储过程或存储函数。MySQL
中使用 DROP PROCEDURE 语句来删除存储过程，通过 DROP FUNCTION 语句来
删除存储函数。在删除之前，必须确认该存储过程或存储函数没有任何依赖关系，否
则可能会导致其他与其关联的存储过程无法运行。

删除存储过程和函数的语法如下：

```
DROP {PROCEDURE | FUNCTION} [IF EXISTS] sp_name
```

其中 sp_name 参数表示存储过程或函数的名称；IF EXISTS 是 MySQL 的扩展，判断存储过程或函
数是否存在，以免发生错误。

【例 9-9】 删除例 9-1 创建的存储过程 proc_count。其关键代码如下：

```
DROP PROCEDURE proc_count;
```

运行结果如图 9-14 所示。

```
mysql> DROP PROCEDURE proc_count;
Query OK, 0 rows affected (0.01 sec)

mysql>
```

图 9-14 删除存储过程 proc_count

【例 9-10】 删除例 9-2 创建的存储函数 func_count。其关键代码如下：

```
DROP FUNCTION func_count;
```

运行结果如图 9-15 所示。

```
mysql> DROP FUNCTION func_count;
Query OK, 0 rows affected (0.00 sec)

mysql>
```

图 9-15 删除存储函数 func_count

当返回结果没有提示警告或报错时，则说明存储过程或存储函数已经被顺利删除。用户可以通过查
询 information_schema 数据库下的 Routines 表来确认上面的删除是否成功。

小 结

本章对 MySQL 数据库的存储过程和存储函数进行了详细讲解。存储过程和存储函数都是
用户自己定义的 SQL 语句的集合，它们都存储在服务器端，只要调用就可以在服务器端执行。
本章重点讲解了创建存储过程和存储函数的方法。通过 CREATE PROCEDURE 语句来创建
存储过程，通过 CREATE FUNCTION 语句来创建存储函数。这两个内容是本章的难点，需
要读者将书中的知识点结合实际操作进行练习。

上机指导

在第 3 章上机指导中创建的 db_shop 数据库中，创建一个存储过程，用于验证用户的登录信息，如果合法则返回 1，否则返回 0。结果如图 9-16 所示。

上机指导

具体实现步骤如下。

（1）选择当前使用的数据库为 db_shop（如果该数据库不存在，请先创建该数据库），具体代码如下：

```
use db_shop
```

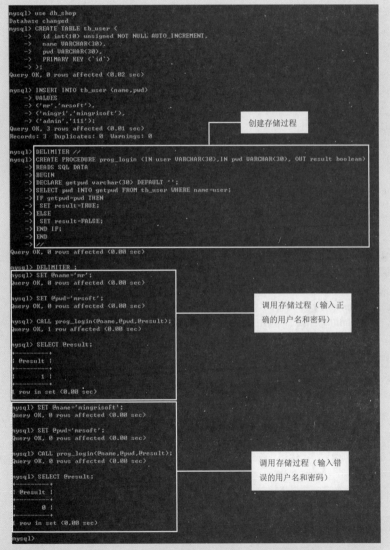

图 9-16　创建验证用户登录信息的存储过程

（2）创建名称为 tb_user 的库存表，包括 id、name 和 pwd 3 个字段。代码如下：

```
CREATE TABLE tb_user (
```

```
        id int(10) unsigned NOT NULL AUTO_INCREMENT,
        name VARCHAR(30),
        pwd VARCHAR(30),
        PRIMARY KEY (`id`)
);
```

（3）向 tb_user 表中批量插入 3 条用户信息，具体代码如下：

```
INSERT INTO tb_user (name,pwd)
VALUES
('mr','mrsoft'),
('mingri','mingrisoft'),
('admin','111');
```

（4）创建一个名称为 prog_login 的存储过程，实现判断输入的用户信息是否合法（即用户名和密码是否一致）。代码如下：

```
DELIMITER //
CREATE PROCEDURE prog_login (IN user VARCHAR(30),IN pwd VARCHAR(30), OUT result boolean)
READS SQL DATA
BEGIN
DECLARE getpwd varchar(30) DEFAULT '';
SELECT pwd INTO getpwd FROM tb_user WHERE name=user;
IF getpwd=pwd THEN
    SET result=TRUE;
ELSE
    SET result=FALSE;
END IF;
END
//
DELIMITER ;
```

（5）调用存储过程 prog_login，传入要验证的用户名（mr）和密码（mrsoft），代码如下：

```
SET @name='mr';
SET @pwd='mrsoft';
CALL prog_login(@name,@pwd,@result);
SELECT @result;
```

（6）调用存储过程 prog_login，传入要验证的用户名（mingrisoft）和密码（mrsoft），代码如下：

```
SET @name='mingrisoft';
SET @pwd='mrsoft';
CALL prog_login(@name,@pwd,@result);
SELECT @result;
```

习 题

9-1　如何创建存储过程？

9-2　如何创建存储函数？

9-3　如何查看存储过程和存储函数？

9-4　如何删除存储过程？

9-5　如何删除存储函数？

第10章

备份与恢复

■ 为了保证数据的安全，需要定期对数据进行备份。备份的方式有很多种，效果也不一样。如果数据库中的数据出现了错误，就需要使用备份好的数据进行数据还原，这样可以将损失降至最低。同时还会涉及数据库之间的数据导入与导出。本章将对备份和还原的方法、MySQL 数据库的数据安全等内容进行讲解。

10.1　数据备份

备份数据是数据库管理中最常用的操作。为了保证数据库中数据的安全，数据管理员需要定期地进行数据备份。一旦数据库遭到破坏，即可通过备份的文件来还原数据库。因此，数据备份是很重要的工作。本节将为读者介绍数据备份的方法。

使用 mysqldump
命令备份

10.1.1　使用 mysqldump 命令备份

MySQL 提供了很多免费的客户端实用程序，保存在 MySQL 安装目录下的 bin 子目录下，如图 10-1 所示。这些客户端程序可以连接到 MySQL 服务器进行数据库的访问，或者对 MySQL 进行管理。

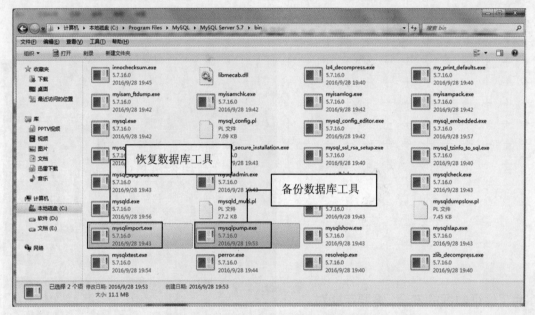

图 10-1　MySQL 提供的客户端实用程序

在使用这些工具时，需要打开计算机的 DOS 命令窗口，然后在该窗口的命令提示符下输入要运行程序所对应的命令。例如，要运行 mysqlimport.exe 程序，可以输入 mysqlimport 命令，再加上对应的参数即可。

在 MySQL 提供的客户端实用程序中，mysqlpump.exe 就是用于实现 MySQL 数据库备份的实用工具。它可以将数据库中的数据备份成一个文本文件，并且将表的结构和表中的数据存储在这个文本文件中。下面将介绍如何使用 mysqlpump.exe 工具进行数据库备份。

mysqldump 命令的工作原理很简单。它先查出需要备份的表的结构，并且在文本文件中生成一个 CREATE 语句，然后将表中的所有记录转换成一条 INSERT 语句。这些 CREATE 语句和 INSERT 语句都是还原时使用的。还原数据时就可以使用其中的 CREATE 语句来创建表，使用其中的 INSERT 语句来还原数据。

1. 备份一个数据库

使用 mysqldump 命令备份一个数据库的基本语法如下：

```
mysqldump –u username –p dbname table1 table2 …>BackupName.sql
```

其中，dbname 参数表示数据库的名称；table1 和 table2 参数表示表的名称，没有该参数时将备份整个数据库；BackupName.sql 参数表示备份文件的名称，文件名前面可以加上一个绝对路径。通常将数据库备份成一个后缀名为.sql 的文件。

 说明
mysqldump 命令备份的文件并非一定要求后缀名为.sql，备份成其他格式的文件也是可以的，例如，后缀名为.txt 的文件。但是，通常情况下建议备份成后缀名为.sql 的文件。因为，后缀名为.sql 的文件给人第一感觉就是与数据库有关的文件。

【例 10-1】 应用 mysqldump 命令备份图书馆管理系统的数据库 db_library。

选择"开始"/"运行"命令，在弹出的"运行"窗口中输入"cmd"命令，按〈Enter〉键后进入 DOS 窗口，在命令提示符下输入以下代码：

```
mysqldump -u root -p db_library >D:\db_library.sql
```

在 DOS 命令窗口中执行上面的命令时，将提示输入连接数据库的密码，输入密码后将完成数据备份，执行效果如图 10-2 所示。

图 10-2　执行 mysqldump 数据备份命令

 说明
应用本例所介绍的命令生成的.sql 文件中，并不包括创建数据库的语句。在应用该脚本文件恢复数据库前需要先创建对应的数据库。

数据备份完成后，可以在 D:\找到 db_library.sql 文件。db_library.sql 文件中的部分内容如图 10-3 所示。

图 10-3　db_library.sql 文件部分内容

文件开头记录了 MySQL 的版本、备份的主机名和数据库名。文件中，以"--"开头的都是 SQL 语言的注释，以"/*! 40101"等形式开头的内容是只有 MySQL 版本大于或等于指定的版 4.1.1 才执行的语句。下面的"/*! 40103""/*! 40014"也是这个作用。

 上面的 db_library.sql 文件中没有创建数据库的语句，因此，student.sql 文件中的所有表和记录必须还原到一个已经存在的数据库中。还原数据时，CREATE TABLE 语句会在数据库中创建表，然后执行 INSERT 语句向表中插入记录。

2. 备份多个数据库

mysqldump 命令备份多个数据库的语法如下：

mysqldump -u username -p --databases dbname1 dbname2 >BackupName.sql

这里要加上"--databases"这个选项，然后后面跟多个数据库的名称。

 本语法也可以用于备份单个数据库，只需要在--databases 后面跟上一个要备份的数据库即可。此时，生成的备份文件中，将包含创建数据库的 SQL 语句。因此，使用此方法也可以实现生成带创建数据库语句的备份单个数据库的脚本文件。

【例 10-2】 应用 mysqldump 命令备份 db_library 和 db_library_gbk 数据库。命令如下：

选择"开始"/"运行"命令，在弹出的"运行"窗口中输入"cmd"命令，按〈Enter〉键后进入 DOS 窗口，在命令提示符下输入以下代码：

mysqldump -u root -p --databases db_library db_library_gbk >D:\library.sql

命令的执行效果如图 10-4 所示。

图 10-4　备份多个数据库

在 DOS 命令窗口中执行上面的命令时，提示输入连接数据库的密码，输入密码后将完成数据备份，这时可以在 D:\下看到名为 library.sql 的文件。这个文件中存储着这两个数据库的所有信息。

3. 备份所有数据库

使用 mysqldump 命令备份所有数据库的语法如下：

mysqldump -u username -p --all-databases >BackupName.sql

使用"--all-databases"选项就可以备份所有数据库了。

【例 10-3】 下面使用 root 用户备份所有数据库。命令如下：

mysqldump -u root -p --all-databases >D:\backupAll.sql

命令的执行效果如图 10-5 所示。

在 DOS 命令窗口中执行上面的命令时，提示输入连接数据库的密码，输入密码后将完成数据备份，这时可以在 D:\下看到名为 backupAll.sql 的文件。这个文件存储着所有数据库的所有信息。

图 10-5　备份所有数据库

10.1.2　直接复制整个数据库目录

MySQL 有一种最简单的备份方法，就是将 MySQL 中的数据库文件直接复制出来。这种方法最简单，速度也最快。使用这种方法时，最好先将服务器停止，这样可以保证在复制期间数据库中的数据不会发生变化。如果在复制数据库的过程中还有数据写入，就会造成数据不一致。

直接复制整个数据库目录

这种方法虽然简单快捷，但不是最好的备份方法。因为，实际情况可能不允许停止 MySQL 服务器。而且，这种方法对 InnoDB 存储引擎的表不适用。对于 MyISAM 存储引擎的表，这样备份和还原很方便。但是还原时最好是相同版本的 MySQL 数据库，否则可能会出现存储文件类型不同的情况。

在 MySQL 的版本号中，第一个数字表示主版本号。主版本号相同的 MySQL 数据库的文件类型会相同。例如，MySQL 5.7.16 和 MySQL 5.7.17 这两个版本的主版本号都是 5，那么这两个数据库的数据文件拥有相同的文件格式。

采用直接复制整个数据库目录的方式备份数据库时，需要找到数据库文件的保存位置，具体的方法是，在 MySQL 命令行提示窗口中输入以下代码查看：

```
show variables like '%datadir%';
```

执行结果如图 10-6 所示。

图 10-6　查看 MySQL 数据库文件保存位置

10.1.3　使用 mysqlhotcopy 工具快速备份

如果备份时不能停止 MySQL 服务器，可以采用 mysqlhotcopy 工具。mysqlhotcopy 工具的备份方式比 mysqldump 命令快。下面为读者介绍 mysqlhotcopy 工具的工作原理和使用方法。

mysqlhotcopy 工具是一个 Perl 脚本，主要在 Linux 操作系统下使用。mysqlhotcopy 工具使用 LOCK TABLES、FLUSH TABLES 和 cp 来进行快速备份。其工作原理是，先将需要备份的数据库加上一个读操作锁，然后用 FLUSH TABLES 将内存中的数据写回到硬盘上的数据库中，最后把需要备份的数据库文件复制到目标目录。使用 mysqlhotcopy 的命令如下：

使用 mysqlhotcopy
工具快速备份

```
[root@localhost ~]#mysqlhotcopy[option] dbname1 dbname2…backupDir/
```

其中，dbname1 等表示需要备份的数据库的名称；backDir 参数指出备份到哪个文件夹下。这个命令的含义就是将 dbname1、dbname2 等数据库备份到 backDir 目录下。mysqlhotcopy 工具有一些常用的选项，这些选项的介绍如下：

- ❑ --help：用来查看 mysqlhotcopy 的帮助。
- ❑ --allowold：如果备份目录下存在相同的备份文件，将旧的备份文件名加上_old。
- ❑ --keepold：如果备份目录下存在相同的备份文件，不删除旧的备份文件，而是将旧文件更名。
- ❑ --flushlog：本次备份之后，将对数据库的更新记录到日志中。
- ❑ --noindices：只备份数据文件，不备份索引文件。
- ❑ --user=用户名：用来指定用户名，可以用-u 代替。
- ❑ --password=密码：用来指定密码，可以用-p 代替。使用-p 时，密码与-p 紧挨着。或者只使用-p，然后用交换的方式输入密码，这与登录数据库时的情况是一样的。
- ❑ --port=端口号：用来指定访问端口，可以用-P 代替。
- ❑ --socket=socket 文件：用来指定 socket 文件，可以用-S 代替。

mysqlhotcopy 工具不是 MySQL 自带的，需要安装 Perl 的数据接口包，Perl 的数据库接口包可以在 MySQL 官方网站下载，网址是 http://dev.mysql.com/downloads/dbi.html。mysqlhotcopy 工具的工作原理是将数据库文件复制到目标目录。因此 mysqlhotcopy 工具只能备份 MyISAM 类型的表，不能用来备份 InnoDB 类型的表。

10.2 数据恢复

管理员的非法操作和计算机的故障都会破坏数据库文件。当数据库遇到这些意外时，我们可以通过备份文件将数据库还原到备份时的状态，这样可以将损失降低到最小。本节将为读者介绍数据还原的方法。

使用 mysql 命令
还原

10.2.1 使用 mysql 命令还原

通常使用 mysqldump 命令将数据库的数据备份成一个文本文件，这个文件的后缀名一般设置为.sql。需要还原时，可以使用 mysql 命令来还原备份的数据。

备份文件中通常包含 CREATE 语句和 INSERT 语句。mysql 命令可以执行备份文件中的 CREATE 语句和 INSERT 语句。通过 CREATE 语句来创建数据库和表，通过 INSERT 语句来插入备份的数据。mysql 命令的基本语法如下：

```
mysql –uroot –p [dbname] <backup.sql
```

其中，dbname 参数表示数据库名称。该参数是可选参数，可以指定数据库名，也可以不指定。指定数据库名时，表示还原该数据库下的表；不指定数据库名时，表示还原特定的一个数据库。同时备份文件中要有创建数据库的语句。

【例 10-4】 应用 MySQL 命令还原例 10-1 中备份的图书馆管理系统的数据库，对应的脚本文件为 D:\db_library.sql。具体步骤如下。

（1）在 MySQL 的命令行窗口的 MySQL 命令提示符下输入以下代码，创建要还原的数据库，这里为 db_library。

```
CREATE DATABASE IF NOT EXISTS db_library;
```

（2）选择"开始"/"运行"命令，在弹出的"运行"窗口中输入"cmd"命令，按〈Enter〉键后进入 DOS 窗口，在命令提示符下输入以下代码，用于应用 mysql 命令还原数据库 db_library，具体代码如下：

```
mysql -u root -p db_library <D:\db_library.sql
```

在 DOS 命令窗口中执行上面的命令时，提示输入连接数据库的密码，输入密码后将完成数据还原，如图 10-7 所示。

图 10-7 应用 mysql 命令还原数据库 db_library

这时，MySQL 就已经还原了 db_library.sql 文件中的所有数据表到数据库 db_library 中。

 如果使用 --all-databases 参数备份了所有的数据库，那么还原时不需要指定数据库。因为其对应的 sql 文件包含有 CREATE DATABASE 语句，可以通过该语句创建数据库。创建数据库之后，可以执行 sql 文件中的 USE 语句选择数据库，然后在数据库中创建表并且插入记录。

10.2.2　直接复制到数据库目录

在 10.1.2 节介绍过一种直接复制数据的备份方法。通过这种方式备份的数据，可以直接复制到 MySQL 的数据库目录下。通过这种方式还原时，必须保证两个 MySQL 数据库的主版本号是相同的。而且，这种方式对 MyISAM 类型的表比较有效，对于 InnoDB 类型的表则不可用。因为 InnoDB 表的表空间不能直接复制。

直接复制到数据库目录

10.3　数据库迁移

数据库迁移就是指将数据库从一个系统移动到另一个系统上。数据库迁移的原因是多种多样的。可能是因为升级了计算机，或者是部署开发的管理系统，或者升级了 MySQL 数据库。甚至是换用其他的数据库。根据上述情况，可以将数据库迁移大致分为两类，一类是 MySQL 数据库之间迁移，另一类是不同数据库之间的迁移。下面分别进行介绍。

10.3.1　MySQL 数据库之间的迁移

MySQL 数据库之间进行数据库迁移的原因有多种，通常的原因是更换了新的机器、重新安装了操作系统，或者是升级了 MySQL 的版本。虽然原因很多，但是实现的方法基本上就是下面介绍的两种。

MySQL 数据库之间的迁移

❑ 复制数据库目录

MySQL 数据库之间的迁移主要有两种方法，一种是通过复制数据库目录来实现数据库迁移。但是，只有数据库表都是 MyISAM 类型的才能使用这种方式。另外，也只能是在主版本号相同的 MySQL 数据库之间进行数据库迁移。

❑ 使用命令备份和还原数据库

最常用和最安全的方式是使用 mysqldump 命令来备份数据库，然后使用 mysql 命令将备份文件还原到新的 MySQL 数据库中。这里可以将备份和迁移同时进行。假设从一个名称为 host1 的机器中备份出所有数据库，然后将这些数据库迁移到名称为 host2 的机器上，可以在 DOS 窗口中使用下面的命令。

```
mysqldump –h host1 –u root --password=password1 --all-databases |
mysql –h host2 –u root --password=password2
```

其中，"|"符号表示管道，其作用是将 mysqldump 备份的文件送给 mysql 命令；"–password=password1"是 host1 主机上 root 用户的密码。同理，password2 是 host2 主机上的 root 用户的密码。通过这种方式可以直接实现数据库之间的迁移，包括相同版本的和不同版本的 MySQL 之间的数据库迁移。

10.3.2　不同数据库之间的迁移

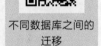

不同数据库之间的迁移

不同数据库之间迁移是指从其他类型的数据库迁移到 MySQL 数据库，或者从 MySQL 数据库迁移到其他类型的数据库。例如，某个网站原来使用 Oracle 数据库，因为运营成本太高等诸多原因，希望改用 MySQL 数据库。或者某个管理系统原来使用 MySQL 数据库，因为某种特殊性能的要求，希望改用 Oracle 数据库。针对这种迁移，MySQL 没有通用的解决方法，需要具体问题具体对待。例如，在 Windows 操作系统下，通常可以使用 MyODBC 实现 MySQL 数据库与 SQL Server 之间的迁移。而将 MySQL 数据库迁移到 Oracle 数据库时，就需要使用 mysqldump 命令先导出 SQL 文件，再手动修改 SQL 文件中的 CREATE 语句。

MyODBC 是 MySQL 开发的 ODBC 连接驱动。通过它可以让各式各样的应用程序直接存取 MySQL 数据库，不但方便，而且也容易使用。

由于数据库厂商没有完全按照 SQL 标准来设计数据库，所以不同数据库使用的 SQL 语句的差异。例如，微软的 SQL Server 软件使用的是 T-SQL 语言。T-SQL 中包含了非标准的 SQL 语句。这就造成了 SQL Server 和 MySQL 的 SQL 语句不能兼容。另外，不同的数据库之间的数据类型也有差异。例如，SQL Server 数据库中有 ntext、Image 等数据类型，在 MySQL 中则没有。MySQL 支持的 ENUM 和 SET 类型，SQL Server 数据库也不支持。

10.4　表的导出和导入

MySQL 数据库中的表可以导出成文本文件、XML 文件或者 HTML 文件。相应的文本文件也可以导入 MySQL 数据库中。在数据库的日常维护中，经常需要进行表的导出和导入的操作。本节将为读者介绍导出和导入文本文件的方法。

10.4.1　用 SELECT…INTO OUTFILE 导出文本文件

MySQL 中，可以在命令行窗口（MySQL Commend Line Client）中使用 SELECT…INTO OUTFILE

语句将表的内容导出成一个文本文件。其基本语法形式如下：

SELECT[列名] FROM table[WHERE语句]
INTO OUTFILE '目标文件' [OPTION];

该语句分为两个部分。前半部分是一个普通的 SELECT 语句，通过这个 SELECT
语句来查询所需要的数据；后半部分是导出数据的。其中，"目标文件"参数指出将
查询的记录导出到哪个文件；"OPTION"参数有 6 个常用的选项。介绍如下。

用 SELECT…
INTO OUTFILE 导
出文本文件

❑ FIELDS TERMINATED BY '字符串'：设置字符串为字段的分隔符，默认
值是"\t"。

❑ FIELDS ENCLOSED BY '字符'：设置字符来括上字段的值。默认情况下不使用任何符号。
❑ FIELDS OPTIOINALLY ENCLOSED BY '字符'：设置字符来括上 CHAR、VARCHAR 和 TEXT
等字符型字段。默认情况下不使用任何符号。
❑ FIELDS ESCAPED BY '字符'：设置转义字符，默认值为"\"。
❑ LINES STARTING BY '字符串'：设置每行开头的字符，默认情况下无任何字符。
❑ LINES TERMINATED BY '字符串'：设置每行的结束符，默认值是"\n"。

在使用 SELECT…INTO OUTFILE 语句时，指定的目标路径只能是 MySQL 的 secure_file_priv 参
数所指定的位置，该位置可以在 MySQL 的命令行窗口中，通过以下语句获得：

SELECT @@secure_file_priv;

执行结果如图 10-8 所示。

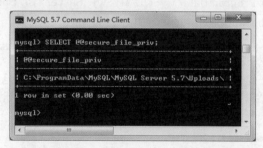

图 10-8　获取 secure_file_priv 参数所指定的位置

从图 10-6 中可以看出，获得的路径为 C:\ProgramData\MySQL\MySQL Server 5.7\Uploads\，在
使用时，需要把"\"修改为"/"，即 C:/ProgramData/MySQL/MySQL Server 5.7/Uploads/。如果不
将目标路径指定为该路径，那么将产生图 10-9 所示的错误。

图 10-9　出现没有对本地文件的修改权限的错误

【例 10-5】　应用 SELECT…INTO OUTFILE 语句实现导出图书馆管理系统的图书信息表的记
录。其中，字段之间用"、"隔开，字符型数据用双引号括起来。每条记录以">"开头。在 MySQL
的命令行窗口中输入以下命令：

```
USE db_librarybak
SELECT * FROM tb_bookinfo INTO OUTFILE 'C:/ProgramData/MySQL/MySQL Server 5.7/Uploads/bookinfo.txt'
FIELDS TERMINATED BY '、' OPTIONALLY ENCLOSED BY '\"'
```

LINES STARTING BY '\>' TERMINATED BY '\r\n';

"TERMINATED BY '\r\n'"表示可以保证每条记录占一行。因为 Windows 操作系统下"\r\n"才是回车换行。如果不加这个选项，默认情况只是"\n"。使用 root 用户登录到 MySQL 数据库中，然后执行上述命令。执行结果如图 10-10 所示。

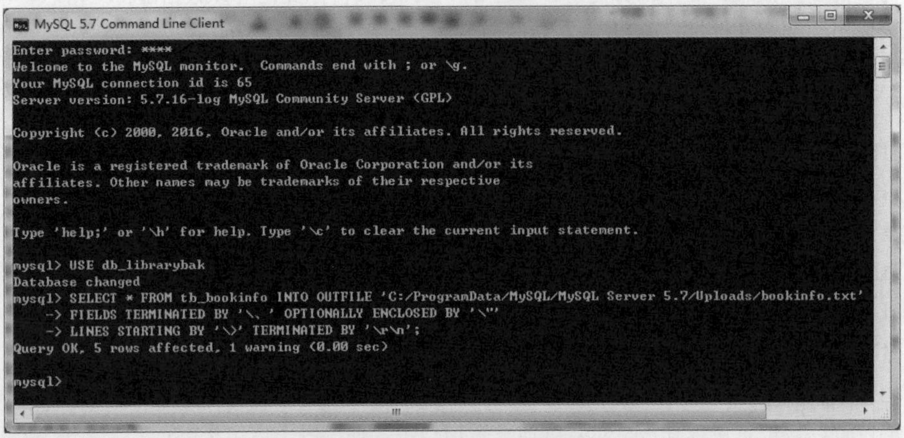

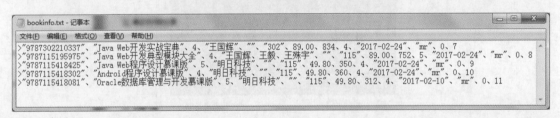

图 10-10　导出图书信息表

执行完后，可以在 C:/ProgramData/MySQL/MySQL Server 5.7/Uploads/目录下看到一个名为 bookinfo.txt 的文本文件。bookinfo.txt 中的内容如图 10-11 所示。

图 10-11　导出的文本文件 bookinfo

从图 10-11 中可以看出，这些记录都是以">"开头，每个字段之间以"、"隔开。而且，字符数据都加上了引号。

10.4.2　用 mysqldump 命令导出文本文件

mysqldump 命令可以备份数据库中的数据。但是，备份时是在备份文件中保存了 CREATE 语句和 INSERT 语句。不仅如此，mysqldump 命令还可以导出文本文件。其基本的语法形式如下：

用 mysqldump 命令导出文本文件

```
mysqldump –u root –pPassword –T "目标目录" dbname table [option];
```

其中，Password 参数表示 root 用户的密码，密码紧挨着-p 选项；目标目录参数是指导出的文本文件的路径；dbname 参数表示数据库的名称；table 参数表示表的名称；option 表示附件选项。这些选项介绍如下。

❑　--fields-terminated-by=字符串：设置字符串为字段的分隔符，默认值是"\t"。

❑　--fields-enclosed-by=字符：设置字符来括上字段的值。

❑　--fields-optionally-enclosed-by=字符：设置字符括上 CHAR、VARCHAR 和 TEXT 等字符型字段。

❑ --fields-escaped-by=字符：设置转义字符。

❑ --lines-terminated-by=字符串：设置每行的结束符。

这些选项必须用双引号括起来，否则，MySQL 数据库系统将不能识别这几个参数。

【例 10-6】　使用 mysqldump 命令导出图书馆管理系统的图书信息表 tb_bookinfo 的记录。其中，字段之间用"、"隔开，字符型数据用双引号括起来。命令如下：

```
mysqldump -u root -p --default-character-set=gbk -T "C:/ProgramData/MySQL/
MySQL Server 5.7/Uploads/" db_librarybak tb_bookinfo "--lines-terminated-by=\r\n" "--fields-terminated-
by=、" "--fields-optionally-enclosed-by=""
```

其中，root 用户的密码为 root，密码紧挨着-p 选项。--fields-terminated-by 等选项都用双引号括起来。执行结果如图 10-12 所示。

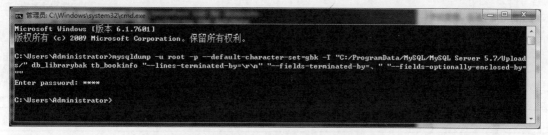

图 10-12　使用 mysqldump 命令导出记录

命令执行完后，可以在 D:\下看到一个名为 tb_bookinfo.txt 的文本文件和一个 tb_bookinfo.sql 文件。tb_bookinfo.txt 中的内容如图 10-13 所示。

图 10-13　用 mysqldump 命令导出的文本文件

从图 10-13 中可以看出，这些记录都是以"、"隔开。而且，字符数据都是加上了引号。其实，mysqldump 命令也是调用 SELECT…INTO OUTFILE 语句来导出文本文件的。除此之外，mysqldump 命令同时还生成了 bookinfo.sql 文件。这个文件中有表的结构和表中的记录。

导出数据时，一定要注意数据的格式。通常每个字段之间都必须用分隔符隔开，可以使用逗号（，）、空格或者制表符（〈Tab〉键）。每条记录占用一行，新记录要从下一行开始。字符串数据要使用双引号括起来。

mysqldump 命令还可以导出 xml 格式的文件，其基本语法如下：

```
mysqldump –u root –pPassword --xml|-X dbname table >D:\name.xml;
mysqldump –u root –p --xml|-X db_librarybak tb_bookinfo >D:\name.xml
```

其中，Password表示root用户的密码；使用--xml或者-X选项就可以导出xml格式的文件；dbname表示数据库的名称；table表示表的名称；D:\name.xml表示导出的xml文件的路径。

例如，将db_librarybak数据库中的tb_bookinfo表导出到XML文件中，可以使用下面的代码：

```
mysqldump –u root –p --xml db_librarybak tb_bookinfo >D:\name.xml
```

执行结果如图10-14所示。

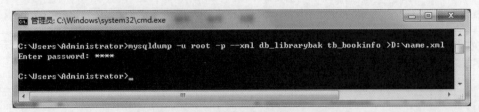

图 10-14　导出数据表到 XML 文件

10.4.3　用 mysql 命令导出文本文件

mysql 命令可以用来登录 MySQL 服务器，也可以用来还原备份文件。同时，mysql 命令也可以导出文本文件。其基本语法形式如下：

```
mysql –u root –pPassword –e"SELECT 语句" dbname >D:/name.txt
```

其中，Password 表示 root 用户的密码；使用-e 选项就可以执行 SQL 语句："SELECT 语句" 来查询记录；D:/name.txt 表示导出文件的路径。

用 mysql 命令导出文本文件

【例 10-7】 使用 mysql 命令导出图书馆管理系统的图书信息表 tb_bookinfo 的记录。命令如下：

```
mysql –u root –proot –e"SELECT * FROM tb_bookinfo" db_librarybak > D:/bookinfo2.txt
```

执行效果如图10-15所示。

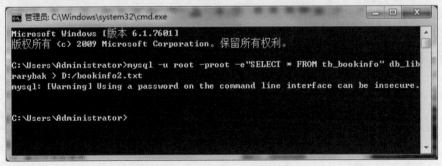

图 10-15　mysql 命令导出文本文件

在 DOS 命令窗口中执行上述命令，可以将 tb_bookinfo 表中的所有记录查询出来，然后写入到 bookinfo2.txt 文件中。bookinfo2.txt 中的内容如图10-16所示。

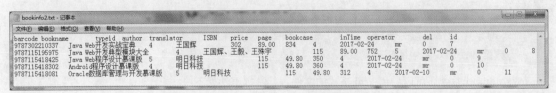

图 10-16　生成的文本文件的内容

mysql 命令还可以导出 XML 文件和 HTML 文件。mysql 命令导出 XML 文件的语法如下：

```
mysql −u root −pPassword −−xml|−X −e"SELECT  语句" dbname >D:/filename.xml
```

其中，Password 表示 root 用户的密码；使用−−xml 或者−X 选项就可以导出 xml 格式的文件；dbname 表示数据库的名称； D:/filename.xml 表示导出的 XML 文件的路径。

例如，下面的命令可以将 db_librarybak 数据库中的 tb_bookinfo 表的数据导出到名称为 book.xml 的 XML 文件中：

```
mysql −u root −proot −−xml   −e"SELECT * FROM tb_bookinfo " db_librarybak >D:/book.xml
```

mysql 命令导出 HTML 文件的语法如下：

```
mysql −u root −pPassword −−html|−H −e"SELECT  语句" dbname >D:/filename.html
```

其中，使用−−html 或者−H 选项就可以导出 HTML 格式的文件。

例如，下面的命令可以将 db_librarybak 数据库中的 tb_bookinfo 表的数据导出到名称为 book.html 的 HTML 文件中：

```
mysql −u root −proot −−html   −e"SELECT * FROM tb_bookinfo" db_librarybak >D:/book.html
```

小 结

本章对备份数据库、还原数据库、数据库迁移、导出表和导入表等知识进行了详细讲解，备份数据库和还原数据库是本章的重点内容。在实际应用中，通常使用 mysqldump 命令备份数据库，使用 mysql 命令还原数据库。数据库迁移、导出表和导入表是本章的难点。数据迁移需要考虑数据库的兼容性问题，最好是在相同版本的 MySQL 数据库之间迁移。导出表和导入表的方法比较多，希望读者能够多练习这些方法的使用。

上机指导

备份并还原 db_shop 数据库。具体要求是：先备份 db_shop 数据库，然后再删除 db_shop 数据库，再创建一个空的名称为 db_shop 的数据库，最后使用 mysql 命令还原已经备份的 db_shop 数据库。在实现本实例时，需要在 DOS 窗口和 MySQL 的命令行窗口中分别进行，其中，DOS 窗口中的执行结果如图 10-17 所示；在 MySQL 的命令行窗口中的执行结果如图 10-18 所示。

上机指导

图 10-17　DOS 窗口中的执行结果

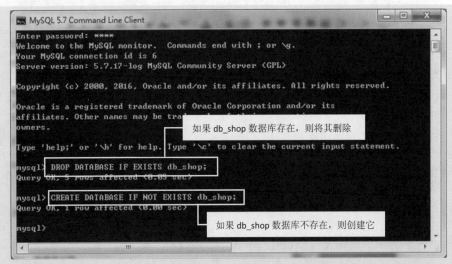

图 10-18　MySQL 的命令行窗口中的执行结果

具体实现步骤如下。

（1）选择"开始"/"运行"命令，在弹出的"运行"窗口中输入"cmd"命令，按〈Enter〉键后进入 DOS 窗口，在命令提示符下输入以下代码，备份 db_shop 数据库：

```
mysqldump –u root –proot –R db_shop >D:\db_shop.sql
```

默认情况下，mysqldump 命令不会导出数据库中的存储过程和存储函数，如果数据库中创建了存储过程，并且备份时需要备份存储过程，那么可以使用参数–R 来指定。

执行上面的代码后，在 D 盘的根目录下将自动创建一个名称为 db_shop.sql 的文件，如图 10-19 所示。

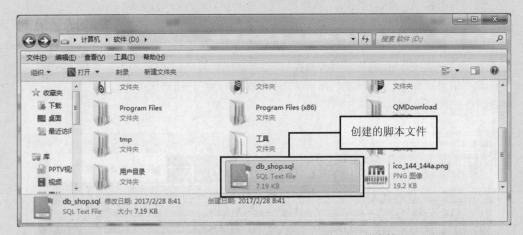

图 10-19　在 D 盘根目录下创建的 db_shop.sql 的文件

（2）在 MySQL 的命令行窗口的 MySQL 命令提示符下输入以下代码，删除已经存在的db_shop 数据库：

```
DROP DATABASE IF EXISTS db_shop;
```

（3）在 MySQL 的命令行窗口的 MySQL 命令提示符下输入以下代码，创建要还原的数据库（这里为 db_shop ）：

CREATE DATABASE IF NOT EXISTS db_shop;

（4）选择"开始"/"运行"命令，在弹出的"运行"窗口中输入"cmd"命令，按〈Enter〉键后进入 DOS 窗口，在命令提示符下输入以下代码，用于应用 mysql 命令还原数据库 db_shop：

mysql –u root –proot db_shop <D:\db_shop.sql

习 题

10-1 如何备份所有数据库？

10-2 如何备份多个数据库？

10-3 如何应用 mysql 命令还原数据表？

10-4 如何应用 mysql 命令将数据表内容导出到文本文件？

PART11

第11章

MySQL性能优化

本章要点：

掌握使用索引优化查询的方法 ■

掌握在MySQL中分析查询效率的
方法 ■

掌握在MySQL中应用高速缓存提
高查询性能的方法 ■

掌握在多表查询中提高查询性能的
方法 ■

掌握在MySQL中使用临时表提高优化
查询效率的方法 ■

掌握通过控制数据表的设计和处理，
实现优化查询性能的方法 ■

■ 性能优化是指通过某些有效的方法提高 MySQL 数据库的性能。性能优化的目的是为了使 MySQL 数据库运行速度更快、占用的磁盘空间更小。性能优化包括很多方面，例如优化查询速度、优化更新速度和优化 MySQL 服务器等。本章将介绍性能优化的目的，优化查询、优化数据库结构和优化 MySQL 服务器的方法，以提高我们的 MySQL 数据库的速度。

11.1　优化概述

优化 MySQL 数据库是数据库管理员的必备技能，通过不同的优化方式达到提高 MySQL 数据库性能的目的。本节将为读者介绍优化的基本知识。

MySQL 数据库的用户和数据非常少的时候，很难判断一个 MySQL 数据库的性能的好坏。只有当长时间运行，并且有大量用户进行频繁操作时，MySQL 数据库的性能才能体现出来。例如，一个每天有几万用户同时在线的大型网站的数据库性能的优劣就会很明显。这么多用户同时连接 MySQL 数据库，并且进行查询、插入和更新的操作，如果 MySQL 数据库的性能很差，很可能无法承受如此多用户的同时操作。试想如果用户查询一条记录需要花费很长时间，那么用户很难会喜欢这个网站。

因此，为了提高 MySQL 数据库的性能，需要进行一系列的优化措施。如果 MySQL 数据库需要进行大量的查询操作，那么就需要对查询语句进行优化。对于耗费时间的查询语句进行优化，可以提高整体的查询速度。如果连接 MySQL 数据库的用户很多，那么就需要对 MySQL 服务器进行优化，否则，大量的用户同时连接 MySQL 数据库，可能会造成数据库系统崩溃。

11.1.1　分析 MySQL 数据库的性能

数据库管理员可以使用 SHOW STATUS 语句查询 MySQL 数据库的性能。语法形式如下：

```
SHOW STATUS LIKE 'value';
```

其中，value 参数时常用的几个统计参数如下。

- ❑ Connections：连接 MySQL 服务器的次数。
- ❑ Uptime：MySQL 服务器的上线时间。
- ❑ Slow_queries：慢查询的次数。
- ❑ Com_select：查询操作的次数。
- ❑ Com_insert：插入操作的次数。
- ❑ Com_delete：删除操作的次数。

　　MySQL 中存在查询 InnoDB 类型的表的一些参数。例如，Innodb_rows_read 参数表示 SELECT 语句查询的记录数；Innodb_rows_inserted 参数表示 INSERT 语句插入的记录数；Innodb_rows_updated 参数表示 UPDATE 语句更新的记录数；Innodb_rows_deleted 参数表示 DELETE 语句删除的记录数。

如果需要查询 MySQL 服务器的连接次数，可以执行下面的 SHOW STATUS 语句：

```
SHOW STATUS LIKE 'Connections';
```

通过这些参数可以分析 MySQL 数据库性能，然后根据分析结果进行相应的性能优化。

11.1.2　通过 profile 工具分析语句消耗性能

在 MySQL 的命令行窗口中输入查询语句后，在查询结果下方会自动显示查询所用时间，但是这个时间是以秒为单位，如果数据量少，机器配置又不低时，很难看出速度上的差异。这时可以通过 MySQL 提供的 profile 工具实现语句消耗性能的分析。

在 MySQL 5.7 安装后，默认情况下未开启 profile 工具。MySQL 主要是通过 profiling 参数标记 profile 工具是否开启的。因此，可以通过下面的命令查看 profile 工具是否开启：

SHOW VARIABLES LIKE '%pro%';

执行结果如图 11-1 所示。

图 11-1　查看 profile 是否开启

从图中可以看出 profiling 的值为 OFF，则表示 profile 未开启。如果想要开启，可以将 profiling 设置为 1，代码如下：

SET profiling=1;

执行上面的语句后，再次执行 "SHOW VARIABLES LIKE '%pro%';" 语句，将显示 profiling 的值为 ON，表示 profile 已经开启。profile 开启后，就可以通过该工具获取相应 SQL 语句的执行时间。

> **说明**
> 在默认的情况下，通过上面介绍的方法开启 profile 后，只对当前启动的命令行窗口有效，关闭该窗口后，profiling 的值恢复为 OFF。

例如，想要获取查询 tb_student 数据表中的全部数据所需要的执行时间，可以先执行以下查询语句：

SELECT * FROM tb_student;

然后再应用下面的语法查看 SQL 语句的执行时间：

SHOW profiles;

执行结果如图 11-2 所示。

图 11-2　查看 SQL 语句的执行时间

11.2　优化查询

查询是对数据库最频繁的操作。提高了查询速度可以有效地提高 MySQL 数据库的性能。本节将为读者介绍优化查询的方法。

11.2.1 分析查询语句

在 MySQL 中，可以使用 EXPLAIN 语句和 DESCRIBE 语句来分析查询语句。
应用 EXPLAIN 关键字分析查询语句，其语法结构如下：

分析查询语句

```
EXPLAIN  SELECT语句;
```

"SELECT 语句"参数为一般数据库查询命令，如"SELECT * FROM students"。

【例 11-1】 下面使用 EXPLAIN 语句分析一个查询语句，其代码如下：

```
EXPLAIN  SELECT *  FROM tb_bookinfo;
```

其运行结果如图 11-3 所示。

图 11-3 应用 EXPLAIN 分析查询语句

其中各字段所代表的意义如下所示。

- ❑ id 列：指出在整个查询中 SELECT 的位置。
- ❑ table 列：存放所查询的表名。
- ❑ type 列：连接类型，该列中存储着很多值，范围从 const 到 ALL。
- ❑ possible_keys 列：指出为了提高查找速度，在 MySQL 中可以使用的索引。
- ❑ key 列：指出实际使用的键。
- ❑ rows 列：指出 MySQL 需要在相应表中返回查询结果所检验的行数，为了得到该总行数，MySQL 必须扫描处理整个查询，再乘以每个表的行值。
- ❑ Extra 列：包含一些其他信息，设计 MySQL 如何处理查询。

在 MySQL 中，也可以应用 DESCRIBE 语句来分析查询语句。DESCRIBE 语句的使用方法与 EXPLAIN 语法是相同的，这两者的分析结果也大体相同。其中 DESCRIBE 的语法结构如下：

```
DESCRIBE SELECT 语句;
```

在命令提示符下输入如下命令：

```
DESCRIBE SELECT * FROM tb_bookinfo;
```

其运行结果如图 11-4 所示。

```
mysql> DESCRIBE SELECT * FROM tb_bookinfo;
+----+-------------+------------+------------+------+---------------+------+---------+------+------+----------+-------+
| id | select_type | table      | partitions | type | possible_keys | key  | key_len | ref  | rows | filtered | Extra |
+----+-------------+------------+------------+------+---------------+------+---------+------+------+----------+-------+
|  1 | SIMPLE      | tb_bookinfo| NULL       | ALL  | NULL          | NULL | NULL    | NULL |    5 |   100.00 | NULL  |
+----+-------------+------------+------------+------+---------------+------+---------+------+------+----------+-------+
1 row in set, 1 warning (0.00 sec)

mysql>
```

图 11-4 应用 DESCRIBE 分析查询语句

将图 11-4 与图 11-3 对比，我们可以清楚地看出，其运行结果基本相同。分析查询也可以应用 DESCRIBE 关键字。

> 说明
>
> "DESCRIBE" 可以缩写成 "DESC"。

11.2.2 索引对查询速度的影响

索引对查询速度的
影响

在查询过程中使用索引，势必会提高数据库查询效率，应用索引来查询数据库中的内容，可以减少查询的记录数，从而达到优化查询的目的。

下面将通过对使用索引和不使用索引进行对比，来分析查询的优化情况。

【例 11-2】 举例分析索引对查询速度的影响。

首先，分析未使用索引时的查询情况，其代码如下：

```
EXPLAIN SELECT * FROM tb_bookinfo WHERE bookname= 'Android程序设计慕课版';
```

其运行结果如图 11-5 所示。

```
mysql> EXPLAIN SELECT * FROM tb_bookinfo WHERE bookname= 'Android程序设计慕课版';
+----+-------------+-------------+------------+------+---------------+------+---------+------+------+----------+-------+
| id | select_type | table       | partitions | type | possible_keys | key  | key_len | ref  | rows | filtered | Extra |
+----+-------------+-------------+------------+------+---------------+------+---------+------+------+----------+-------+
|  1 | SIMPLE      | tb_bookinfo | NULL       | ALL  | NULL          | NULL | NULL    | NULL |    5 |    20.00 | Using where |
1 row in set, 1 warning (0.00 sec)

mysql>
```

查询 5 条记录

图 11-5 未使用索引的查询情况

上述结果表明，表格字段 rows 下为 5，这意味着在执行查询过程中，数据库存在的 5 条数据都被查询了一遍，这样在数据存储量小的时候，查询不会有太大影响，试想当数据库中存储了庞大的数据资料时，用户为了搜索一条数据而遍历整个数据库中的所有记录，这将会耗费很多时间。

现在，在 bookname 字段上建立一个名为 index_name 的索引。创建索引的代码如下：

```
CREATE INDEX index_name ON tb_bookinfo(bookname);
```

上述代码的作用是在 studentinfo 表的 name 字段添加索引。执行结果如图 11-6 所示。

```
mysql> CREATE INDEX index_name ON tb_bookinfo(bookname);
Query OK, 5 rows affected (0.02 sec)
Records: 5  Duplicates: 0  Warnings: 0

mysql>
```

图 11-6 创建索引

在建立索引完毕后，然后再应用 EXPLAIN 关键字分析执行情况，其代码如下：

```
EXPLAIN SELECT * FROM tb_bookinfo WHERE bookname= 'Android程序设计慕课版';
```

其运行结果如图 11-7 所示。

图 11-7　使用索引后的查询情况

从上述结果可以看出，由于创建了索引，使访问的行数由 5 行减少到 1 行。所以，在查询操作中，使用索引不但会自动优化查询效率，同时也会降低服务器的开销。

11.2.3　使用索引查询

在 MySQL 中，索引可以提高查询的速度，但并不能充分发挥其作用，所以在应用索引查询时，也可以通过关键字或其他方式来对查询进行优化处理。

使用索引查询

1．应用 LIKE 关键字优化索引查询

下面通过具体的实例演示如何应用 LIKE 关键字优化索引查询。

【例 11-3】　举例分析应用 LIKE 关键字优化索引查询。

首先，应用 LIKE 关键字，并且匹配字符串中含有百分号 "%" 符号，应用 EXPLAIN 语句执行如下命令：

```
EXPLAIN SELECT * FROM tb_bookinfo WHERE bookname LIKE '%Java Web';
```

其运行结果如图 11-8 所示。

图 11-8　应用 LIKE 关键字优化索引查询

从图 11-8 中可能看出，其 rows 参数仍为 "5"，并没有起到优化作用，这是因为如果匹配字符串中，第一个字符为百分号 "%" 时，索引不会被使用，如果 "%" 所在匹配字符串中的位置不是第一位置，则索引会被正常使用，在命令提示符中输入如下命令：

```
EXPLAIN SELECT * FROM tb_bookinfo WHERE bookname LIKE 'Java Web%';
```

运行结果如图 11-9 所示。

2．查询语句中使用多列索引

多列索引是指在表的多个字段上创建一个索引。只有查询条件中使用了这些字段中的第一个字段时，索引才会被正常使用。

图 11-9　正常应用索引的 LIKE 子句运行结果

例如，应用多列索引在表 tb_bookinfo 的多个字段（bookname 和 price 字段）中创建一个索引，其命令如下：

CREATE INDEX index_book_info ON tb_bookinfo(bookname,price);

 说明 在应用 price 字段时，索引不能被正常使用。这就意味着索引并未在 MySQL 优化中起到任何作用，故必须使用第一字段 bookname 时，索引才可以被正常使用，有兴趣的读者可以实际动手操作一下，这里不再赘述。

3. 查询语句中使用 OR 关键字

在 MySQL 中，查询语句只有包含 OR 关键字时，要求查询的两个字段必须同为索引，如果所搜索的条件中，有一个字段不为索引，则在查询中不会应用索引进行查询。其中，应用 OR 关键字查询索引的命令如下：

SELECT * FROM tb_bookinfo WHERE bookname='Android程序设计慕课版' OR price=89;

【例 11-4】　通过 EXPLAIN 来分析使用 OR 关键字的查询命令。

在 bookname 字段上建立一个名为 index_price 的索引。创建索引的代码如下：

CREATE INDEX index_price ON tb_bookinfo(price);

使用 EXPLAIN 来分析使用 OR 关键字的查询，命令如下：

EXPLAIN SELECT * FROM tb_bookinfo WHERE bookname='Android程序设计慕课版' OR price=89;

其运行结果如图 11-10 所示。

```
mysql> EXPLAIN SELECT * FROM tb_bookinfo WHERE bookname=' Android程序设计慕课版' OR price=89;
+----+-------------+-------------+------------+-------------+------------------------+------------------------+--------+
| id | select_type | table       | partitions | type        | possible_keys          | key                    | key_len|
| ref| rows | filtered | Extra      |             |                        |                        |        |
+----+-------------+-------------+------------+-------------+------------------------+------------------------+--------+
|  1 | SIMPLE      | tb_bookinfo | NULL       | index_merge | index_name,index_price | index_name,index_price | 213,5  |
| NULL| 3 | 100.00 | Using union(index_name,index_price); Using where |
+----+-------------+-------------+------------+-------------+------------------------+------------------------+--------+
1 row in set
mysql>
```
查询 3 条记录，因为符合第一个条件的有一条记录，符合第二个条件的有两条记录

图 11-10　应用 OR 关键字

从图 11-8 中可以看出，由于两个字段均为索引，故查询被优化。如果在子查询中存在没有被设置成索引的字段，则将该字段作为子查询条件时，查询速度不会被优化。

11.3　优化数据库结构

数据库结构是否合理，需要考虑是否存在冗余、对表的查询和更新的速度、表中字段的数据类型是

否合理等多方面的内容。本节将为读者介绍优化数据库结构的方法。

11.3.1 将字段很多的表分解成多个表

将字段很多的表分
解成多个表

有些表在设计时设置了很多的字段，而这个表中有些字段的使用频率很低，当这个表的数据量很大时，查询数据的速度就会很慢。本小节将为读者介绍优化这种表的方法。

对于这种字段特别多且有些字段的使用频率很低的表，可以将其分解成多个表。

【例 11-5】 在学生表 tb_student 中有很多字段，其中 extra 字段中存储着学生的备注信息。有些备注信息的内容特别多，但是，备注信息很少使用。这样就可以分解出另外一个表（同时将 tb_student 表中的 extra 字段删除），将这个分解出来的表取名为 tb_student_extra。表中存储着两个字段，分别为 id 和 extra。其中，id 字段为学生的学号，extra 字段存储备注信息。tb_student_extra 表的结构如图 11-11 所示。

```
mysql> DESC tb_student_extra;
+--------+--------------+------+-----+---------+-------+
| Field  | Type         | Null | Key | Default | Extra |
+--------+--------------+------+-----+---------+-------+
| id     | int(11)      | NO   | PRI | NULL    |       |
| extra  | varchar(500) | YES  |     | NULL    |       |
+--------+--------------+------+-----+---------+-------+
2 rows in set (0.00 sec)

mysql>
```

图 11-11 tb_student_extra 表的结构

如果需要查询某个学生的备注信息，可以用学号（id）来查询。如果需要将学生的学籍信息与备注信息同时显示时，可以将 tb_student 表和 tb_student_extra 表进行联表查询，查询语句如下：

SELECT * FROM tb_student,tb_student_extra WHERE tb_student.id=tb_student_extra.id;

通过这种分解，可以提高 tb_student 表的查询效率。因此，遇到这种字段很多，而且有些字段使用不频繁的表时，可以通过这种分解的方式来优化数据库的性能。

11.3.2 增加中间表

增加中间表

有时需要经常查询某两个表中的几个字段。如果经常进行联表查询，会降低 MySQL 数据库的查询速度。对于这种情况，可以建立中间表来提高查询速度。下面将为读者介绍增加中间表的方法。

先分析经常需要同时查询哪几个表中的哪些字段，然后将这些字段建立一个中间表，并将原来那几个表的数据插入到中间表中，之后就可以使用中间表来进行查询和统计。

【例 11-6】 创建包含学生常用信息的中间表。

有两张数据表，即学生表 tb_student 和班级表 tb_classes，它们的表结构如图 11-12 所示。

实际应用中，经常要查学生的学号、姓名和班级。根据这种情况，可以创建一个 temp_student 表。temp_student 表中存储 3 个字段，分别是 id、name 和 classname。CREATE 语句执行如下：

```
CREATE TABLE temp_student(id INT NOT NULL,
name VARCHAR(45) NOT NULL,
classname varchar(45));
```

然后从 tb_student 表和 tb_classes 表中将记录导入到 temp_student 表中。INSERT 语句如下：

```
INSERT INTO temp_student SELECT s.id,s.name,c.name
FROM tb_student s,tb_classes c WHERE s.classid=c.id;
```

```
mysql> DESC tb_student;
+---------+-------------+------+-----+---------+----------------+
| Field   | Type        | Null | Key | Default | Extra          |
+---------+-------------+------+-----+---------+----------------+
| id      | int(11)     | NO   | PRI | NULL    | auto_increment |
| name    | varchar(45) | YES  |     | NULL    |                |
| sex     | char(2)     | YES  |     | NULL    |                |
| classid | int(11)     | YES  |     | NULL    |                |
| score   | float(7,2)  | YES  |     | NULL    |                |
+---------+-------------+------+-----+---------+----------------+
5 rows in set (0.00 sec)

mysql> DESC tb_classes;
+-------+-------------+------+-----+---------+-------+
| Field | Type        | Null | Key | Default | Extra |
+-------+-------------+------+-----+---------+-------+
| id    | int(11)     | NO   | PRI | NULL    |       |
| name  | varchar(45) | YES  |     | NULL    |       |
+-------+-------------+------+-----+---------+-------+
2 rows in set (0.00 sec)

mysql>
```

图 11-12　学生表 tb_student 和班级表 tb_classes 的表结构

将这些数据插入到 temp_student 表中以后，可以直接从 temp_student 表中查询学生的学号、姓名和班级名称，如图 11-13 所示。这样就省去了每次查询时进行表连接，可以提高数据库的查询速度。

```
mysql> SELECT * FROM temp_student;
+----+------+-----------+
| id | name | classname |
+----+------+-----------+
|  1 | 琦琦 | 一年三班  |
|  2 | 宁宁 | 一年三班  |
|  3 | 浩浩 | 一年一班  |
|  4 | 涵涵 | 一年二班  |
|  5 | 远远 | 一年四班  |
|  6 | 聪聪 | 一年六班  |
+----+------+-----------+
6 rows in set (0.00 sec)
```

图 11-13　通过中间表查询学生及班级信息

11.3.3　优化插入记录的速度

优化插入记录的
速度

插入记录时，索引、唯一性校验都会影响到插入记录的速度。而且，一次插入多条记录和多次插入记录所耗费的时间是不一样的。根据这些情况，分别进行不同的优化。本小节将为读者介绍优化插入记录的速度的方法。

1. 禁用索引

插入记录时，MySQL 会根据表的索引对插入的记录进行排序。如果插入大量数据时，这些排序会降低插入记录的速度。为了解决这种情况，可以在插入记录之前先禁用索引，等到记录都插入完毕后再开启索引。禁用索引的语句如下：

```
ALTER TABLE 表名 DISABLE KEYS;
```

重新开启索引的语句如下：

```
ALTER TABLE 表名 ENABLE KEYS;
```

对于新创建的表，可以先不创建索引，等到记录都导入以后再创建索引。这样可以提高导入数据的速度。

2. 禁用唯一性检查

插入数据时，MySQL 会对插入的记录进行校验。这种校验也会降低插入记录的速度。可以在插入记录之前禁用唯一性检查，等到记录插入完毕后再开启。禁用唯一性检查的语句如下：

```
SET UNIQUE_CHECKS=0;
```

重新开启唯一性检查的语句如下：

```
SET UNIQUE_CHECKS=1;
```

3. 优化 INSERT 语句

插入多条记录时，可以采取两种写 INSERT 语句的方式。第一种是一个 INSERT 语句插入多条记录。INSERT 语句的情形如下：

```
INSERT INTO tb_food VALUES
(NULL,'果冻','CC果冻厂',1.8,'2011','北京'),
(NULL,'咖啡','CF咖啡厂',25,'2012','天津'),
(NULL,'奶糖','旺仔奶糖',15,'2013','广东');
```

第二种是一个 INSERT 语句只插入一条记录，执行多个 INSERT 语句来插入多条记录。INSERT 语句的情形如下：

```
INSERT INTO tb_food VALUES(NULL,'果冻','CC果冻厂',1.8,'2011','北京');
INSERT INTO tb_food VALUES(NULL,'咖啡','CF咖啡厂',25,'2012','天津');
INSERT INTO tb_food VALUES(NULL,'奶糖','旺仔奶糖',15,'2013','广东');
```

第一种方式减少了与数据库之间的连接等操作，其速度比第二种方式要快。

 说明　当插入大量数据时，建议使用一个 INSERT 语句插入多条记录的方式。而且，如果能用 LOAD DATA INFILE 语句就尽量用 LOAD DATA INFILE 语句。因为 LOAD DATA INFILE 语句导入数据的速度比 INSERT 语句的速度快。

11.3.4　分析表、检查表和优化表

分析表的主要作用是分析关键字的分布。检查表的主要作用是检查表是否存在错误。优化表的主要作用是消除删除或者更新造成的空间浪费。本小节将为读者介绍分析表、检查表和优化表的方法。

分析表、检查表和优
化表

1. 分析表

MySQL 中使用 ANALYZE TABLE 语句来分析表，该语句的基本语法如下：

```
ANALYZE TABLE  表名1[,表名2…];
```

使用 ANALYZE TABLE 分析表的过程中，数据库系统会对表加一个只读锁。在分析期间，只能读取表中的记录，不能更新和插入记录。ANALYZE TABLE 语句能够分析 InnoDB 和 MyISAM 类型的表。

【例 11-7】　使用 ANALYZE TABLE 语句分析 score 表，具体代码如下：

```
ANALYZE TABLE tb_classes;
```

分析结果如图 11-14 所示。

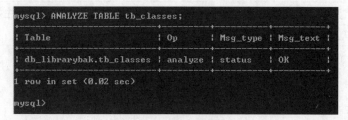

图 11-14　分析表

上面结果显示了 4 列信息，详细介绍如下：

- ❏ Table：表示表的名称。
- ❏ Op：表示执行的操作。analyze 表示进行分析操作；check 表示进行检查查找；optimize 表示进行优化操作。
- ❏ Msg_type：表示信息类型，其显示的值通常是状态、警告、错误或信息中的一个。
- ❏ Msg_text：显示信息。

检查表和优化表之后也会出现这 4 列信息。

2. 检查表

MySQL 中使用 CHECK TABLE 语句来检查表。CHECK TABLE 语句能够检查 InnoDB 和 MyISAM 类型的表是否存在错误。而且，该语句还可以检查视图是否存在错误。该语句的基本语法如下：

```
CHECK TABLE  表名1[,表名2…][option];
```

其中，option 参数有 5 个参数，分别是 QUICK、FAST、CHANGED、MEDIUM 和 EXTENDED。这 5 个参数的执行效率依次降低。option 选项只对 MyISAM 类型的表有效，对 InnoDB 类型的表无效。CHECK TABLE 语句在执行过程中也会给表加上只读锁。

3. 优化表

MySQL 中使用 OPTIMIZE TABLE 语句来优化表。该语句对 InnoDB 和 MyISAM 类型的表都有效。但是，OPTILMIZE TABLE 语句只能优化表中的 VARCHAR、BLOB 或 TEXT 类型的字段。OPTILMIZE TABLE 语句的基本语法如下：

```
OPTIMIZE TABLE  表名1[,表名2…];
```

通过 OPTIMIZE TABLE 语句可以消除删除和更新造成的磁盘碎片，从而减少空间的浪费。OPTIMIZE TABLE 语句在执行过程中也会给表加上只读锁。

> 如果一个表使用了 TEXT 或者 BLOB 这样的数据类型，那么更新、删除等操作就会造成磁盘空间的浪费。因为，更新和删除操作后，以前分配的磁盘空间不会自动收回。使用 OPTIMIZE TABLE 语句就可以将这些磁盘碎片整理出来，以便以后再利用。

11.4　优化多表查询

优化多表查询

在 MySQL 中，用户可以通过连接来实现多表查询，在查询过程中，用户将表中的一个或多个共同字段进行连接，定义查询条件，返回统一的查询结果。这通常用来建立 RDBMS 常规表之间的关系。在多表查询中，可以应用子查询来优化多表查询，即在 SELECT 语句中嵌套其他 SELECT 语句。采用子查询优化多表查询的好处有很多，其一是可以将分步查询的结果整合成一个查询，这样就不需要在执行多个单独查询，从而提高了多表查询的效率。

下面通过一个实例来说明如何优化多表查询。

【例 11-8】　演示优化多表查询。要求优化查询属于"一年三班"的全部学生姓名的查询语句。要求学生姓名在 tb_student 表中，班级名称在 tb_classes 表中。

首先应用 MySQL 的连接查询所需数据，对应的 SQL 语句如下：

```
SELECT s.name FROM tb_student2 s,tb_classes c WHERE s.classid=c.id AND c.name='一年三班';
```

其运行结果如图 11-15 所示。

然后应用子查询实现查询所需数据，对应的 SQL 语句如下：

```
SELECT name FROM tb_student2 WHERE classid=(SELECT id FROM tb_classes c WHERE name='一年三班');
```

```
mysql> SELECT s.name FROM tb_student2 s,tb_classes c WHERE s.classid=c.id AND c.name='一年三班';
+------+
| name |
+------+
| 琦琦 |
| 宁宁 |
+------+
2 rows in set (0.00 sec)
```

图 11-15　应用连接查询

其执行结果如图 11-16 所示。

```
mysql> SELECT name FROM tb_student2 WHERE classid=(SELECT id FROM tb_classes c WHERE name='一年三班');
+------+
| name |
+------+
| 琦琦 |
| 宁宁 |
+------+
2 rows in set (0.00 sec)
```

图 11-16　应用子查询

从图 11-15 和图 11-16 中看不出哪条语句用时更少，所以需要应用 11.1.2 节介绍的 profile 工具获取各语句的执行时间：

```
SHOW profiles;
```

执行结果如图 11-17 所示。

```
mysql> SHOW profiles;
+----------+------------+
| Query_ID | Duration   |                        连接查询的执行时间
+----------+------------+
|        1 | 0.00228450 | SELECT * FROM tb_student
|        2 | 0.00547275 | SELECT s.name FROM tb_student2 s,tb_classes c WHERE s.classid=c.id AND c.name='一年三班'
|        3 | 0.00082475 | SELECT name FROM tb_student2 WHERE classid=(SELECT id FROM tb_classes c WHERE name='一年三班'
+----------+------------+
3 rows in set, 1 warni...            子查询的执行时间
mysql>
```

图 11-17　获取各语句的执行时间

从图 11-17 中可以看出，执行子查询的时间比执行连接查询的时间要少很多。

11.5　优化表设计

优化表设计

在 MySQL 数据库中，为了优化查询，使查询能够更加精炼、高效，在用户设计数据表的同时，也应该考虑下面一些因素。

首先，在设计数据表时应优先考虑使用特定字段长度，后考虑使用变长字段。如在用户创建数据表时，考虑创建某个字段类型为 varchar 而设置其字段长度为 255，但是在实际应用时，该用户所存储的数据根本达不到该字段所设置的最大长度。如设置用户性别的字段，往往可以用"M"表示男性，"F"表

示女性，如果给该字段设置长度为 varchar(50)，则该字段占用了过多列宽，这样不仅浪费资源，也会降低数据表的查询效率。适当调整列宽不仅可以减少磁盘空间，同时也可以使数据在进行处理时产生的 I/O 过程减少。将字段长度设置成其可能应用的最大范围可以充分地优化查询效率。

改善性能的另一项技术是使用 OPTIMIZE TABLE 命令处理用户经常操作的表，频繁地操作数据库中的特定表会导致磁盘碎片的增加，这样会降低 MySQL 的效率，故可以应用该命令处理经常操作的数据表，以便于优化访问查询效率。

在考虑改善表性能的同时，要检查用户已经建立的数据表，确认这些表是否有可能整合为一个表中，如没有必要整合，在查询过程中，用户可以使用连接，如果连接的列采用相同的数据类型和长度，同样可以达到查询优化的作用。

数据库表的类型 InnoDB 或 BDB 表处理行存储与 MyISAM 或 ISAM 表的情况不同，在 InnoDB 或 BDB 类型表中使用定长列并不能提高其性能。

小 结

本章对数据库优化的含义和查看数据性能参数的方法进行了详细讲解，然后，介绍了优化查询的方法、优化数据库结构的方法和优化 MySQL 服务器的方法。优化查询的方法和优化数据库结构是本章的重点内容，优化查询部分主要介绍了索引对查询速度的影响；优化数据库结构部分主要介绍了如何对表进行优化。本章的难点是优化 MySQL 服务器，因为这部分涉及很多 MySQL 配置文件和配置文件中的参数。

上机指导

本实例将使用 SHOW STATUS 语句实现查看 MySQL 服务器的连接和查询次数。查看 MySQL 服务器的连接和查询次数的语句执行效果如图 11-18 所示。

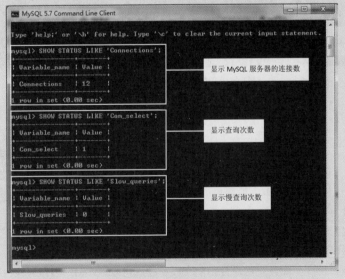

上机指导

图 11-18　查看 MySQL 服务器的连接和查询次数

具体实现步骤如下。

（1）在使用 SHOW STATUS 语句时，可以通过指定统计参数为 Connections，显示 MySQL 服务器的连接数，具体代码如下：

```
SHOW STATUS LIKE 'Connections';
```

（2）使用 SHOW STATUS 语句时，可以通过指定统计参数为 Com_select，显示查询次数，具体代码如下：

```
SHOW STATUS LIKE 'Com_select';
```

（3）使用 SHOW STATUS 语句时，可以通过指定统计参数为 Slow_queries，显示慢查询次数，具体代码如下：

```
SHOW STATUS LIKE 'Slow_queries';
```

习　题

11-1　如何通过 profile 工具分析语句的消耗性能？

11-2　分析查询语句的两种方法是什么？

11-3　在表的多个字段中创建一个索引的 SQL 语句是什么？

11-4　禁用和重新开启索引的语句是什么？

11-5　使用 ANALYZE TABLE 语句分析表时出现的 4 列详细信息分别是什么？

PART12

第12章

事务与锁机制

本章要点：

了解事务的概念和特征 ■
掌握提交和回滚事务的方法 ■
掌握锁机制的基本知识 ■
掌握为MyISAM表设置表级锁的方法 ■
掌握为InnoDB表设置行级锁的方法 ■
了解死锁的概念与避免方法 ■
了解事务的隔离级别 ■

■ 软件开发中，事务与并发一直是个令开发者很头疼的问题，在 MySQL 中同样也存在该问题。因此，为了保证数据的一致性和完整性，我们有必要掌握 MySQL 中的事务机制、锁机制，以及事务的并发问题等内容。下面将进行详细讲解。

12.1 事务机制

12.1.1 事务的概念

所谓事务，是指一组相互依赖的操作单元的集合，用来保证对数据库的正确修改，保持数据的完整性，如果一个事务的某个单元操作失败，将取消本次事务的全部操作。例如，银行交易、股票交易和网上购物等，都需要利用事务来控制数据的完整性，比如将 A 账户的资金转入 B 账户，在 A 中扣除成功，在 B 中添加失败，导致数据失去平衡，事务将回滚到原始状态，即 A 中没少，B 中没多。数据库事务必须具备以下特征，简称 ACID。

事务的概念

❑ 原子性（Atomicity）：每个事务是一个不可分割的整体，只有所有的操作单元执行成功，整个事务才成功；否则此次事务就失败，所有执行成功的操作单元必须撤销，数据库回到此次事务之前的状态。

❑ 一致性（Consistency）：在执行一次事务后，关系数据的完整性和业务逻辑的一致性不能被破坏。例如 A 与 B 转账结束后，他们的资金总额是不能改变的。

❑ 隔离性（Isolation）：在并发环境中，一个事务所做的修改必须与其他事务所做的修改相隔离。例如一个事务查看的数据必须是其他并发事务修改之前或修改完毕的数据，不能是修改中的数据。

❑ 持久性（Durability）：事务结束后，对数据的修改是永久保存的，即使因系统故障导致重起数据库系统，数据依然是修改后的状态。

12.1.2 事务机制的必要性

银行应用是解释事务必要性的一个经典例子。假设一个银行的数据库中，有一张账户表（tb_account），保存着两张借记卡账户 A 和 B，并且要求这两张借记卡账户都不能透支（即两个账户的余额不能小于零）。

事务机制的必要性

> 【例 12-1】 实现从借记卡账户 A 向 B 转账 700 元，成功后再从 A 向 B 转账 500 元。具体步骤如下。

（1）创建银行的数据库 db_bank，并且选择该数据库为当前默认数据库，具体代码如下：

```
CREATE DATABASE db_bank;
USE db_bank;
```

（2）在数据库 db_bank 中，创建一个名称为 tb_account 的数据表，具体代码如下：

```
CREATE TABLE tb_account(
    id int(10) unsigned NOT NULL AUTO_INCREMENT PRIMARY KEY,
    name varchar(30),
    balance FLOAT(8,2) unsigned DEFAULT 0
);
```

> **说明**
>
> 要想实现账户余额不能透支，可以将余额字段设置为无符号数，也可以通过定义 CHECK 约束实现。本实例中采用设置为无符号数实现，这种方法比较简单。

（3）向 tb_account 数据表插入两条记录（账户初始数据），分别为创建 A 账户，并存储 1000 元；

创建 B 账户，存储 0 元，具体代码如下：

```
INSERT INTO tb_account (name,balance)VALUES
('A',1000),
('B',0);
```

（4）查询插入后的结果，具体代码如下：

```
SELECT * FROM tb_account;
```

执行结果如图 12-1 所示。

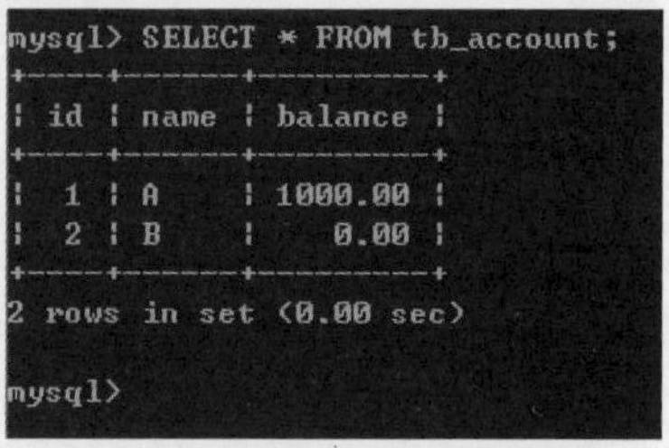

从图 12-1 中可以看出，账户 A 对应的 id 为 1；账户 B 对应的 id 为 2。在后面转账过程中将使用账户 ID（1 和 2）代替 A 和 B 账户。

（5）创建模拟转账操作的存储过程。在该存储过程中，实现将一个账户的指定金额添加到另一个账户中，具体代码如下：

图 12-1　插入初始账户数据

```
DELIMITER //
CREATE PROCEDURE proc_transfer (IN id_from INT,IN id_to INT,IN money int)
READS SQL DATA
BEGIN
UPDATE tb_account SET balance=balance+money WHERE id=id_to;
UPDATE tb_account SET balance=balance-money WHERE id=id_from;
END
//
```

执行效果如图 12-2 所示。

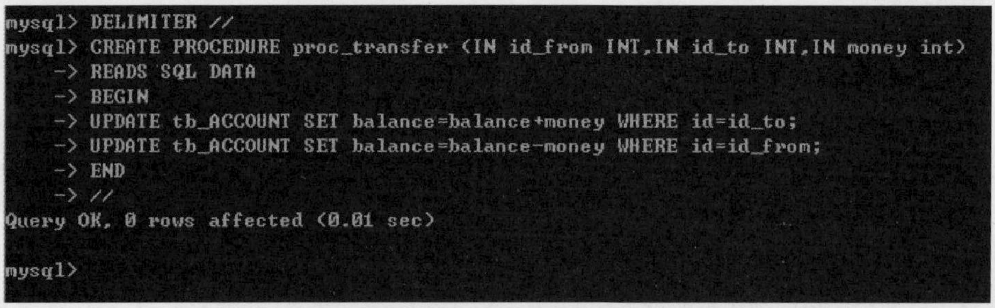

图 12-2　创建用于转账的存储过程

（6）调用刚刚创建的存储过程 proc_transfer，实现从账户 A 向账户 B 转账 700 元，并查看转账结果，代码如下：

```
CALL proc_transfer(1,2,700);
SELECT * FROM tb_account;
```

执行效果如图 12-3 所示。

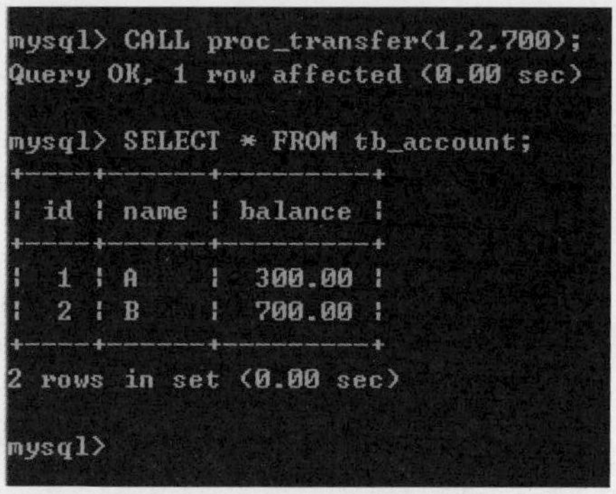

从图 12-3 中可以看出，A 账户的余额由于原来的 1000 变为 300，减少了 700 元，而 B 账户的余额则多了 700 元，由此可见，转账成功。

（7）再一次调用存储过程 proc_transfer，实现从账户 A 向账户 B 转账 500 元，并查看转账结果，代码如下：

```
CALL proc_transfer(1,2,500);
SELECT * FROM tb_account;
```

执行效果如图 12-4 所示。

图 12-3　第一次转账的结果

从图 12-4 可以看出，在进行第二次转账时，由于第一个账户的余额不能小于零，所以出现了错误。但是在查询账户余额时却发现，第一个账户的余额没有变化，而第二个账户的余额却变为了 1200，比之前多了 500 元。这样 A 和 B 账户的余额总和就由转账前的 1000 元变为 1500 元了，凭空多了 500 元，由此产生了数据不一致的问题。

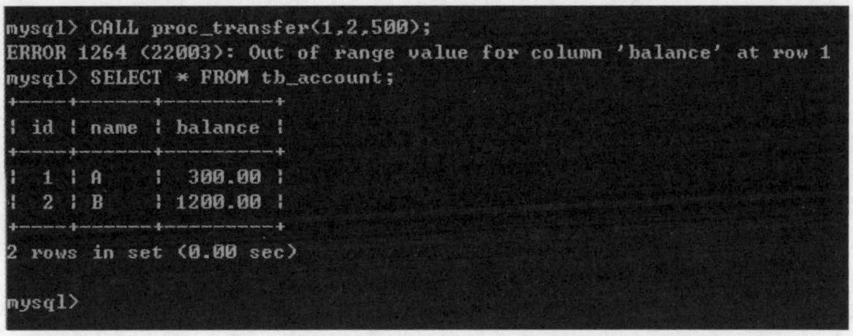

图 12-4　第二次转账的结果

为了避免这种情况，MySQL 中引入了事务的概念。通过在存储过程中加入事务，将原来独立执行的两条 UPDATE 语句绑定在一起，实现只要其中的一个执行不成功，那么两个语句就都不执行，从而保证了数据的一致性。

12.1.3　关闭 MySQL 自动提交

MySQL 默认采用自动提交（AUTOCOMMIT）模式。也就是说，如果不显式地开启一个事务，则每个 SQL 语句都被当作一个事务执行提交操作。例如，在例 12-1 编写的存储过程 proc_transfer 中，包括两个更新语句，由于 MySQL 默认开启了自动提交功能，所以，无论第二条语句执行成功与否，都不影响第一条语句的执行结果。因此，对于像银行转账之类的业务逻辑来说，有必要关闭 MySQL 的自动提交功能。

关闭 MySQL 自动提交

要想查看 MySQL 的自动提交功能是否关闭，可以使用 MySQL 的 SHOW VARIABLES 命令查询 AUTOCOMMIT 变量的值，如果该变量的值为 1 或者 ON 时表示启用，为 0 或者 OFF 时表示禁用。具体代码如下：

```
SHOW VARIABLES LIKE 'autocommit';
```
执行上面的代码将显示如图 12-5 所示的运行结果。

在 MySQL 中，关闭自动提交功能可以分为以下两种情况。

（1）显式关闭自动提交功能

在当前连接中，可以通过将 AUTOCOMMIT 变量设置为 0 来禁用自动提交功能。禁用自动提交功能，并且查看修改后的值的具体代码如下：

```
SET AUTOCOMMIT=0;
SHOW VARIABLES LIKE 'autocommit';
```
执行结果如图 12-6 所示。

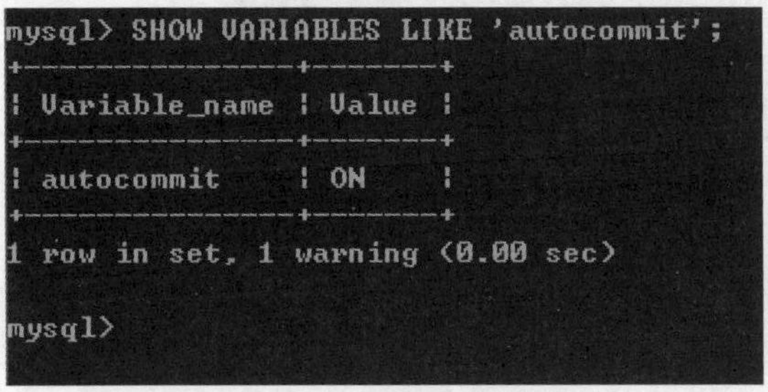

图 12-5　查看自动提交功能是否开启

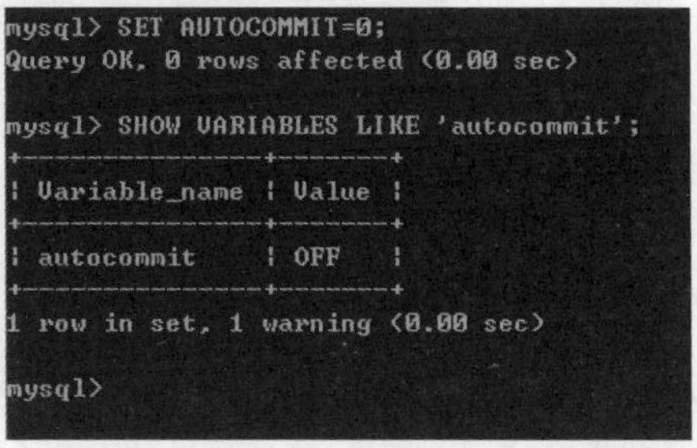

图 12-6　关闭自动提交功能

系统变量 AUTOCOMMIT 是会话变量，只在当前命令行窗口有效。即在命令行窗口 A 中设置的 AUTOCOMMIT 变量值不会影响到命令行窗口 B 中该变量的值。

当 AUTOCOMMIT 变量设置为 0 时，所有的 SQL 语句都是在一个事务中，直到显式地执行提交（COMMIT）或者回滚（ROLLBACK）时，该事务才结束，同时又会开启另一个新事务。

另外，还有一些命令，在执行前会强制执行 COMMIT 提交当前的活动事务。例如，ALTER TABLE。具体内容可以参见 12.2.5 节。

 修改 AUTOCOMMIT 变量值对于采用 MyISAM 存储引擎的表没有影响。即无论自动提交功能是否关闭，更新操作都将立即执行，并且将执行结果提交到数据库中，成为数据库永久的组成部分。

（2）隐式关闭自动提交功能

当使用 START TRANSACTION;命令时，可以隐式地关闭自动提交功能。该方法不会修改 AUTOCOMMIT 变量的值。

12.1.4 事务回滚

事务回滚也叫撤销。当关闭自动提交功能后，数据库开发人员可以根据需要回滚更新操作。下面还是以例 12-1 的数据库为例进行操作。

事务回滚

【例 12-2】 实现从借记卡账户 A 向 B 转账 500 元，出错时进行事务回滚。具体步骤如下。

（1）关闭 MySQL 的自动提交功能，代码如下：

```
SET AUTOCOMMIT=0;
```

（2）调用例 12-1 编写的存储过程 proc_transfer，实现从借记卡账户 A 向 B 转账 500 元，并查看账户余额，代码如下：

```
SELECT * FROM tb_account;
CALL proc_transfer(1,2,500);
SELECT * FROM tb_account;
```

执行结果如图 12-7 所示。

```
mysql> SELECT * FROM tb_account;
+----+------+---------+
| id | name | balance |
+----+------+---------+
|  1 | A    |  300.00 |
|  2 | B    | 1200.00 |
+----+------+---------+
2 rows in set (0.00 sec)

mysql> CALL proc_transfer(1,2,500);
ERROR 1264 (22003): Out of range value for column 'balance' at row 1
mysql> SELECT * FROM tb_account;
+----+------+---------+
| id | name | balance |
+----+------+---------+
|  1 | A    |  300.00 |
|  2 | B    | 1700.00 |
+----+------+---------+
2 rows in set (0.00 sec)

mysql>
```

图 12-7 从借记卡账户 A 向 B 转账 500 元

从图 12-7 中可以看出，B 账户中已经多出来 500 元，由原来的 1200 元变为 1700 元了。这时需要确认一下，数据库中是否已经真的接收到了这个变化。

（3）再重新打开一个 MySQL 命令行窗口，选择 db_bank 数据库为当前数据库，然后查询数据表 tb_account 中的数据，代码如下：

```
USE db_bank;
SELECT * FROM tb_account;
```

执行结果如图 12-8 所示。

从图 12-8 中可以看出 B 的余额仍然是转账前的 1200 元，并没有加上 500 元。这是因为关闭了 MySQL 的自动提交功能后，如果不手动提交，那么 UPDATE 操作的结果将仅仅影响内存中的临时记录，并没有真正写入数据库文件。所以当前命令行窗口中执行 SELECT 查询语句时，获得的是临时记录，并不是实际数据表中的数据。此时的结果走向取决于接下来执行的操作，如果执行 ROLLBACK（回滚），那么将放弃所做的修改，如果执行 COMMIT（提交），那么会将修改的结果保存到数据库文件，永久保存。

（4）由于更新后的数据与想要实现的结果不一致，这里执行 ROLLBACK（回滚）操作，放弃之前的修改。执行回滚操作，并查看余额的代码如下：

```
ROLLBACK;
SELECT * FROM tb_account;
```

执行结果如图 12-9 所示。

```
mysql> USE db_bank;
Database changed
mysql> SELECT * FROM tb_account;
+----+------+---------+
| id | name | balance |
+----+------+---------+
|  1 | A    |  300.00 |
|  2 | B    | 1200.00 |
+----+------+---------+
2 rows in set (0.00 sec)

mysql>
```

图 12-8　在另一个命令行窗口中查看余额

```
mysql> ROLLBACK;
Query OK, 0 rows affected (0.02 sec)

mysql> SELECT * FROM tb_account;
+----+------+---------+
| id | name | balance |
+----+------+---------+
|  1 | A    |  300.00 |
|  2 | B    | 1200.00 |
+----+------+---------+
2 rows in set (0.00 sec)

mysql>
```

图 12-9　执行回滚后的结果

从图 12-9 中可以看出，步骤（3）所作的修改被回滚了，也就是放弃了之前所做的修改。

12.1.5　事务提交

事务提交

当关闭自动提交功能后，数据库开发人员可以根据需要提交更新操作，否则更新的结果不能提交到数据库文件中，成为数据库永久的组成部分。关闭自动提交功能后，提交事务可以分为以下两种情况。

1. 显式提交

关闭自动提交功能后，可以使用 COMMIT 命令显式地提交更新语句。例如，12.2.4 节的例 12-2 中，如果将第（4）步中的回滚语句替换为提交语句"COMMIT;"，将得到如图 12-10 所示的结果。

从图 12-10 中可以看出，更新操作已经被提交。此时，再打开一个新的命令行窗口查询余额，可以发现得到的结果与图 12-10 所示的查询余额得到的结果是一致的。

2. 隐式提交

关闭自动提交功能后，如果没有手动提交更新操作或者进行过回滚操作，那么执行如表 12-1 所示的命令也将执行提交操作。

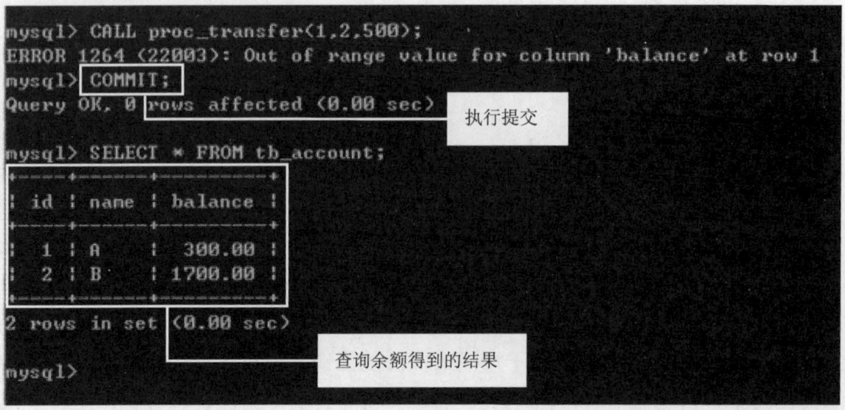

图 12-10　显示提交

表 12-1　会隐式执行提交操作的命令

BEGIN	SET AUTOCOMMIT=1	LOCK TABLES
START TRANSACTION	CREATE DATABASE/TABLE/INDEX/PROCEDURE	UNLOCK TABLES
TRUNCATE TABLE	ALTER DATABASE/TABLE/INDEX/PROCEDURE	
RENAME TABLE	DROP DATABASE/TABLE/INDEX/PROCEDURE	

　　例如，在执行了关闭 MySQL 自动提交功能的命令后，执行"SET AUTOCOMMIT=1"命令，此时除了开启自动提交功能，还会提交之前的所有更新语句。

12.1.6　MySQL 中的事务

　　在 MySQL 中，应用 START TRANSACTION 命令来标记一个事务的开始。具体的语法格式如下：

　　START TRANSACTION;

MySQL 中的事务

　　通常 START TRANSACTION 命令后面跟随的是组成事务的 SQL 语句，并且在所有要执行的操作全部完成后，添加 COMMIT 命令，提交事务。下面通过一个具体的实例演示 MySQL 中事务的应用。

　　【例 12-3】　这里还是以例 12-1 的数据库为例进行操作。创建存储过程，并且在该存储过程中创建事务，实现从借记卡账户 A 向 B 转账 500 元，出错时进行事务回滚。具体步骤如下。

　　（1）创建存储过程，名称为 prog_tran_account，在该存储过程中创建一个事务，实现从一个账户向另一个账户转账的功能，具体代码如下：

```
DELIMITER //
CREATE PROCEDURE prog_tran_account(IN id_from INT,IN id_to INT,IN money int)
MODIFIES SQL DATA
BEGIN
    DECLARE EXIT HANDLER FOR SQLEXCEPTION ROLLBACK;
    START TRANSACTION;
    UPDATE tb_account SET balance=balance+money WHERE id=id_to;
    UPDATE tb_account SET balance=balance-money WHERE id=id_from;
```

```
        COMMIT;
END
//
```

执行结果如图 12-11 所示。

```
mysql> DELIMITER //
mysql> CREATE PROCEDURE prog_tran_account(IN id_from INT,IN id_to INT,IN money int)
    -> MODIFIES SQL DATA
    -> BEGIN
    -> DECLARE EXIT HANDLER FOR SQLEXCEPTION ROLLBACK;
    -> START TRANSACTION;
    -> UPDATE tb_account SET balance=balance+money WHERE id=id_to;
    -> UPDATE tb_account SET balance=balance-money WHERE id=id_from;
    -> COMMIT;
    -> END
    -> //
Query OK, 0 rows affected (0.00 sec)

mysql>
```

图 12-11　创建存储过程 prog_tran_account

（2）调用刚刚创建的存储过程 prog_tran_account，实现从账户 A 向账户 B 转账 700 元，并查看转账结果，代码如下：

```
CALL prog_tran_account(1,2,700);
SELECT * FROM tb_account;
```

执行效果如图 12-12 所示。

从图 12-12 中可以看出，各账户的余额并没有改变，而且也没有出现错误，这是因为对出现的错误进行了处理，并且进行了事务回滚。

如果在调用存储过程时，将其中的转账金额修改为 200 元，那么将正常实现转账，代码如下：

```
CALL prog_tran_account(1,2,200);
SELECT * FROM tb_account;
```

执行结果如图 12-13 所示。

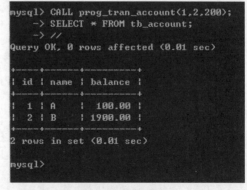

图 12-12　调用存储过程实现转账的结果　　　　图 12-13　事务被提交

 在 MySQL 中，除了可以使用 START TRANSACTION 命令外，还可以使用 BEGIN 或者 BEGIN WORK 命令开启一个事务。

通过上面的实例可以得出如图 12-14 所示的事务执行流程图。

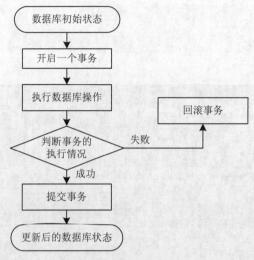

图 12-14　事务执行流程图

12.1.7　回退点

回退点

在默认的情况下，事务一旦回滚，那么事务中的所有更新操作都将被撤销。有时候，并不是想要全部撤销，而是只需要撤销一部分，这时可以通过设置回退点来实现。回退点又称保存点。使用 SAVEPOINT 命令实现在事务中设置一个回退点，具体语法格式如下：

```
SAVEPOINT  回退点名；
```

设置回退点后，可以在需要进行事务回滚时，指定该回退点，具体的语法格式如下：

```
rollback to savepoint 定义的回退点名；
```

【例 12-4】　创建一个名称为 prog_savepoint_account 的存储过程，在该存储过程中创建一个事务，实现向 tb_account 表中添加一个账户 C，并且向该账户存入 1000 元。然后从 A 账户向 B 账户转账 500 元。当出现错误时，回滚到提前定义的回退点，否则提交事务。具体步骤如下。

（1）创建存储过程，名称为 prog_savepoint_account，在该存储过程中创建一个事务，实现从一个账户向另一个账户转账的功能，并且定义回退点，具体代码如下：

```
DELIMITER //
CREATE PROCEDURE prog_savepoint_account()
MODIFIES SQL DATA
BEGIN
    DECLARE CONTINUE HANDLER FOR SQLEXCEPTION
    BEGIN
        ROLLBACK TO A;
        COMMIT;
    END;
    START TRANSACTION;
    START TRANSACTION;
    INSERT INTO tb_account (name,balance)VALUES('C',1000);
    savepoint A;
    UPDATE tb_account SET balance=balance+500 WHERE id=2;
    UPDATE tb_account SET balance=balance-500 WHERE id=1;
    COMMIT;
END
```

```
//
```

执行结果如图 12-15 所示。

```
mysql> DELIMITER //
mysql> CREATE PROCEDURE prog_savepoint_account()
    -> MODIFIES SQL DATA
    -> BEGIN
    -> DECLARE CONTINUE HANDLER FOR SQLEXCEPTION
    -> BEGIN
    -> ROLLBACK TO A;
    -> COMMIT;
    -> END;
    -> START TRANSACTION;
    -> START TRANSACTION;
    -> INSERT INTO tb_account (name,balance)VALUES('C',1000);
    -> savepoint A;
    -> UPDATE tb_account SET balance=balance+500 WHERE id=2;
    -> UPDATE tb_account SET balance=balance-500 WHERE id=1;
    -> COMMIT;
    -> END
    -> //
Query OK, 0 rows affected (0.00 sec)

mysql>
```

图 12-15　创建存储过程 prog_savepoint_account

（2）调用刚刚创建的存储过程 prog_tran_account，实现添加账户 C 和转账功能，并查看转账结果，代码如下：

```
CALL prog_savepoint_account();
SELECT * FROM tb_account;
```

执行效果如图 12-16 所示。

```
mysql> CALL prog_savepoint_account();
    -> SELECT * FROM tb_account;
    -> //
Query OK, 0 rows affected (0.01 sec)

+----+------+---------+
| id | name | balance |
+----+------+---------+
|  1 | A    |  100.00 |
|  2 | B    | 1900.00 |
|  3 | C    | 1000.00 |
+----+------+---------+
3 rows in set (0.01 sec)

mysql>
```

图 12-16　调用存储过程实现转账的结果

从图 12-16 中可以看出，第一条插入语句成功执行，后面两条更新语句，由于最后一条更新语句出现错误，所以事务回滚了。

12.2　锁机制

数据库管理系统采用锁的机制来管理事务。当多个事务同时修改同一数据时，只允许持有锁的事务修改该数据，其他事务只能"排队等待"，直到前一个事务释放其拥有的锁。下面对 MySQL 中提供的锁机制进行详细介绍。

12.2.1 MySQL 锁机制的基本知识

MySQL 锁机制的
基本知识

在同一时刻，可能会有多个客户端对表中同一行记录进行操作，例如，有的客户端在读取该行数据，有的则尝试去删除它。为了保证数据的一致性，数据库就要对这种并发操作进行控制，因此就有了锁的概念。下面将对 MySQL 锁机制涉及的基本概念进行介绍。

1. 锁的类型

在处理并发读或者写时，可以通过实现一个由两种类型的锁组成的锁系统来解决问题。这两种类型的锁通常称为读锁（Read Lock）和写锁（Write Lock）。下面分别进行介绍。

（1）读锁（Read Lock）。

读锁（Read Lock）也称为共享锁（Shared Lock）。它是共享的，或者说是相互不阻塞的。多个客户端在同一时间可以同时读取同一资源，互不干扰。

（2）写锁（Write Lock）。

写锁（Write Lock）也称为排他锁（Exclusive Lock）。它是排他的，也就是说一个写锁会阻塞其他的写锁和读锁。这是为了确保在给定的时间里，只有一个用户能执行写入，并防止其他用户读取正在写入的同一资源，保证安全。

在实际的数据库系统中，随时都在发生锁定。例如，当某个用户在修改某一部分数据时，MySQL 就会通过锁定防止其他用户读取同一数据。在大多数时候，MySQL 锁的内部管理都是透明的。

读锁和写锁的区别如表 12-2 所示。

表 12-2　读锁和写锁的区别

请求模式 / 请求模式	读锁（Read Lock）	写锁（Write Lock）
读锁（Read Lock）	兼容	不兼容
写锁（Write Lock）	不兼容	不兼容

2. 锁粒度

一种提高共享资源并发性的方式就是让锁定对象更有选择性。也就是尽量只锁定部分数据，而不是所有的资源。这就是锁粒度的概念。它是指锁的作用范围，是为了对数据库中高并发响应和系统性能两方面进行平衡而提出的。

锁粒度越小，并发访问性能越高，越适合做并发更新操作（即采用 InnoDB 存储引擎的表适合做并发更新操作）；锁粒度越大，并发访问性能就越低，越适合做并发查询操作（即采用 MyISAM 存储引擎的表适合做并发查询操作）。

不过需要注意：在给定的资源上，锁定的数据量越少，系统的并发程度越高，完成某个功能时所需要的加锁和解锁的次数就会越多，反而会消耗较多的资源，甚至会出现资源的恶性竞争，乃至于发生死锁。

由于加锁也需要消耗资源，所以需要注意如果系统花费大量的时间来管理锁，而不是存储数据，那就有些得不偿失了。

3．锁策略

锁策略是指在锁的开销和数据的安全性之间寻求平衡。但是这种平衡会影响性能，所以大多数商业数据库系统没有提供更多的选择，一般都是在表上施加行级锁，并以各种复杂的方式来实现，以便在数据比较多的情况下，提供更好的性能。

在 MySQL 中，每种存储引擎都可以实现自己的锁策略和锁粒度。因此，它提供了多种锁策略。在存储引擎的设计中，锁管理是非常重要的决定，它将锁粒度固定在某个级别，可以为某些特定的应用场景提供更好的性能，但同时会失去对另外一个应用场景的良好支持。幸好 MySQL 支持多个存储引擎，所以不用单一的通用解决方法。下面将介绍两种重要的锁策略。

（1）表级锁（Table Lock）

表级锁是 MySQL 中最基本的锁策略，而且是开销最小的策略。它会锁定整张表，一个用户在对表进行操作（如插入、更新和删除等）前，需要先获得写锁，这会阻塞其他用户对该表的所有读写操作。只有没有写锁时，其他读取的用户才能获得读锁，并且读锁之间是不相互阻塞的。

另外，由于写锁比读锁的优先级高，所以一个写锁请求可能会被插入到读锁队列的前面，但是读锁则不能插入到写锁的前面。

（2）行级锁（Row Lock）

行级锁可以最大限度地支持并发处理，同时也带来了最大的锁开销。在 InnoDB 或者一些其他存储引擎中实现了行级锁。行级锁只在存储引擎层实现，而服务器层没有实现。服务器层完全不了解存储引擎中的锁实现。

4．锁的生命周期

锁的生命周期是指在一个 MySQL 会话内，对数据进行加锁到解锁之间的时间间隔。锁的生命周期越长，并发性能就越低，反之并发性能就越高。另外锁是数据库管理系统的重要资源，需要占据一定的服务器内存，锁的周期越长，占用的服务器内存时间就越长；相反占用的内存也就越短。因此，我们应该尽可能地缩短锁的生命周期。

12.2.2 MyISAM 表的表级锁

在 MySQL 的 MyISAM 类型数据表中，并不支持 COMMIT(提交)和 ROLLBACK (回滚)命令。当用户对数据库执行插入、删除、更新等操作时，这些变化的数据都 MyISAM表的表级锁被立刻保存在磁盘中。这样，在多用户环境中，会导致诸多问题。为了避免同一时间有多个用户对数据库中指定表进行操作，可以应用表锁定来避免在用户操作数据表过程中受到干扰。当且仅当该用户释放表的操作锁定后，其他用户才可以访问这些修改后的数据表。

设置表级锁定代替事务的基本步骤如下。

（1）为指定数据表添加锁定。其语法如下。

```
LOCK TABLES table_name lock_type,…
```

其中 table_name 为被锁定的表名，lock_type 为锁定类型，该类型包括以读方式（READ）锁定表，以写方式（WRITE）锁定表。

（2）用户执行数据表的操作，可以添加、删除或者更改部分数据。

（3）用户完成对锁定数据表的操作后，需要对该表进行解锁操作，释放该表的锁定状态。其语法如下：

```
UNLOCK TABLES
```

下面将分别介绍如何以读方式锁定数据表和以写方式锁定数据表。

1．以读方式锁定数据表

以读方式锁定数据表，该方式是设置锁定用户的其他方式操作，如删除、插入、更新都不被允许，直至用户进行解锁操作。

【例 12-5】 演示以读方式锁定 db_bank 数据库中的用户数据表 tb_user。具体步骤如下。

（1）在 db_bank 数据库中，创建一个采用 MyISAM 存储引擎的用户表 tb_user，具体代码如下：

```
CREATE TABLE tb_user (
  id int(10) unsigned NOT NULL AUTO_INCREMENT PRIMARY KEY,
  username varchar(30),
  pwd varchar(30)
) ENGINE=MyISAM;
```

（2）在 tb_user 表中插入 3 条用户信息，具体代码如下：

```
INSERT INTO tb_user(username,pwd)VALUES
('mr','111111'),
('mingrisoft','111111'),
('wgh','111111');
```

（3）输入以读方式锁定数据库 db_bank 中的用户数据表 tb_user 的代码，具体代码如下：

```
LOCK TABLE tb_user READ;
```

执行结果如图 12-17 所示。

（4）应用 SELECT 语句查看数据表 tb_user 中的信息，具体代码如下：

```
SELECT * FROM tb_user;
```

其运行结果如图 12-18 所示。

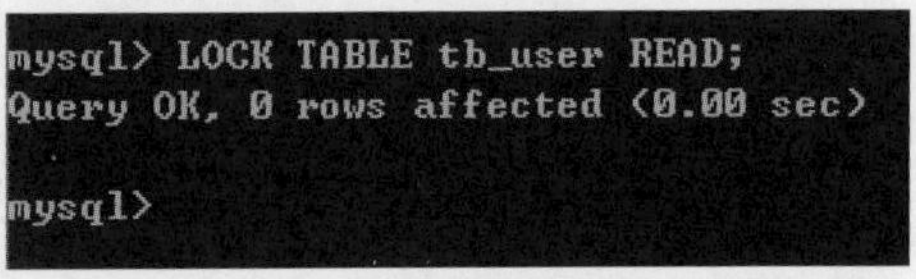

图 12-17 以读方式锁定数据表

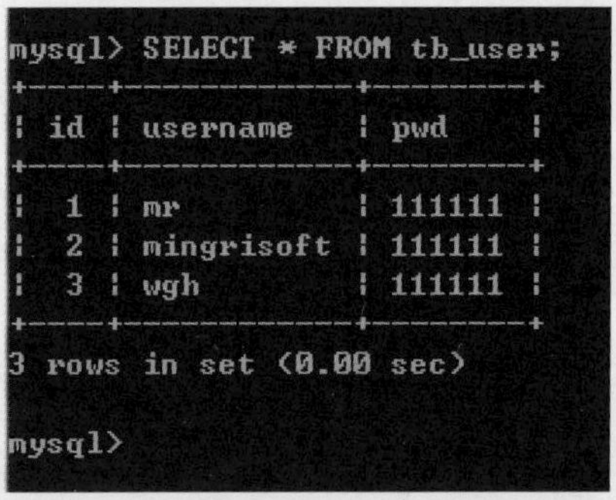

图 12-18 查看以读方式锁定的 tb_user 表

（5）尝试向数据表 tb_user 中插入一条数据，代码如下：

```
INSERT INTO tb_user(username,pwd)VALUES('mrsoft','111111');
```

其运行结果如图 12-19 所示。

图 12-19 向以读方式锁定的表中插入数据

从上述结果可以看出，当用户试图向数据库插入数据时，将会返回失败信息。当用户将锁定的表解锁后，再次执行插入操作，代码如下：

```
UNLOCK TABLES;
INSERT INTO tb_user(username,pwd)VALUES('mrsoft','111111');
```

其运行结果如图 12-20 所示。

```
mysql> UNLOCK TABLES;
Query OK, 0 rows affected (0.00 sec)

mysql> INSERT INTO tb_user(username,pwd)VALUES('mrsoft','111111');
Query OK, 1 row affected (0.00 sec)

mysql>
```

图 12-20　向解锁后的数据表中添加数据

锁定被释放后，用户可以对数据库执行添加、删除、更新等操作。

 说明 在 LOCK TABLES 的参数中，用户指定数据表以读方式（READ）锁定数据表的变体为 READ LOCAL 锁定，其与 READ 锁定的不同点是：该参数所指定的用户会话可以执行 INSERT 操作。它是为了使用 MySQL dump 工具而创建的一种变体形式。

2. 以写方式锁定数据表

与读方式锁定表类似，表的写锁定是设置用户可以修改数据表中的数据，但是除自己以外其他会话中的用户不能进行任何读操作。在命令提示符中输入如下命令：

```
LOCK TABLE 要锁定的数据表 WRITE;
```

【例 12-6】　仍然以例 12-5 创建的数据表 tb_user 为例进行演示。这里演示以写方式锁定用户表 tb_user。具体步骤如下。

输入以写方式锁定数据库 db_bank 中的用户数据表 tb_user 的代码，具体代码如下：

```
LOCK TABLE tb_user WRITE;
```

执行结果如图 12-21 所示。

因为 tb_user 表为写锁定，所以用户可以对数据库的数据执行修改、添加、删除等操作。那么是否可以应用 SELECT 语句查询该锁定表呢？输入以下命令试试：

```
SELECT * FROM tb_user;
```

其运行结果如图 12-22 所示。

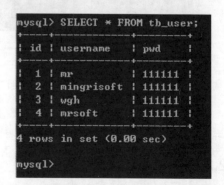

```
mysql> LOCK TABLE tb_user READ;
Query OK, 0 rows affected (0.00 sec)

mysql>
```

图 12-21　以写方式锁定数据表

```
mysql> SELECT * FROM tb_user;
+----+------------+--------+
| id | username   | pwd    |
+----+------------+--------+
|  1 | mr         | 111111 |
|  2 | mingrisoft | 111111 |
|  3 | wgh        | 111111 |
|  4 | mrsoft     | 111111 |
+----+------------+--------+
4 rows in set (0.00 sec)

mysql>
```

图 12-22　查询应用写操作锁定的 tb_user 数据表

从图 12-22 中可以看到，当前用户仍然可以应用 SELECT 语句查询该表的数据，并没有限制用户对数据表的读操作。这是因为，以写方式锁定数据表并不能限制当前锁定用户的查询操作。下面再打开一个新用户会话，即保持图 12-22 所示窗口不被关闭，重新打开一个 MySQL 的命令行客户端，并执行下面的查询语句：

```
USE db_bank;
```

```
SELECT * FROM tb_user;
```
其运行结果如图 12-23 所示。

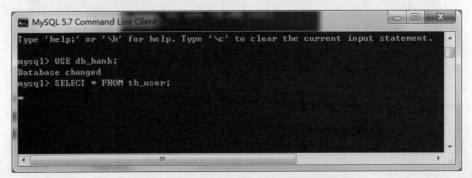

图 12-23　打开新会话查询被锁定的数据表

在新打开的命令行提示窗口中，读者可以看到，应用 SELECT 语句执行查询操作，并没有结果显示，这是因为之前该表以写方式锁定。故当操作用户释放该数据表锁定后，其他用户才可以通过 SELECT 语句查看之前被锁定的数据表。在图 12-22 所示的命令行窗口中输入如下代码解除写锁定：

```
UNLOCK TABLES;
```
这时，在第二次打开的命令行窗口中，即可显示出查询结果，如图 12-24 所示。

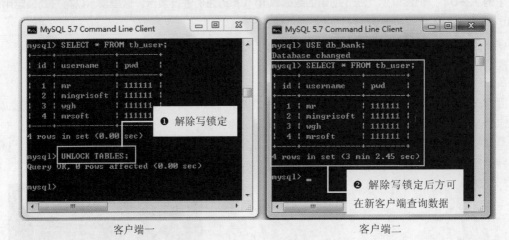

客户端一　　　　　　　　　　　　　　客户端二

图 12-24　解除写锁定

由此可知，当数据表被释放锁定后，其他访问数据库的用户才可以查看数据表的内容。即使用 UNLOCK TABLE 命令后，将会释放所有当前处于锁定状态的数据表。

12.2.3　InnoDB 表的行级锁

为 InnoDB 表设置锁比为 MyISAM 表设置锁更为复杂，这是因为 InnoDB 表即　　InnoDB 表的行级锁
支持表级锁，又支持行级锁。由于为 InnoDB 表设置表级锁也是使用 LOCK TABLES 命令，其使用方法同 MyISAM 表基本相同，这里将不再赘述。下面将重点介绍如何为 InnoDB 表设置行级锁。

在 InnoDB 表中，提供了两种类型的行级锁，分别是读锁（也称为共享锁）和写锁（也称为排他锁）。InnoDB 表的行级锁的粒度仅仅是受查询语句或者更新语句影响的记录。

为 InnoDB 表设置行级锁主要分为以下 3 种方式。

❑ 在查询语句中设置读锁，其语法格式如下：

SELECT语句 LOCK IN SHARE MODE;

例如，为采用 InnoDB 存储引擎的数据表 tb_account 在查询语句中设置读锁，可以使用下面的语句：

SELECT * FROM tb_account LOCK IN SHARE MODE;

❑ 在查询语句中设置写锁，其语法格式如下：

SELECT语句 FOR UPDATE;

例如，为采用 InnoDB 存储引擎的数据表 tb_account 在查询语句中设置写锁，可以使用下面的语句：

SELECT * FROM tb_account FOR UPDATE;

❑ 在更新（包括 INSERT、UPDATE 和 DELTET）语句中，InnoDB 存储引擎自动为更新语句影
响的记录添加隐式写锁。

通过以上 3 种方式为表设置行级锁的生命周期非常短暂。为了延长行级锁的生命周期，可以采用开
启事务实现。

【例 12-7】 通过事务实现延长行级锁的生命周期。具体步骤如下。

（1）在 MySQL 命令行窗口（一）中，开启事务，并为采用 InnoDB 存储引擎的数据表 tb_account
在查询语句中设置写锁，具体代码如下：

USE db_bank;
START TRANSACTION;
SELECT * FROM tb_account FOR UPDATE;

执行结果如图 12-25 所示。

（2）在 MySQL 命令行窗口（二）中，开启事务，并为采用 InnoDB 存储引擎的数据表 tb_account
在查询语句中设置写锁，具体代码如下：

USE db_bank;
START TRANSACTION;
SELECT * FROM tb_account FOR UPDATE;

执行结果如图 12-26 所示。

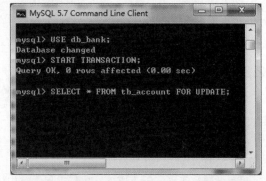

图 12-25　MySQL 命令行窗口（一）　　　图 12-26　MySQL 命令行窗口（二）被"阻塞"

（3）在 MySQL 命令行窗口（一）中，执行提交事务语句，从而为 tb_user 表解锁，具体代码如下：

COMMIT;

执行提交命令后，在 MySQL 命令行窗口（二）中将显示具体的查询结果，如图 12-27 所示。

由此可知，事务中的行级锁的生命周期从加锁开始，直到事务提交或者回滚才会被释放。

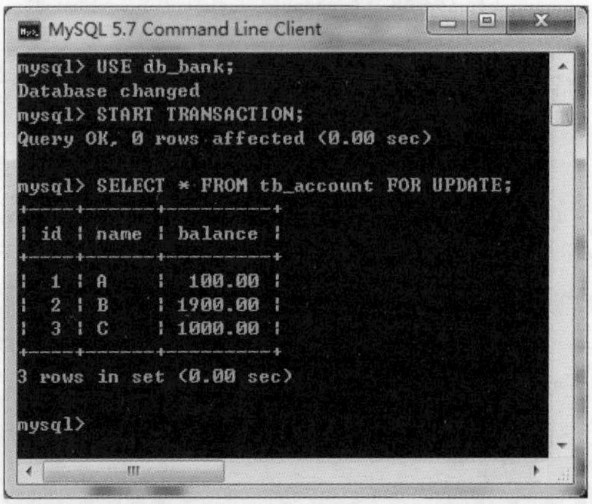

図 12-27　MySQL 命令行窗口（二）被"唤醒"

12.2.4　死锁的概念与避免

死锁，即当两个或者多个处于不同序列的用户打算同时更新某相同的数据库时，因互相等待对方释放权限而导致双方一直处于等待状态。在实际应用中，两个不同序列的客户打算同时对数据执行操作，极有可能产生死锁。更具体地讲，当两个事务相互等待　死锁的概念与避免
操作对方释放的所持有的资源，而导致两个事务都无法操作对方持有的资源，这样无限期的等待被称作死锁。

不过，MySQL 的 InnoDB 表处理程序具有检查死锁这一功能，如果该处理程序发现用户在操作过程中产生死锁，该处理程序立刻通过撤销操作来撤销其中一个事务，以便使死锁消失。这样就可以使另一个事务获取对方所占有的资源而执行逻辑操作。

12.3　事务的隔离级别

锁机制有效地解决了事务的并发问题，但也影响了事务的并发性能。所谓并发是指数据库系统同时为多个用户提供服务的能力。当一个事务将其操纵的数据资源锁定时，其他欲操纵该资源的事务必须等待锁定解除才能继续进行，这就降低了数据库系统同时响应多客户的速度，因此，合理地选择隔离级别，将关系到一个软件的性能。下面将对 MySQL 的事务的隔离级别进行详细介绍。

12.3.1　事务的隔离级别与并发问题

数据库系统为我们提供了 4 种可选的事务隔离级别，它们与并发性能之间的关系如图 12-28 所示。　　　　　　　　　　　　　　　　　　　　　　　事务的隔离级别与
　　　　　　　　　　　　　　　　　　　　　　　　　　　　　　　　并发问题

各种隔离级别的作用如下。

（1）Serializable（串行化）

采用此隔离级别，一个事务在执行过程中首先将其欲操纵的数据锁定，待事务结束后释放。如果此时另一个事务也要操纵该数据，必须等待前一个事务释放锁定后才能继续进行。两个事务实际上是以串行化方式运行的。

（2）Repeatable Read（可重复读）

采用此隔离级别，一个事务在执行过程中能够看到其他事务已经提交的新插入记录，看不到其他事务对已有记录的修改。

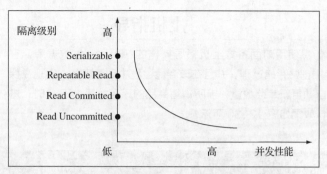

图 12-28　事务的隔离级别与并发性能之间的关系

（3）Read Committed（读已提交数据）

采用此隔离级别，一个事务在执行过程中能够看到其他事务已经提交的新插入记录，也能看到其他事务已经提交的对已有记录的修改。

（4）Read Uncommitted（读未提交数据）

采用此隔离级别，一个事务在执行过程中能够看到其他事务未提交的新插入记录，也能看到其他事务未提交的对已有记录的修改。

综上所述可以得出，并非隔离级别越高越好，对于多数应用程序，只需把隔离级别设为 Read Committed 即可，尽管会存在一些问题。

12.3.2　设置事务的隔离级别

设置事务的隔离级别

在 MySQL 中，可以通过执行 SET TRANSACTION ISOLATION LEVEL 命令设置事务的隔离级别。新的隔离级别将在下一个事务开始时生效。

设置事务的隔离级别的语法格式如下：

SET {GLOBAL|SESSION} TRANSACTION ISOLATION LEVEL 具体级别；

其中，具体级别可以是 SERIALIZABLE、REPEATABLE READ、READ COMMITTED 或者 READ UNCOMMITTED，分别表示对应的隔离级别。

例如，将事务的隔离级别设置为读取已提交数据，并且只对当前会话有效，可以使用下面的语句。

SET SESSION TRANSACTION ISOLATION LEVEL READ COMMITTED；

执行结果如图 12-29 所示。

```
mysql> SET SESSION TRANSACTION ISOLATION LEVEL READ COMMITTED;
Query OK, 0 rows affected (0.00 sec)

mysql>
```

图 12-29　设置事务的隔离级别

小　结

本章详细讲解了 MySQL 中事务与锁机制的相关的知识，其中事务机制主要包括事务的概念、事务机制的必要性、事务回滚和提交以及 MySQL 中创建事务；在锁机制中，主要介绍了 MySQL 锁机制的基本知识、如何为 MyISAM 表设置表级锁以及如何为 InnoDB 表设置行级锁等内容。另外，在最后还对事务的隔离级别进行了简要介绍。其中，如何在 MySQL 中创建事务是本章的重点，希望读者认真学习，灵活掌握。

上机指导

上机指导

本上机指导仍然使用前面各章上机指导操作的 db_shop 数据库。在 db_shop 数据库中创建存储过程，并且在该存储过程中创建事务，实现在保存销售记录时，自动更新库存数量，当所销售商品的库存数量小于 0 时，进行事务回滚。执行效果如图 12-30 所示。

```
mysql> USE db_shop
Database changed
mysql> CREATE TABLE tb_sellbak LIKE tb_sell;
Query OK, 0 rows affected (0.01 sec)

mysql> INSERT INTO tb_sellbak SELECT * FROM tb_sell;
Query OK, 4 rows affected (0.00 sec)
Records: 4  Duplicates: 0  Warnings: 0

mysql> DELIMITER //
mysql> CREATE PROCEDURE prog_sell_updateStock(IN sell_number INT)
    -> MODIFIES SQL DATA
    -> BEGIN
    ->  SET @goodsid=2;
    ->  SET @stocknumber=0;
    -> START TRANSACTION;
    -> INSERT INTO tb_sellbak (goodsid,price,number,amount,userid)
    ->  values(@goodsid,99.90,sell_number,99.90* sell_number,1);
    -> UPDATE tb_stock SET number=number-sell_number WHERE goodsid=@goodsid;
    -> SELECT number INTO @stocknumber FROM tb_stock WHERE goodsid=@goodsid;
    -> IF @stocknumber<0 THEN
    ->         ROLLBACK;
    -> ELSE
    -> COMMIT;
    -> END IF;
    -> END
    -> //
Query OK, 0 rows affected (0.00 sec)

mysql> DELIMITER ;
mysql> CALL prog_sell_updateStock(3);
Query OK, 0 rows affected (0.01 sec)

mysql> SELECT * FROM tb_stock WHERE goodsid=2;
+-----+---------+--------+--------+
| id  | goodsid | price  | number |
+-----+---------+--------+--------+
|  2  |       2 | 99.90  |     25 |
+-----+---------+--------+--------+
1 row in set (0.00 sec)

mysql> CALL prog_sell_updateStock(30);
Query OK, 0 rows affected, 1 warning (0.00 sec)

mysql> SELECT * FROM tb_stock WHERE goodsid=2;
+-----+---------+--------+--------+
| id  | goodsid | price  | number |
+-----+---------+--------+--------+
|  2  |       2 | 99.90  |     25 |
+-----+---------+--------+--------+
1 row in set (0.00 sec)
```

在存储过程中创建事务

事务被提交（库存充足的情况）

事务被回滚（库存不足的情况）

图 12-30　自动更新库存数量

具体实现步骤如下。

（1）选择当前使用的数据库为 db_shop，具体代码如下：

```
use db_shop
```

 说明 如果不存在名称为 db_shop 的数据库，可以在 DOS 窗口中应用 mysql 命令还原已经备份好的 db_shop 数据库。

（2）创建 tb_sell 数据表的副本 tb_sellbak，具体代码如下：

```
CREATE TABLE tb_sellbak LIKE tb_sell;
INSERT INTO tb_sellbak SELECT * FROM tb_sell;
```

（3）创建存储过程，名称为 prog_sell_updateStock，在该存储过程中创建一个事务，实现插入一条销售信息，并且更新库存数量，当所销售商品的库存数量小于 0 时，进行事务回滚，具体代码如下：

```
DELIMITER //
CREATE PROCEDURE prog_sell_updateStock(IN sell_number INT)
MODIFIES SQL DATA
BEGIN
    SET @goodsid=2;
    SET @stocknumber=0;
    START TRANSACTION;
    INSERT INTO tb_sellbak (goodsid,price,number,amount,userid)
     values(@goodsid,99.90,sell_number,99.90* sell_number,1);
    UPDATE tb_stock SET number=number-sell_number WHERE goodsid=@goodsid;
    SELECT number INTO @stocknumber FROM tb_stock WHERE goodsid=@goodsid;
    IF @stocknumber<0 THEN
        ROLLBACK;
    ELSE
        COMMIT;
    END IF;
END
//
```

（4）调用存储过程 prog_sell_updateStock，保存一条销售信息，具体代码如下：

```
CALL prog_sell_updateStock(3);
```

（5）查询库存表中商品 ID 为 2 的商品的库存信息，具体代码如下：

```
SELECT * FROM tb_stock WHERE goodsid=2;
```

（6）再次调用存储过程 prog_sell_updateStock，将销售数量设置为 30，具体代码如下：

```
CALL prog_sell_updateStock(30);
```

（7）查询库存表中商品ID为2的商品的库存信息，具体代码如下：

```
SELECT * FROM tb_stock WHERE goodsid=2;
```

习 题

12-1 简述数据库事务必须具备哪些特征。

12-2 MySQL 提供了哪两种关闭自动提交功能的方法？

12-3 在 MySQL 中如何提交事务？

12-4 在 MySQL 中手动开启一个事务使用什么命令？

12-5 在处理并发读或者写时，MySQL 中提供了哪两种类型的锁？

12-6 数据库系统为我们提供了哪几种可选的事务隔离级别？

第13章

综合开发案例
——图书馆管理系统

本章要点:

掌握做需求分析的方法 ■

掌握设置E-R图的方法 ■

掌握JSP经典设计模式中Model2的

开发流程 ■

掌握通过配置过滤器解决中文乱码的

方法 ■

掌握图书馆管理系统的开发流程 ■

掌握实现安全登录系统并防止

非法用户登录的方法 ■

■ 随着网络技术的高速发展,利用计算机对图书馆的日常工作进行管理势在必行。虽然目前很多大型的图书馆已经有一整套比较完善的管理系统,但是在一些中小型的图书馆中,大部分工作仍需由手工完成,工作起来效率比较低,管理员不能及时了解图书馆内各类图书的借阅情况,读者需要的图书难以在短时间内找到,不便于动态及时地调整图书结构。为了更好地适应当前读者的借阅需求,解决手工管理中存在的许多弊端,越来越多的中小型图书馆正在逐步向计算机信息化管理转变。本章即为一个中型图书馆设计一个管理系统。

13.1　开发背景

×××图书馆是吉林省一家私营的中型图书馆企业。图书馆本着以"读者为上帝""为读者节省每一分钱"的服务宗旨，企业利润逐年提高，规模不断壮大，经营图书品种、数量也逐渐增多。在企业不断发展的同时，企业传统的人工管理方式也暴露了一些问题。例如，读者想要借阅一本书，图书管理人员需要花费大量时间在茫茫的书海中苦苦"寻觅"，如果找到了读者想要借阅的图书还好，否则只能向读者苦笑着说"抱歉"了。企业为提高工作效率，同时摆脱图书管理人员在工作中出现的尴尬局面，现需要委托其他单位开发一个图书馆管理系统。

13.2　系统分析

13.2.1　需求分析

长期以来，人们使用传统的人工方式管理图书馆的日常业务，其操作流程比较繁琐。在借书时，读者首先将要借的书和借阅证交给工作人员，工作人员然后将每本书的信息卡片和读者的借阅证放在一个小格栏里，最后在借阅证和每本书贴的借阅条上填写借阅信息。在还书时，读者首先将要还的书交给工作人员，工作人员根据图书信息找到相应的书卡和借阅证，并填好相应的还书信息。

从上述描述中可以发现传统的手工流程存在的不足。首先处理借书、还书业务流程的效率很低；其次处理能力比较低，一段时间内所能服务的读者人数是有限的。为此，图书馆管理系统需要为企业解决上述问题，为企业提供快速的图书信息检索功能、快捷的图书借阅和归还流程。

13.2.2　可行性研究

根据《GB8567-88 计算机软件产品开发文件编制指南》中可行性分析的要求，制定可行性研究报告如下。

1. 引言

（1）编写目的

为了给企业的决策层提供是否进行项目实施的参考依据，现以文件的形式分析项目的风险、项目需要的投资与效益。

（2）背景

×××图书馆是吉林省一家中型的私营企业。企业为了进行信息化管理、提高工作效率，现需要委托其他公司开发一个信息管理系统，项目名称为"图书馆管理系统"。

2. 可行性研究的前提

（1）要求

图书馆管理系统要求能够提供新书登记、图书借阅、图书归还、图书借阅查询等功能。

（2）目标

图书馆管理系统的主要目标是简化图书借阅、归还的操作流程，提高员工的工作效率。

（3）条件、假定和限制

项目需要在两个月内交付用户使用。系统分析人员需要两天内到位，用户需要 5 天时间确认需求分析文档。去除其中可能出现的问题，例如用户可能临时有事，占用 7 天时间确认需求分析，那么程序开发人员需要在 1 个月零 20 几天的时间内进行系统设计、程序编码、系统测试、程序调试和网站部署工作。其间还包括了员工每周的休息时间。

（4）评价尺度

根据用户的要求，系统应以图书借阅和归还功能为主，对于图书的借阅和归还信息应能及时准确地保存。由于用户存在多个营业点，系统应具有局域网操作的能力，在多个营业点同时运行系统时，系统中各项操作的延时不能超过 10 秒钟。此外，在系统出现故障时，应能够及时进行恢复。

3．投资及效益分析

（1）支出

根据系统的规模及项目的开发周期（两个月），公司决定投入 6 个人。为此，公司将直接支付 8 万元的工资及各种福利待遇。在项目安装及调试阶段，用户培训、员工出差等费用支出需要 1.5 万元。在项目维护阶段预计需要投入 2 万元的资金。累计项目投入需要 11.5 万元资金。

（2）收益

用户提供项目资金 25 万元。对于项目运行后进行的改动，采取协商的原则根据改动规模额外提供资金。因此从投资与收益的效益比上来看，公司可以获得 13.5 万元的利润。

项目完成后，会给公司提供资源储备，包括技术、经验的积累，其后再开发类似的项目时，可以极大地缩短项目开发周期。

4．结论

根据上面的分析，在技术上不会存在问题，因此项目延期的可能性很小。在效益上公司投入 6 个人、两个月的时间，获利 13.5 万元，比较可观。在公司今后的发展方面，公司可以储备网站开发的经验和资源。因此认为该项目可以开发。

13.3　JSP 预备知识

13.3.1　JSP 概述

JSP 是 Java Server Page 的简称，它是由 Sun 公司倡导，与多个公司共同建立的一种技术标准，它建立在 Servlet 之上，用来开发动态网页。由于 JSP 技术所开发的 Web 应用程序是基于 Java 的，所以它拥有 Java 语言的跨平台、业务代码分离、组件重用、基于 Java Servlet 功能和预编译等特征。下面分别介绍 JSP 所具有的这些特性。

（1）跨平台

既然 JSP 是基于 Java 语言的，那么它就可以使用 Java API，所以它也是跨平台的，可以应用在不同的系统中，例如，Windows、Linux 和 Mac OS 等。正是因为跨平台的特性，使应用 JSP 技术开发的项目可以不加修改地应用到任何不同的平台上，这也应验了 Java 语言的"一次编写，到处运行"的特点。

（2）业务代码分离

JSP 技术开发的项目，使用 HTML 语言来设计和格式化静态页面的内容。使用 JSP 标签和 Java 代码片段来实现动态部分，程序开发人员可以将业务处理代码全部放到 JavaBean 中，或者把业务处理代码交给 Servlet、Struts 等其他业务控制层来处理，从而实现业务代码从视图层分离，这样 JSP 页面只负责显示数据便可。当需要修改业务代码时，不会影响 JSP 页面的代码。

（3）组件重用

JSP 中可以使用 JavaBean 编写业务组件，也就是使用一个 JavaBean 类封装业务处理代码、或者作为一个数据存储模型，在 JSP 页面甚至整个项目中都可以重复使用这个 JavaBean。JavaBean 也可以应用到其他 Java 应用程序中，包括桌面应用程序。

（4）基于 Java Servlet 功能

Servlet 是 JSP 出现以前的主要 JavaWeb 处理技术，它接受用户请求，在 Servlet 类中编写所有 Java 和 HTML 代码，然后通过输出流把结果页面返回给浏览器。在类中编写 HTML 代码非常不利于阅读和编写，使用 JSP 技术之后，开发 Web 应用更加简单易用了，并且 JSP 最终要编译成 Servlet 才能处理用户请求，所以 JSP 拥有 Servlet 的所有功能和特性。

（5）预编译

预编译就是在用户第一次通过浏览器访问 JSP 页面时，服务器将对 JSP 页面代码进行编译，并且仅执行一次编译，编译好的代码被保存，在用户下一次访问时，直接执行编译好的代码。这样不仅节约了服务器的 CPU 资源，还大大提升了客户端的访问速度。

13.3.2　JSP 的开发及运行环境

在搭建 JSP 的开发环境时，首先需要安装开发工具包 JDK，然后安装 Web 服务器和数据库，这时 Java Web 应用的开发环境就搭建完成了。为了提高开发效率，通常还需要安装 IDE（集成开发环境）工具。

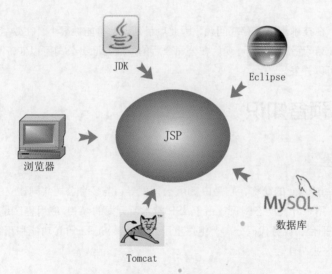

图 13-1　进行 JSP 应用开发所需的软件

图 13-1 所列软件中，浏览器建议采用 Google Chrome 浏览器，其安装包可以到互联网上搜索一下；JDK、Eclipse、Tomcat 和 MySQL 可以到其对应的官方网站中下载，对应的官方网站地址如表 13-1 所示。

表 13-1　JDK、Eclipse、Tomcat 和 MySQL 的官方网站地址

软件名称	作用	官网地址
JDK	Java 开发工具包，包括运行 Java 程序所必须的 JRE 环境及开发过程中常用的库文件	Oracle 官方网站（http://www.oracle.com/index.html）
Tomcat	运行及发布 Web 应用的大容器	Tomcat 官方网站（http://tomcat.apache.org/）

续表

软件名称	作用	官网地址
Eclipse	构建集成 Web 和应用程序开发工具的平台	Eclipse 官方网站（http://www.eclipse.org）
MySQL	保存网站中需要的数据	MySQL 官方网站（http://dev.mysql.com）

13.3.3 JSP 页面的基本构成

JSP 页面是指扩展名为.jsp 的文件。在该文件中，可以包括指令标识、HTML 代码、JavaScript 代码、嵌入的 Java 代码、注释和 JSP 动作标识等内容。但这些内容并不是一个 JSP 页面所必须的。例如，图 13-2 即为一个基本的 JSP 页面。

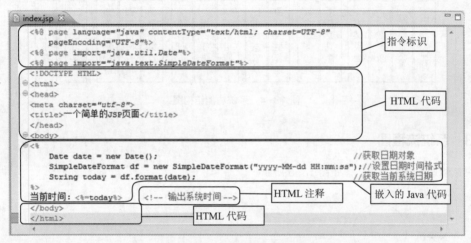

图 13-2　一个简单的 JSP 页面

运行图 13-2 所示的 JSP 页面，将显示如图 13-3 所示的运行结果。

图 13-3　在页面中显示当前时间

13.4　系统设计

13.4.1　系统目标

根据前面所作的需求分析及用户的需求可以得出，图书馆管理系统实施后，应达到以下目标。

- ❑ 界面设计友好、美观。
- ❑ 数据存储安全、可靠。
- ❑ 信息分类清晰、准确。
- ❑ 具有强大的查询功能，保证数据查询的灵活性。
- ❑ 实现对图书借阅、续借和归还过程的全程数据信息跟踪。
- ❑ 提供图书借阅排行榜，为图书馆管理员提供了真实的数据信息。
- ❑ 提供借阅到期提醒功能，使管理者可以及时了解到已经到达归还日期的图书借阅信息。
- ❑ 提供灵活、方便的权限设置功能，使整个系统的管理分工明确。
- ❑ 具有易维护性和易操作性。

13.4.2　系统功能结构

根据图书馆管理系统的特点，可以将其分为系统设置、读者管理、图书管理、图书借还、系统查询等 5 个部分，其中各个部分及其包括的具体功能模块如图 13-4 所示。

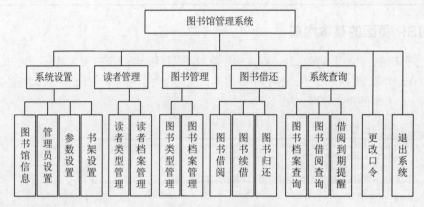

图 13-4　系统功能结构图

13.4.3　系统流程图

图书馆管理系统的系统流程如图 13-5 所示。

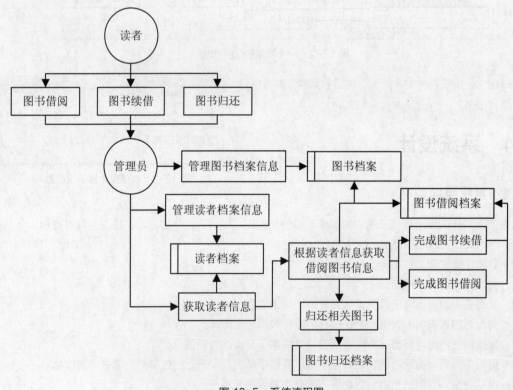

图 13-5　系统流程图

13.4.4　开发环境

在开发图书馆管理系统时，需要具备下面的软件环境。

服务器端：

❑　操作系统：Windows 7 / Windows 8 / Windows 8.1。

❑　Web 服务器：Tomcat 9.0。

❑　Java 开发包：JDK 1.8 以上。

❑　数据库：MySQL。

❑　浏览器：Google Chrome。

❑　分辨率：最佳效果为 1024 像素×768 像素。

客户端：

❑　浏览器：IE 6.0。

❑　分辨率：最佳效果为 1024 像素×768 像素。

13.4.5　文件夹组织结构

在编写代码之前，可以把系统中可能用到的文件夹先创建出来（例如，创建一个名为 Images 的文件夹，用于保存网站中所使用的图片），这样不但可以方便以后的开发工作，还可以规范网站的整体架构。本书在开发图书馆管理系统时，设计了图 13-6 所示的文件夹架构图。在开发时，只需要将所创建的文件保存在相应的文件夹中就可以了。

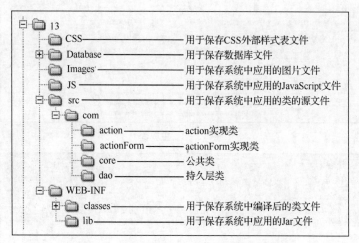

图 13-6　图书馆管理系统文件夹组织结构

13.5　系统预览

图书馆管理系统由多个程序页面组成，下面仅列出几个典型页面。

系统登录页面如图 13-7 所示，该页面用于实现管理员登录；主界面如图 13-8 所示，该页面用于实现显示系统导航、图书借阅排行榜和版权信息等功能。

图书借阅页面如图 13-9 所示，该页面用于实现图书借阅功能；图书借阅查询页面如图 13-10 所示，该页面用于实现按照符合条件查询图书借阅信息的功能。

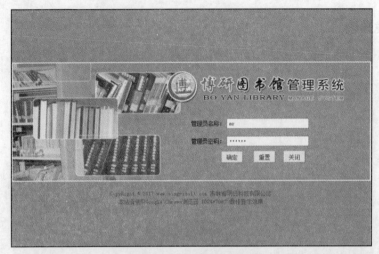

图 13-7　系统登录页面

图 13-8　主界面

图 13-9　图书借阅页面

图 13-10　借阅查询页面

13.6　数据库设计

由于本系统是为中小型图书馆开发的程序，因此需要充分考虑到成本问题及用户需求（如跨平台）等问题，而 MySQL 是目前最为流行的开放源码的数据库，是完全网络化的跨平台的关系型数据库系统，这正好满足了中小型企业的需求，所以本系统采用 MySQL 数据库。

13.6.1　实体图设计

根据以上各节对系统所做的需求分析和系统设计，规划出本系统中使用的数据库实体分别为图书档案实体、读者档案实体、图书借阅实体、图书归还实体和管理员实体。下面将介绍几个关键实体的 E-R 图。

1. 图书档案实体

图书档案实体包括编号、条形码、书名、类型、作者、译者、出版社、价格、页码、书架、库存总量、录入时间、操作员和是否删除等属性。其中"是否删除"属性用于标记图书是否被删除，由于图书馆中的图书信息不可以被随意删除，所以即使当某种图书不能再借阅，而需要删除其档案信息时，也只能采用设置删除标记的方法。图书档案实体如图 13-11 所示。

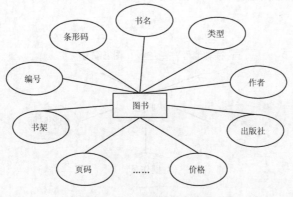

图 13-11　图书档案实体图

2. 读者档案实体

读者档案实体包括编号、姓名、性别、条形码、职业、出生日期、有效证件、证件号码、电话、电子邮件、登记日期、操作员、类型和备注等属性。读者档案实体如图 13-12 所示。

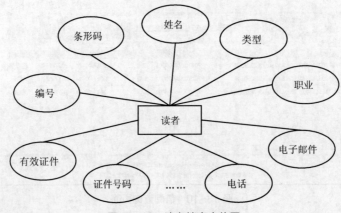

图 13-12　读者档案实体图

3. 借阅档案实体

借阅档案实体包括编号、读者编号、图书编号、借书时间、应还时间、操作员和是否归还等属性。借阅档案实体如图 13-13 所示。

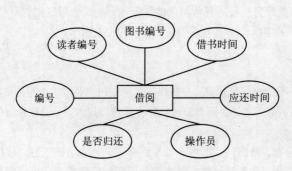

图 13-13　借阅档案实体图

4. 归还档案实体

归还档案实体包括编号、读者编号、图书编号、归还时间和操作员等属性。借阅档案实体如图 13-14 所示。

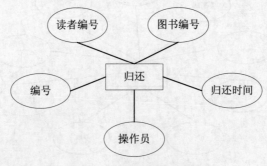

图 13-14　归还档案实体图

13.6.2　E-R 图设计

在图书馆管理系统中，主要包括两个实体和两个关系，两个实体分别是图书和读者实体；两个关系分别是借阅和归还，这两个关系都是多对多的关系。其中，在借阅关系中，还包括借阅日期属性；在归还关系中，还包括归还日期属性。对应的 E-R 图如图 13-15 所示。

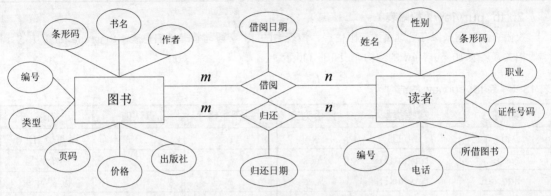

图 13-15　图书馆管理系统的 E-R 图

13.6.3　数据库逻辑结构设计

在实体图设计中已经分析了本系统中主要的数据实体对象，通过这些实体可以得出数据表结构的基本模型，最终实施到数据库中，形成完整的数据结构。为了使读者对本系统的数据库的结构有一个更清晰的认识，下面给出数据库中所包含的数据表的结构图，如图 13-16 所示。

图 13-16　db_library 数据库所包含数据表的结构图

本系统共包含 12 张数据表，限于篇幅，这里只给出比较重要的数据表。

1. tb_manager（管理员信息表）

管理员信息表主要用来保存管理员信息。表 tb_manager 的结构如表 13-2 所示。

表 13-2　表 tb_manager 的结构

字段名	数据类型	是否为空	是否主键	默认值	描述
id	int(10)unsigncd	No	Yes		ID（自动编号）
name	varchar(30)	Yes		NULL	管理员名称
pwd	varchar(30)	Yes		NULL	密码

2. tb_purview（权限表）

权限表主要用来保存管理员的权限信息，该表中的 id 字段与管理员信息表（tb_manager）中的 id 字段相关联。表 tb_purview 的结构如表 13-3 所示。

表 13-3　表 tb_purview 的结构

字段名	数据类型	是否为空	是否主键	默认值	描述
id	int(11)	No	Yes	0	管理员 ID 号
sysset	tinyint(1)	Yes		0	系统设置
readerset	tinyint(1)	Yes		0	读者管理
bookset	tinyint(1)	Yes		0	图书管理
borrowback	tinyint(1)	Yes		0	图书借还
sysquery	tinyint(1)	Yes		0	系统查询

3. tb_bookinfo（图书信息表）

图书信息表主要用来保存图书信息。表 tb_bookinfo 的结构如表 13-4 所示。

表 13-4　表 tb_bookinfo 的结构

字段名	数据类型	是否为空	是否主键	默认值	描述
barcode	varchar(30)	Yes		NULL	条形码
bookname	varchar(70)	Yes		NULL	书名
typeid	int(10)unsigned	Yes		NULL	类型
author	varchar(30)	Yes		NULL	作者
translator	varchar(30)	Yes		NULL	译者
ISBN	varchar(20)	Yes		NULL	出版社
price	float(8,2)	Yes		NULL	价格
page	int(10)unsigned	Yes		NULL	页码
bookcase	int(10)unsigned	Yes		NULL	书架
inTime	date	Yes		NULL	录入时间
operator	varchar(30)	Yes		NULL	操作员
del	tinyint(1)	Yes		0	是否删除
id	int(11)	No	Yes		ID（自动编号）

4. tb_parameter（参数设置表）

参数设置表主要用来保存办证费及书证的有效期限等信息。表 tb_parameter 的结构如表 13-5 所示。

表 13-5　表 tb_parameter 的结构

字段名	数据类型	是否为空	是否主键	默认值	描述
id	int(10)unsigncd	No	Yes		ID（自动编号）
cost	int(10)unsigncd	Yes		NULL	办证费
validity	int(10)unsigncd	Yes		NULL	有效期限

5. tb_booktype（图书类型表）

图书类型表主要用来保存图书类型信息。表 tb_booktype 的结构如表 13-6 所示。

表 13-6　表 tb_booktype 的结构

字段名	数据类型	是否为空	是否主键	默认值	描述
id	int(10)unsigncd	No	Yes		ID（自动编号）
typename	varchar(30)	Yes		NULL	类型名称
days	int(10)unsigncd	Yes		NULL	可借天数

6. tb_bookcase（书架信息表）

书架信息表主要用来保存书架信息。表 tb_bookcase 的结构如表 13-7 所示。

表 13-7　表 tb_bookcase 的结构

字段名	数据类型	是否为空	是否主键	默认值	描述
id	int(10)unsigncd	No	Yes		ID（自动编号）
name	varchar(30)	Yes		NULL	书架名称

7. tb_borrow（图书借阅信息表）

图书借阅信息表主要用来保存图书借阅信息。表 tb_borrow 的结构如表 13-8 所示。

表 13-8　表 tb_borrow 的结构

字段名	数据类型	是否为空	是否主键	默认值	描述
id	int(10)unsigncd	No	Yes		ID（自动编号）
readerid	int(10)unsigncd	Yes		NULL	读者编号
bookid	int(10)	Yes		NULL	图书编号
borrowTime	date	Yes		NULL	借书时间
backtime	date	Yes		NULL	应还时间
operator	varchar(30)	Yes		NULL	操作员
ifback	tinytin(1)	Yes		0	是否归还

8. tb_giveback（图书归还信息表）

图书归还信息表主要用来保存图书归还信息。表 tb_giveback 的结构如表 13-9 所示。

表 13-9　表 tb_giveback 的结构

字段名	数据类型	是否为空	是否主键	默认值	描述
id	int(10)unsigncd	No	Yes		ID（自动编号）
readerid	int(11)	Yes		NULL	读者编号
bookid	int(11)	Yes		NULL	图书编号
backTime	date	Yes		NULL	归还时间
operator	varchar(30)	Yes		NULL	操作员

9. tb_readertype（读者类型信息表）

读者类型信息表主要用来保存读者类型信息。表 tb_readertype 的结构如表 13-10 所示。

表 13-10　表 tb_readertype 的结构

字段名	数据类型	是否为空	是否主键	默认值	描述
id	int(10) unsigned	No	Yes		ID（自动编号）
name	varchar(50)	Yes		NULL	名称
number	int(4)	Yes		NULL	可借数量

10. tb_reader（读者信息表）

读者信息表主要用来保存读者信息。表 tb_reader 的结构如表 13-11 所示。

表 13-11　表 tb_reader 的结构

字段名	数据类型	是否为空	是否主键	默认值	描述
id	int(10) unsigned	No	Yes		ID（自动编号）
name	varchar(20)	Yes		NULL	姓名
sex	varchar(4)	Yes		NULL	性别
barcode	varchar(30)	Yes		NULL	条形码
vocation	varchar(50)	Yes		NULL	职业
birthday	date	Yes		NULL	出生日期
paperType	varchar(10)	Yes		NULL	有效证件
paperNO	varchar(20)	Yes		NULL	证件号码
tel	varchar(20)	Yes		NULL	电话
email	varchar(100)	Yes		NULL	电子邮件
createDate	date	Yes		NULL	登记日期
operator	varchar(30)	Yes		NULL	操作员
remark	text	Yes		NULL	备注
typeid	int(11)	Yes		NULL	类型

13.7　公共模块设计

在开发过程中，经常会用到一些公共模块，例如，数据库连接及操作的类、字符串处理的类及解决中文乱码的过滤器等，因此，在开发系统前首先需要设计这些公共模块。下面将具体介绍图书馆管理系统中所需要的公共模块的设计过程。

13.7.1 数据库连接及操作类的编写

数据库连接及操作类通常包括连接数据库的方法 getConnection()、执行查询语句的方法 executeQuery()、执行更新操作的方法 executeUpdate()、关闭数据库连接的方法 close()。下面将详细介绍如何编写图书馆管理系统中的数据库连接及操作的类 ConnDB。

（1）指定类 ConnDB 保存的包，并导入所需的类包，本例将其保存到 com.core 包中，代码如下：

```
package com.core;                    //将该类保存到com.core包中
import java.io.InputStream;          //导入java.io.InputStream类
import java.sql.*;                    //导入java.sql包中的所有类
import java.util.Properties;         //导入java.util.Properties类
```

包语句为关键字 package 后面紧跟一个包名称，然后以分号 ";" 结束。包语句必须出现在 import 语句之前；一个 .java 文件只能有一个包语句。

（2）定义 ConnDB 类，并定义该类中所需的全局变量及构造方法，代码如下：

```
public class ConnDB {
        public Connection conn = null;                          //声明Connection对象的实例
        public Statement stmt = null;                           //声明Statement对象的实例
        public ResultSet rs = null;                             //声明ResultSet对象的实例
        //指定资源文件保存的位置
        private static String propFileName = "/com/connDB.properties";
        //创建并实例化Properties对象的实例
        private static Properties prop = new Properties();
        //定义保存数据库驱动的变量
        private static String dbClassName ="com.mysql.jdbc.Driver"
        private static String dbUrl ="jdbc:mysql://127.0.0.1:3306/db_librarysys?"+"user=root&password=
root&useUnicode=true";
        public ConnDB(){                                        //构造方法
        try {                                                   //捕捉异常
            //将Properties文件读取到InputStream对象中         .
            InputStream in=getClass().getResourceAsStream(propFileName);
            prop.load(in);                                      //通过输入流对象加载Properties文件
            dbClassName = prop.getProperty("DB_CLASS_NAME");   //获取数据库驱动
            //获取连接的URL
            dbUrl = prop.getProperty("DB_URL", dbUrl);
        }
        catch (Exception e) {
            e.printStackTrace();                                //输出异常信息
        }
        }
    }
```

（3）为了方便程序移植，这里将数据库连接所需信息保存到 properties 文件中，并将该文件保存在 com 包中。connDB.properties 文件的内容如下：

```
#DB_CLASS_NAME(驱动的类的类名)
DB_CLASS_NAME=com.mysql.jdbc.Driver
```

```
#DB_URL（要连接数据库的地址）
DB_URL=jdbc:mysql://127.0.0.1:3306/db_librarysys?user=root&password=root&useUnicode=true
```

> **说明**
> properties 文件为本地资料文本文件，以"消息/消息文本"的格式存放数据，文件中"#"
> 的后面为注释行。使用 Properties 对象时，首先需创建并实例化该对象，代码如下：
>
> private static Properties prop = new Properties();
>
> **再通过文件输入流对象加载 Properties 文件，代码如下：**
>
> prop.load(new FileInputStream(propFileName));
>
> **最后通过 Properties 对象的 getProperty 方法读取 properties 文件中的数据。**

（4）创建连接数据库的方法 getConnection()，该方法返回 Connection 对象的一个实例。getConnection()
方法的代码如下：

```
public static Connection getConnection() {
    Connection conn = null;
    try {                                          //连接数据库时可能发生异常，因此需要捕捉该异常
      Class.forName(dbClassName).newInstance();    //装载数据库驱动
      conn= DriverManager.getConnection(dbUrl);    //建立与数据库URL中定义的数据库的连接
    }
    catch (Exception ee) {
      ee.printStackTrace();                        //输出异常信息
    }
    if (conn == null) {
      //在控制台上输出提示信息
      System.err.println(
          "警告:DbConnectionManager.getConnection() 获得数据库链接失败!"+
          "\r\n\r\n链接类型:" + dbClassName + "\r\n链接位置:" + dbUrl);
    }
    return conn;                                    //返回数据库连接对象
}
```

（5）创建执行查询语句的方法 executeQuery，返回值为 ResultSet 结果集。executeQuery 方法的
代码如下：

```
public ResultSet executeQuery(String sql) {
  try {                                            //捕捉异常
    conn = getConnection();                        //调用getConnection()方法构造
                                                   //Connection对象的一个实例conn
        stmt = conn.createStatement(ResultSet.TYPE_SCROLL_INSENSITIVE,
                    ResultSet.CONCUR_READ_ONLY);
        rs = stmt.executeQuery(sql);
  }
  catch (SQLException ex) {
    System.err.println(ex.getMessage());           //输出异常信息
  }
  return rs;                                        //返回结果集对象
}
```

（6）创建执行更新操作的方法 executeUpdate()，返回值为 int 型的整数，代表更新的行数。executeQuery()
方法的代码如下：

```
public int executeUpdate(String sql) {
```

```
        int result = 0;                                  //定义保存返回值的变量
        try {                                            //捕捉异常
            conn = getConnection();    //调用getConnection()方法构造Connection对象的实例conn
            stmt = conn.createStatement(ResultSet.TYPE_SCROLL_INSENSITIVE,
                    ResultSet.CONCUR_READ_ONLY);
            result = stmt.executeUpdate(sql);            //执行更新操作
        } catch (SQLException ex) {
            result = 0;                                  //将保存返回值的变量赋值为0
        }
        return result;                                   //返回保存返回值的变量
    }
```

（7）创建关闭数据库连接的方法 close()。close()方法的代码如下：

```
public void close() {
    try {                                            //捕捉异常
        if (rs != null) {                            //当ResultSet对象的实例rs不为空时
            rs.close();                              //关闭ResultSet对象
        }

        if (stmt != null) {                          //当Statement对象的实例stmt不为空时
            stmt.close();                            //关闭Statement对象
        }

        if (conn != null) {                          //当Connection对象的实例conn不为空时
            conn.close();                            //关闭Connection对象
        }
    } catch (Exception e) {
        e.printStackTrace(System.err);               //输出异常信息
    }
}
```

13.7.2　字符串处理类的编写

字符串处理的类是解决程序中经常出现的有关字符串处理问题方法的类，本实例中只包括过滤字符串中的危险字符的方法 filterStr()。filterStr()方法的代码如下：

```
public static final String filterStr(String str){
    str=str.replaceAll(";","");                      //替换字符串中的;为空
    str=str.replaceAll("&","&amp;");                 //替换字符串中的&为&amp;
    str=str.replaceAll("<","&lt;");                  //替换字符串中的<为&lt;
    str=str.replaceAll(">","&gt;");                  //替换字符串中的>为&gt;
    str=str.replaceAll("'","");                      //替换字符串中的'为空
    str=str.replaceAll("--"," ");                    //替换字符串中的--为空格
    str=str.replaceAll("/","");                      //替换字符串中的/为空
    str=str.replaceAll("%","");                      //替换字符串中的%为空
    return str;
}
```

13.7.3　配置解决中文乱码的过滤器

在程序开发时，通常有两种方法解决程序中经常出现的中文乱码问题，一种是通过编码字符串处理类，对需要的内容进行转码；另一种是配置过滤器。其中，第二种方法比较方便，只需要在开发程序时配置正确即可。下面将介绍本系统中配置解决中文乱码的过滤器的具体步骤。

（1）编写 CharacterEncodingFilter 类，让它实现 Filter 接口，成为一个 Servlet 过滤器，在实现

doFilter()接口方法时，根据配置文件中设置的编码格式参数分别设置请求对象的编码格式和应答对象的内容类型参数。

```java
public class CharacterEncodingFilter implements Filter {
    protected String encoding = null;                            // 定义编码格式变量
    protected FilterConfig filterConfig = null;                  // 定义过滤器配置对象
    public void init(FilterConfig filterConfig) throws ServletException {
        this.filterConfig = filterConfig;                        // 初始化过滤器配置对象
        // 获取配置文件中指定的编码格式
        this.en coding = filterConfig.getInitParameter("encoding");
    }
    // 过滤器的接口方法，用于执行过滤业务
    public void doFilter(ServletRequest request, ServletResponse response,
            FilterChain chain) throws IOException, ServletException {
        if (encoding != null) {
            request.setCharacterEncoding(encoding);              // 设置请求的编码
            // 设置应答对象的内容类型（包括编码格式）
            response.setContentType("text/html; charset=" + encoding);
        }
        chain.doFilter(request, response);                       // 传递给下一个过滤器
    }
    public void destroy() {
        this.encoding = null;
        this.filterConfig = null;
    }
}
```

（2）在 web-inf.xml 文件中配置过滤器，并设置编码格式参数和过滤器的 URL 映射信息。关键代码如下：

```xml
<filter>
    <filter-name>CharacterEncodingFilter</filter-name>
    <filter-class>com.CharacterEncodingFilter</filter-class>        <!---指定过滤器类文件->
    <init-param>
        <param-name>encoding</param-name>
        <param-value>utf-8</param-value>                            <!---指定编码为utf-8编码->
    </init-param>
</filter>
<filter-mapping>
    <filter-name>CharacterEncodingFilter</filter-name>
    <url-pattern>/*</url-pattern>
    <!---设置过滤器对应的请求方式->
    <dispatcher>REQUEST</dispatcher>
    <dispatcher>FORWARD</dispatcher>
</filter-mapping>
```

13.8 主界面设计

13.8.1 主界面概述

管理员通过"系统登录"模块的验证后，可以登录到图书馆管理系统的主界面。系统主界面主要包括 Banner 信息栏、导航栏、排行榜和版权信息 4 部分。其中，导航栏中的功能菜单将根据登录管理员的

权限进行显示。例如，系统管理员 mr 登录后，将拥有整个系统的全部功能，因为它是超级管理员。主界面运行结果如图 13-17 所示。

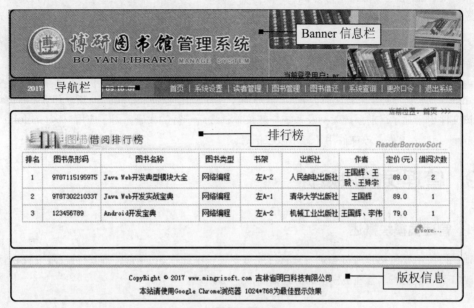

图 13-17　系统主界面的运行结果

13.8.2　主界面的实现过程

在图 13-17 所示的主界面中，Banner 信息栏、导航栏和版权信息，并不是仅存在于主界面中，其他功能模块的子界面中也需要包括这些部分。因此，可以将这几个部分分别保存在单独的文件中，这样，在需要放置相应功能时只需包含这些文件即可，主界面的布局如图 13-18 所示。

banner.jsp
navigation.jsp
main.jsp
copyright.jsp

图 13-18　主界面的布局

应用<%@ include %>指令包含文件的方法进行主界面布局的代码如下：

```
<%@include file="banner.jsp"%>
<%@include file="navigation.jsp"%>
<section>
<div style="text-align:right;padding-right:10px;height:30px;"class="word_orange">
当前位置：首页 &gt;&gt;&gt; </div>
<div style="height:57px;clear:both">
```

```
<!--显示图书借阅排行榜-->
<img src="Images/main_booksort.gif" height="57px"></div>
<div style="height:300px;padding-left:20px;">
    …                  <!--此处省略了显示图书借阅排行的代码-->
    </div>
</section>
<%@ include file="copyright.jsp"%>
```

在上面的代码中，第一行的代码，用于应用<%@ include %>指令包含 banner.jsp 文件，该文件用于显示 Banner 信息及当前登录管理员；第二行的代码，用于应用<%@ include %>指令包含 navigation.jsp 文件，该文件用于显示当前系统时间及系统导航菜单；最后一行的代码，用于应用<%@ include %>指令包含 copyright.jsp 文件，该文件用于显示版权信息。

13.9 管理员模块设计

13.9.1 管理员模块概述

管理员模块主要包括管理员登录、查看管理员列表、添加管理员信息、管理员权限设置、管理员删除和更改口令 6 个功能。管理员模块的框架如图 13-19 所示。

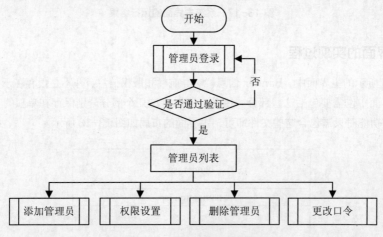

图 13-19 管理员模块的框架图

13.9.2 编写管理员模块的实体类和 Servlet 控制类

由于本系统采用的是 JSP 经典设计模式中的 Model2，即 JSP+Servlet+JavaBean，该开发模式遵循 MVC 设计理念。所以在实现管理员模块时，需要编写管理员模块对应的实体类和 Servlet 控制类。在 MVC 中，实体类属于模型层，用于封装实体对象，是一个具有 get×××()和 set×××()方法的类。请求控制类属于控制层，用于接收各种业务请求，是一个 Servlet。下面将详细介绍如何编写管理员模块的实体类和 Servlet 控制类。

1. 编写管理员的实体类

在管理员模块中，涉及的数据表是 tb_manager（管理员信息表）和 tb_purview（权限表），其中，管理员信息表中保存的是管理员名称和密码等信息，权限表中保存的是各管理员的权限信息，这两个表通过各自的 id 字段相关联。通过这两个表可以获得完整的管理员信息，根据这些信息可以得出管理员模块的实体类。管理员模块的实体类的名称为 ManagerForm，具体代码如下：

```
package com.actionForm;
public class ManagerForm {
    private Integer id=new Integer(-1);              //管理员ID号
    private String name="";                          //管理员名称
    private String pwd="";                           //管理员密码
    private int sysset=0;                            //系统设置权限
    private int readerset=0;                         //读者管理权限
    private int bookset=0;                           //图书管理权限
    private int borrowback=0;                        //图书借还权限
    private int sysquery=0;                          //系统查询权限
    /********************提供控制ID属性的方法************************/
    public Integer getId() {                         //id属性的get×××()方法
      return id;
    }
    public void setId(Integer id) {                  //id属性的set×××()方法
      this.id = id;
    }
    /*************************************************************/
    …           //此处省略了其他控制管理员信息的get×××()和set×××()方法
    /*************************************************************/
}
```

2．编写管理员的 Servlet 控制类

管理员功能模块的 Servlet 控制类继承了 HttpServlet 类，在该类中，首先需要在构造方法中实例化管理员模块的 ManagerDAO 类（该类用于实现与数据库的交互），然后编写 doGet()和 doPost()方法，在这两个方法中根据 request 的 getParameter()方法获取的 action 参数值执行相应方法。由于这两个方法中的代码相同，所以只需在第一个方法 doGet()中写相应代码，在另一个方法 doPost()中调用 doGet()方法即可。

管理员模块的 Servlet 控制类的关键代码如下：

```
public class Manager extends HttpServlet {
    private ManagerDAO managerDAO = null;                // 声明ManagerDAO的对象
    public Manager() {
        this.managerDAO = new ManagerDAO();              // 实例化ManagerDAO类
    }
    public void doGet(HttpServletRequest request, HttpServletResponse response)
            throws ServletException, IOException {
        String action = request.getParameter("action");
        if (action == null || "".equals(action)) {
            request.getRequestDispatcher("error.jsp").forward(request, response);
        } else if ("login".equals(action)) {             // 当action值为login时
            managerLogin(request, response);
        } else if ("managerAdd".equals(action)) {
            managerAdd(request, response);                // 添加管理员信息
        } else if ("managerQuery".equals(action)) {
            managerQuery(request, response);              // 查询管理员及权限信息
        } else if ("managerModifyQuery".equals(action)) {
            managerModifyQuery(request, response);        // 设置管理员权限时查询管理员信息
        } else if ("managerModify".equals(action)) {
            managerModify(request, response);             // 设置管理员权限
```

```
        } else if ("managerDel".equals(action)) {
            managerDel(request, response);                    // 删除管理员
        } else if ("querypwd".equals(action)) {
            pwdQuery(request, response);                      // 更改口令时应用的查询
        } else if ("modifypwd".equals(action)) {
            modifypwd(request, response);                     // 更改口令
        }
    public void doPost(HttpServletRequest request, HttpServletResponse response)
        throws ServletException, IOException {
        doGet(request, response);
    }
    …                           //此处省略了该类中的其他方法，这些方法将在后面的具体过程中给出
}
```

3. 配置管理员的 servlet 控制类

管理员的 servlet 控制类编写完毕后，还需要在 web.xml 文件中配置该 servlet，关键代码如下：

```
<servlet>
    <servlet-name>Manager</servlet-name>
    <servlet-class>com.action.Manager</servlet-class>
</servlet>
<servlet-mapping>
    <servlet-name>Manager</servlet-name>
    <url-pattern>/manager</url-pattern>
</servlet-mapping>
```

13.9.3 系统登录的实现过程

📖 系统登录使用的数据表为：tb_manager。

系统登录是进入图书馆管理系统的入口。在运行本系统后，首先进入的是系统登录页面，在该页面中，系统管理员可以通过输入正确的管理员名称和密码登录到系统，当用户没有输入管理员名称或密码时，系统会通过 JavaScript 进行判断，并给予提示信息。系统登录的运行结果如图 13-20 所示。

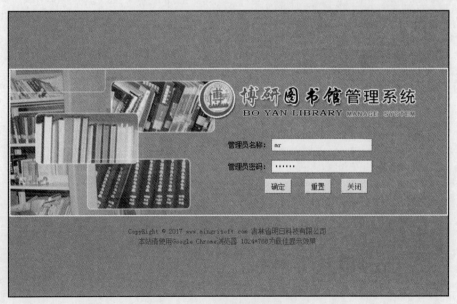

图 13-20　系统登录的运行结果

在实现系统登录前，需要在 MySQL 数据库中手动添加一条系统管理员的数据（管理员名为 mr，密码为 mrsoft，拥有所有权限），即在 MySQL 的客户端命令行中应用下面的语句分别向管理员信息表 tb_manager 和权限表 tb_purview 中各添加一条数据记录。

```
#添加管理员信息
insert into tb_manager (name,pwd) values(mr,'mrsoft');
#添加权限信息
insert into tb_purview values(1,1,1,1,1,1);
```

1. 设计系统登录页面

系统登录页面主要用于收集管理员的输入信息及通过自定义的 JavaScript 函数验证输入信息是否为空，该页面中所涉及的表单元素如表 13-12 所示。

表 13-12　系统登录页面所涉及的表单元素

名称	元素类型	重要属性	含义
form1	form	method="post" action="manager?action=login"	管理员登录表单
name	text	size="25"	管理员名称
pwd	password	size="25"	管理员密码
Submit	submit	value="确定" onclick="return check(form1)"	"确定"按钮
Submit3	reset	value="重置"	"重置"按钮
Submit2	button	value="关闭" onClick="window.close();"	"关闭"按钮

编写自定义的 JavaScript 函数，用于判断管理员名称和密码是否为空。代码如下：

```
<script language="javascript">
function check(form){
    if (form.name.value==""){                //判断管理员名称是否为空
        alert("请输入管理员名称！");form.name.focus();return false;
    }
    if (form.pwd.value==""){                //判断密码是否为空
        alert("请输入密码！");form.pwd.focus();return false;
    }
}
</script>
```

2. 修改管理员的 servlet 控制类

在管理员登录页面的管理员名称和管理员密码文本框中输入正确的管理员名称和密码后，单击"确定"按钮，网页会访问一个 URL，这个 URL 是 manager?action=login。从该 URL 地址中可以知道系统登录模块涉及的 action 的参数值为 login，也就是当 action=login 时，会调用验证管理员身份的方法 managerLogin()，具体代码如下：

```
if (action == null || "".equals(action)) {        //判断action的参数值是否为空
    //转到错误提示页
    request.getRequestDispatcher("error.jsp").forward(request, response);
} else if ("login".equals(action)) {            // 当action值为login时
    managerLogin(request, response);            //调用验证管理员身份的方法
}
```

在验证管理员身份的方法 managerLogin()中，首先需要将接收到的表单信息保存到管理员实体类 ManagerForm 中，然后调用 ManagerDAO 类中的 checkManager()方法验证登录管理员信息是否正确，

如果正确将管理员名称保存到 session 中，并将页面重定向到系统主界面，否则将错误提示信息"您输入的管理员名称或密码错误!"保存到 HttpServletRequest 的对象 error 中，并重定向页面至错误提示页。验证管理员身份的方法 managerLogin()的具体代码如下：

```java
public void managerLogin(HttpServletRequest request,
        HttpServletResponse response) throws ServletException, IOException {
    ManagerForm managerForm = new ManagerForm();          //实例化managerForm类
    managerForm.setName(request.getParameter("name"));     //获取管理员名称并设置name属性
    managerForm.setPwd(request.getParameter("pwd"));       //获取管理员密码并设置pwd属性
    //调用ManagerDAO类的checkManager()方法
    int ret = managerDAO.checkManager(managerForm);
    if (ret == 1) {
        /*********将登录到系统的管理员名称保存到session中************************/
        HttpSession session=request.getSession();
        session.setAttribute("manager",managerForm.getName());
        /**************************************************************/
        //转到系统主界面
        request.getRequestDispatcher("main.jsp").forward(request, response);
    } else {
        request.setAttribute("error", "您输入的管理员名称或密码错误！");
        request.getRequestDispatcher("error.jsp")
                        .forward(request, response);       //转到错误提示页
    }
}
```

3. 编写系统登录的 ManagerDAO 类的方法

从 managerLogin()方法中可以知道系统登录页调用的 ManagerDAO 类的方法是 checkManager()。在 checkManager()方法中，首先从数据表 tb_manager 中查询输入的管理员名称是否存在，如果存在，再判断查询到的密码是否与输入的密码相等；如果相等，将标志变量设置为 1，否则设置为 0；反之如果不存在，则将标志变量设置为 0。checkManager()方法的具体代码如下：

```java
public int checkManager(ManagerForm managerForm) {
    int flag = 0;
    ChStr chStr=new ChStr();
    String sql = "SELECT * FROM tb_manager where name='" +
    chStr.filterStr(managerForm.getName()) + "'";           //过滤字符串中的危险字符
    ResultSet rs = conn.executeQuery(sql);
    try {              //此处需要捕获异常，当程序出错时，也需要将标志变量设置为0
        if (rs.next()) {
            //获取输入的密码并过滤掉危险字符
            String pwd = chStr.filterStr(managerForm.getPwd());
            if (pwd.equals(rs.getString(3))) {                    //判断密码是否正确
                flag = 1;
            } else {
                flag = 0;
            }
        }else{
            flag = 0;
        }
    } catch (SQLException ex) {
        flag = 0;
    }finally{
```

```
        conn.close();                                      //关闭数据库连接
    }
    return flag;
}
```

在验证用户身份时，先判断用户名，再判断密码，可以防止用户输入恒等式后直接登录系统。

4．防止非法用户登录系统

从网站安全的角度考虑，仅仅使用上面介绍的系统登录页面并不能有效地保存系统的安全，一旦系统主界面的地址被他人获得，就可以通过在地址栏中输入系统的主界面地址而直接进入到系统中。由于系统的 Banner 信息栏 banner.jsp 几乎包含于整个系统的每个页面，因此这里将验证用户是否将登录的代码放置在该页中。验证用户是否登录的具体代码如下：

```
<%
String manager=(String)session.getAttribute("manager");
if (manager==null || "".equals(manager)){              //验证用户是否登录
    response.sendRedirect("login.jsp");                //重定向网页到login.jsp页
}
%>
```

这样，当系统调用每个页面时，都会判断 session 变量 manager 是否存在，如果不存在，将页面重定向到系统登录页面。

13.9.4　查看管理员的实现过程

📄　查看管理员使用的数据表为：tb_manager 和 tb_purview。

管理员登录后，选择"系统设置"/"管理员设置"命令，进入到查看管理员列表的页面，在该页面中，将以表格的形式显示系统中全部管理员及其权限信息，并提供添加管理员信息、删除管理员信息和设置管理员权限的超链接。查看管理员列表页面的运行结果如图 13-21 所示。

图 13-21　查看管理员列表页面的运行结果

在实现系统导航菜单时，引用了 JavaScript 文件 menu.JS，该文件中包含全部实现半透明背景菜单的 JavaScript 代码。打开该 JS 文件，可以找到"管理员设置"菜单项的超链接代码，具体代码如下：

<a href=manager?action=managerQuery>管理员设置</a>

 说明 将页面中所涉及的 JavaScript 代码保存在一个单独的 JS 文件中，然后通过<script></script>将其引用到需要的页面，可以规范页面代码。在系统导航页面引用 menu.JS 文件的代码如下：

```
<script src="JS/menu.JS"></script>
```

从上面的 URL 地址中可以知道，查看管理员列表模块涉及的 action 的参数值为 managerQuery，当 action=managerQuery 时，会调用查看管理员列表的方法 managerQuery()，具体代码如下：

```
if ("managerQuery".equals(action)) {
    managerQuery(request, response);            // 查询管理员及权限信息
}
```

在查看管理员列表的方法 managerQuery()中，首先调用 ManagerDAO 类中的 query()方法查询全部管理员信息，再将返回的查询结果保存到 HttpServltRequest 的对象 managerQuery 中。查看管理员列表的方法 managerQuery()的具体代码如下：

```
private void managerQuery(HttpServletRequest request,
        HttpServletResponse response) throws ServletException, IOException {
    String str = null;
    //将查询结果保存到managerQuery参数中
    request.setAttribute("managerQuery", managerDAO.query(str));
    //转到显示管理员列表的页面
    request.getRequestDispatcher("manager.jsp").forward(request, response);
}
```

从 managerQuery()方法中可以看出查看管理员列表使用的 ManagerDAO 类的方法是 query()。在 query()方法中，首先使用左连接从数据表 tb_manager 和 tb_purview 中查询出符合条件的数据，然后将查询结果保存到 Collection 集合类中并返回该集合类的实例。query()方法的具体代码如下：

```
public Collection query(String queryif) {
    ManagerForm managerForm = null;                      //声明ManagerForm类的对象
      Collection managercoll = new ArrayList();
    String sql = "";
    //当参数queryif的值为null、all或空时查询全部数据
    if (queryif == null || queryif == "" || queryif == "all") {
        sql = "select m.*,p.sysset,p.readerset,p.bookset,p.borrowback,"+
            "p.sysquery from tb_manager m left join tb_purview p on m.id=p.id";
        }else{
            sql="select m.*,p.sysset,p.readerset,p.bookset,p.borrowback,p.sysquery "+
        "from tb_manager m left join tb_purview p on m.id=p.id where "+
        "m.name='"+queryif+"'";                          //此处需要应用左连接
    }
    ResultSet rs = conn.executeQuery(sql);               //执行SQL语句
    try {                                                //捕捉异常信息
        while (rs.next()) {
            managerForm = new ManagerForm();             //实例化ManagerForm类
            managerForm.setId(Integer.valueOf(rs.getString(1)));
            managerForm.setName(rs.getString(2));
            managerForm.setPwd(rs.getString(3));
            managerForm.setSysset(rs.getInt(4));
            managerForm.setReaderset(rs.getInt(5));
```

```
        managerForm.setBookset(rs.getInt(6));
        managerForm.setBorrowback(rs.getInt(7));
        managerForm.setSysquery(rs.getInt(8));
        managercoll.add(managerForm);                    //将查询结果保存到Collection集合中
    }
    } catch (SQLException e) {}
    return managercoll;                                  //返回查询结果
}
```

接下来的工作是将 servlet 控制类中 managerQuery()方法返回的查询结果显示在查看管理员列表页manager.jsp 中。在 manager.jsp 中首先通过 request.getAttribute()方法获取查询结果并将其保存在Connection 集合中，再通过循环将管理员信息以列表形式显示在页面中，关键代码如下：

```
<%@ page import="java.util.*"%>
<%
String flag="mr";
Collection coll=(Collection)request.getAttribute("managerQuery");
%>
    <% if(coll==null || coll.isEmpty()){%>
        暂无管理员信息！
<%}else{
        //通过迭代方式显示数据
    Iterator it=coll.iterator();
    int ID=0;                                  //定义保存ID的变量
    String name="";                            //定义保存管理员名称的变量
    int sysset=0;                              //定义保存系统设置权限的变量
    int readerset=0;                           //定义保存读者管理权限的变量
    int bookset=0;                             //定义保存图书管理权限的变量
    int borrowback=0;                          //定义保存图书借还权限的变量
    int sysquery=0; %>
    <table width="91%"  border="1" cellpadding="0" cellspacing="0"
bordercolor="#FFFFFF" bordercolordark="#D2E3E6" bordercolorlight="#FFFFFF">
    <tr align="center" bgcolor="#e3F4F7">
    <td width="26%">管理员名称</td>
    <td width="12%">系统设置</td>
    <td width="12%">读者管理</td>
    <td width="12%">图书管理</td>
    <td width="11%">图书借还</td>
    <td width="11%">系统查询</td>
    <td width="8%">权限设置</td>
    <td width="8%">删除</td>
    </tr>
    <%while(it.hasNext()){
        ManagerForm managerForm=(ManagerForm)it.next();
        ID=managerForm.getId().intValue();
        name=managerForm.getName();            //获取管理员名称
        sysset=managerForm.getSysset();        //获取系统设置权限
        readerset=managerForm.getReaderset();  //获取读者管理权限
        bookset=managerForm.getBookset();      //获取图书管理权限
        borrowback=managerForm.getBorrowback();//获取图书借还权限
```

```
            sysquery=managerForm.getSysquery();                    //获取系统查询权限
      %>
    <tr>
      <td style="padding:5px;"><%=name%></td>
<!-- --通过复选框显示管理员的权限信息，复选框没有被选中，表示该管理员不具有管理该项内容的权限- -->
      <td align="center"><input name="checkbox" type="checkbox" class="noborder"
value="checkbox" disabled="disabled" <%if(sysset==1){out.println("checked");}%>>
</td><td align="center"><input name="checkbox" type="checkbox" class="noborder"
value="checkbox" disabled="disabled" <%if(readerset==1){out.println("checked");}%>>
</td><td align="center"><input name="checkbox" type="checkbox" class="noborder"
value="checkbox" disabled <%if (bookset==1){out.println("checked");}%>></td>
      <td align="center"><input name="checkbox" type="checkbox" class="noborder"
value="checkbox" disabled <%if (borrowback==1){out.println("checked");}%>></td>
      <td align="center"><input name="checkbox" type="checkbox" class="noborder"
value="checkbox" disabled <%if (sysquery==1){out.println("checked");}%>></td>
<!-- ------------------------------------------------------------------------- -->
      <td align="center"> <%if(!name.equals(flag)){ %><a href="#" onClick=
"window.open('manager?action= managerModifyQuery&id=<%=ID%>','','width=292,height=175)'">
权限设置</a><%}else{%> <%}%> </td><td align="center">
<%if(!name.equals(flag)){ %><a href="manager?action=managerDel&id=<%=ID%>">删除
</a><%}else{%> <%}%> </td>
    </tr>
<%   }
}%>
</table>
```

13.9.5 添加管理员的实现过程

📇 添加管理员使用的数据表为：tb_manager。

管理员登录后，选择"系统设置"/"管理员设置"命令，进入到查看管理员列表页面，在该页面中单击"添加管理信息"超链接，打开添加管理员信息页面。添加管理员信息页面的运行结果如图 13-22 所示。

图 13-22　添加管理员页面的运行结果

1. 设计添加管理员信息页面

添加管理员页面主要用于收集输入的管理员信息及通过自定义的 JavaScript 函数验证输入信息是否合法，该页面中所涉及的表单元素如表 13-13 所示。

表 13-13　添加管理员页面所涉及的表单元素

名称	元素类型	重要属性	含义
form1	form	method="post" action="manager?action=managerAdd"	表单
name	text		管理员名称
pwd	password		管理员密码
pwd1	password		确认密码
Button	button	value="保存" onClick="check(form1)"	"保存"按钮
Submit2	button	value="关闭" onClick="window.close();"	"关闭"按钮

编写自定义的 JavaScript 函数，用于判断管理员名称、管理员密码、确认密码文本框是否为空，以及两次输入的密码是否一致。程序代码如下：

```
<script language="javascript">
function check(form){
    if(form.name.value==""){                       //判断管理员名称是否为空
        alert("请输入管理员名称！");form.name.focus();return;
    }
    if(form.pwd.value==""){                         //判断管理员密码是否为空
        alert("请输入管理员密码！");form.pwd.focus();return;
    }
    if(form.pwd1.value==""){                        //判断是否输入确认密码
        alert("请确认管理员密码！");form.pwd1.focus();return;
    }
    if(form.pwd.value!=form.pwd.value){             //判断两次输入的密码是否一致
        alert("您两次输入的管理员密码不一致，请重新输入！");form.pwd.focus();return;
    }
    form.submit();                                 //提交表单
}
</script>
```

2．修改管理员的 servlet 控制类

在添加管理员页面中，输入合法的管理员名称及密码后，单击"保存"按钮，网页会访问一个 URL，这个 URL 是 manager?action=managerAdd。从该 URL 地址中可以知道添加管理员信息页面涉及的 action 的参数值为 managerAdd，也就是当 action=managerAdd 时，会调用添加管理员信息的方法 managerAdd()，具体代码如下：

```
if ("managerAdd".equals(action)) {
    managerAdd(request, response);                  // 添加管理员信息
}
```

在添加管理员信息的方法 managerAdd()中，首先需要将接收到的表单信息保存到管理员实体类 ManagerForm 中，然后调用 ManagerDAO 类中的 insert()方法，将添加的管理员信息保存到数据表中，并将返回值保存到变量 ret 中，如果返回值为 1，则表示信息添加成功，将页面重定向到添加信息成功的页面；如果返回值为 2，则表示该管理员信息已经添加，将错误提示信息"该管理员信息已经存在！"保存到 HttpServletRequest 对象的 error 参数中，然后将页面重定向到错误提示信息页面；否则，将错误提示信息"添加管理员信息失败！"保存到 HttpServletRequest 的对象 error 中，并将页面重定向到错误提示页。添加管理员信息的方法 managerAdd()的具体代码如下：

```
private void managerAdd(HttpServletRequest request,
        HttpServletResponse response) throws ServletException, IOException {
    ManagerForm managerForm = new ManagerForm();
```

```
        managerForm.setName(request.getParameter("name"));        // 获取设置管理员名称
        managerForm.setPwd(request.getParameter("pwd"));          // 获取并设置密码
        int ret = managerDAO.insert(managerForm);                // 调用添加管理员信息
        if (ret == 1) {
            request.getRequestDispatcher("manager_ok.jsp?para=1").forward(
                    request, response);                          // 转到管理员信息添加成功页面
        } else if (ret == 2) {
            //将错误信息保存到error参数中
            request.setAttribute("error","该管理员信息已经添加！");
            // 转到错误提示页面
            request.getRequestDispatcher("error.jsp").forward(request, response);
        } else {
            // 将错误信息保存到error参数中
            request.setAttribute("error", "添加管理员信息失败！");
            request.getRequestDispatcher("error.jsp")
                    .forward(request, response);                 // 转到错误提示页面
        }
    }
```

3. 编写添加管理员信息的 ManagerDAO 类的方法

从 managerAdd() 方法中可以知道添加管理员信息使用的 ManagerDAO 类的方法是 insert()。在 insert() 方法中首先从数据表 tb_manager 中查询输入的管理员名称是否存在，如果存在，将标志变量设置为 2，否则将输入的信息保存到管理员信息表中，并将返回值赋给标志变量，最后返回标志变量。insert() 方法的具体代码如下：

```
    public int insert(ManagerForm managerForm) {
        String sql1="SELECT * FROM tb_manager WHERE name='"+managerForm.getName()+"'";
        ResultSet rs = conn.executeQuery(sql1);  //执行SQL查询语句
        String sql = "";
        int falg = 0;
            try {                                //捕捉异常信息
                if (rs.next()) {                 //当记录指针可以移动到下一条数据时，表示结果集不为空
                    falg=2;                      //表示该管理员信息已经存在
                } else {
                    sql = "INSERT INTO tb_manager (name,pwd) values('" +
                            managerForm.getName() + "','" +managerForm.getPwd() +"')";
                    falg = conn.executeUpdate(sql);
                }
            } catch (SQLException ex) {
                falg=0;                          //表示管理员信息添加失败
            }finally{
                conn.close();                    //关闭数据库连接
            }
        return falg;
    }
```

4. 制作添加信息成功页面

这里将添加管理员信息、设置管理员权限和管理员信息删除 3 个模块操作成功的页面用一个 JSP 文件实现，只是通过传递的参数 para 的值进行区分，关键代码如下：

```
<%int para=Integer.parseInt(request.getParameter("para"));
switch(para){
    case 1:                                      //添加信息成功时执行该代码段
```

```
%>
        <script language="javascript">
        alert("管理员信息添加成功！");
        opener.location.reload();                //刷新打开该窗口的页面
        window.close();                          //关闭当前窗口
        </script>
<%  break;                                       //跳出switch语句
    case 2:                                       //设置管理员权限成功时执行该代码段
%>
        <script language="javascript">
        alert("管理员权限设置成功！");
        opener.location.reload();                //刷新父窗口
        window.close();                          //关闭当前窗口
        </script>
<%  break;
    case 3:                                       //删除管理员成功时执行该代码段
%>
        <script language="javascript">
        alert("管理员信息删除成功！");
        window.location.href="manager?action=managerQuery";
        </script>
<%  break;
}%>
```

13.9.6　设置管理员权限的实现过程

　　📑　设置管理员权限使用的数据表为：tb_manager 和 tb_purview。

　　管理员登录后，选择"系统设置"/"管理员设置"命令，进入到查看管理员列表页面，在该页面中，单击指定管理员后面的"权限设置"超链接，即可进入到权限设置页面，设置该管理员的权限。权限设置页面的运行结果如图 13-23 所示。

图 13-23　权限设置页面的运行结果

1. 在管理员列表中添加权限设置页面的入口

　　在"查看管理员列表"页面的管理员列表中，添加"权限设置"列，并在该列中添加以下用于打开"权限设置"页面的超链接代码：

```
<a href="#" onClick=
"window.open('manager?action=managerModifyQuery&id=<%=ID%>','','width=292,height=175')">
权限设置</a>
```

从上面的 URL 地址中可以知道，设置管理员权限页面所涉及的 action 的参数值为 managerModify Query，当 action=managerModifyQuery 时，会调用查询指定管理员权限信息的方法 managerModifyQuery()，具体代码如下：

```
if ("managerModifyQuery".equals(action)) {
  managerModifyQuery(request, response);          // 设置管理员权限时查询管理员信息
}
```

在查询指定管理员权限信息的方法 managerModifyQuery()中，首先需要将接收到的表单信息保存到管理员实体类 ManagerForm 中；再调用 ManagerDAO 类中的 query_update()方法，查询出指定管理员权限信息；再将返回的查询结果保存到 HttpServletRequest 的对象 managerQueryif 中。查询指定管理员权限信息的方法 managerModifyQuery()的具体代码如下：

```
private void managerModifyQuery(HttpServletRequest request,
      HttpServletResponse response) throws ServletException, IOException {
  ManagerForm managerForm = new ManagerForm();
  // 获取并设置管理ID号
  managerForm.setId(Integer.valueOf(request.getParameter("id")));
  request.setAttribute("managerQueryif", managerDAO.query_update(managerForm));
  request.getRequestDispatcher("manager_Modify.jsp").
          forward(request,  response);          // 转到权限设置成功页面
}
```

从 managerModifyQuery()中可以知道，查询指定管理员权限信息使用的 ManagerDAO 类的方法是 query_update()。在 query_update()方法中，首先使用左连接从数据表 tb_manager 和 tb_purview 中查询出符合条件的数据，然后将查询结果保存到 Collection 集合类中，并返回该集合类。query_update()方法的具体代码如下：

```
public ManagerForm query_update(ManagerForm managerForm) {
  ManagerForm managerForm1 = null;
  String sql = "select m.*,p.sysset,p.readerset,p.bookset,p.borrowback,p.sysquery "+
  "from tb_manager m left join tb_ purview p on m.id=p.id where m.id=" +managerForm.getId()+"";
  ResultSet rs = conn.executeQuery(sql);          //执行查询语句
  try {                                            //捕捉异常信息
    while (rs.next()) {
      managerForm1 = new ManagerForm();
      managerForm1.setId(Integer.valueOf(rs.getString(1)));
      ...                                          //此处省略了设置其他属性的代码
      managerForm1.setSysquery(rs.getInt(8));
    }
  } catch (SQLException ex) {
    ex.printStackTrace();                          //输出异常信息
  }finally{
    conn.close();                                  //关闭数据库连接
  }
  return managerForm1;
}
```

2. 设计权限设置页面

将 Servlet 控制类中 managerModifyQuery()方法返回的查询结果显示在设置管理员权限页 manager_Modify.jsp 中。在 manager_Modify.jsp 中，通过 request.getAttribute()方法获取查询结果，并将其显示在相应的表单元素中。权限设置页面中所涉及到的表单元素如表 13-14 所示。

表 13-14 权限设置页面所涉及的表单元素

名称	元素类型	重要属性	含义
form1	form	method="post" action="manager?action=managerModify"	表单
id	hidden	value="<%=ID%>"	管理员编号
name	text	readonly="yes" value="<%=name%>"	管理员名称
sysset	checkbox	value="1" <%if(sysset==1){out.println("checked");}%>	系统设置
readerset	checkbox	value="1" <%if(readerset==1){out.println("checked");}%>	读者管理
bookset	checkbox	value="1" <%if(bookset==1){out.println("checked");}%>	图书管理
borrowback	checkbox	value="1" <%if(borrowback==1){out.println("checked");}%>	图书借还
sysquery	checkbox	value="1" <%if(sysquery==1){out.println("checked");}%>	系统查询
Button	submit	value="保存"	"保存"按钮
Submit2	button	value="关闭" onClick="window.close();"	"关闭"按钮

3. 修改管理员的 Servlet 控制类

在权限设置页面中设置管理员权限后，单击"保存"按钮，网页会访问一个 URL，这个 URL 是 manager?action=managerModify。从该 URL 地址中可以知道保存设置管理员权限信息涉及的 action 的参数值为 managerModify，也就是当 action=managerModify 时，会调用保存设置管理员权限信息的方法 managerModify()，具体代码如下：

```
if ("managerModify".equals(action)) {
    managerModify(request, response);              // 设置管理员权限
}
```

在保存设置管理员权限信息的方法 managerModify()中，首先需要将接收到的表单信息保存到管理员实体类 ManagerForm 中，然后调用 ManagerDAO 类中的 update()方法，将设置的管理员权限信息保存到权限表 tb_purview 中，并将返回值保存到变量 ret 中，如果返回值为 1，表示信息设置成功，将页面重定向到设置信息成功页面；否则，将错误提示信息"修改管理员信息失败！"保存到 HttpServletRequest 对象的 error 参数中，然后将页面重定向到错误提示信息页面。保存设置管理员权限信息的方法 managerModify()的具体代码如下：

```
private void managerModify(HttpServletRequest request,
        HttpServletResponse response) throws ServletException, IOException {
    ManagerForm managerForm = new ManagerForm();
    // 获取并设置管理员ID号
    managerForm.setId(Integer.parseInt(request.getParameter("id")));
    managerForm.setName(request.getParameter("name"));            // 获取并设置管理员名称
    managerForm.setPwd(request.getParameter("pwd"));              // 获取并设置管理员密码
    managerForm.setSysset(request.getParameter("sysset") == null ? 0
            : Integer.parseInt(request.getParameter("sysset")));      // 获取并设置系统设置权限
    managerForm.setReaderset(request.getParameter("readerset") == null ? 0
        : Integer.parseInt(request.getParameter("readerset")));      //获取并设置读者管理权限
    managerForm.setBookset(request.getParameter("bookset") == null ? 0
        : Integer.parseInt(request.getParameter("bookset")));        //获取并设置图书管理权限
    managerForm.setBorrowback(request.getParameter("borrowback") == null ? 0
        :Integer.parseInt(request.getParameter("borrowback")));      //获取并设置图书借还权限
    managerForm.setSysquery(request.getParameter("sysquery") == null ? 0
        : Integer.parseInt(request.getParameter("sysquery")));       //获取并设置系统查询权限
    int ret = managerDAO.update(managerForm);                    // 调用设置管理员权限的方法
```

```
        if (ret == 0) {
            // 保存错误提示信息到error参数中
            request.setAttribute("error", "设置管理员权限失败！");
            // 转到错误提示页面
            request.getRequestDispatcher("error.jsp").forward(request, response);
        } else {
            // 转到权限设置成功页面
            request.getRequestDispatcher("manager_ok.jsp?para=2").forward(request,response);
        }
    }
```

4. 编写保存设置管理员权限信息的 ManagerDAO 类的方法

从 managerModify()方法中可以知道设置管理员权限时使用的 ManagerDAO 类的方法是 update()。在 update()方法中，首先从数据表 tb_manager 中查询要设置权限的管理员是否已经存在权限信息，如果是，则修改该管理员的权限信息；如果不是，则在管理员信息表中添加该管理员的权限信息，并将返回值赋给标志变量，然后返回标志变量。update()方法的具体代码如下：

```
public int update(ManagerForm managerForm) {
    String sql1="SELECT * FROM tb_purview WHERE id="+managerForm.getId()+"";
    ResultSet rs=conn.executeQuery(sql1);          //查询要设置权限的管理员的权限信息
    String sql="";
    int falg=0;                                     //定义标志变量
    try {                                           //捕捉异常信息
        if (rs.next()) {                            //当已经设置权限时，执行更新语句
        sql= "Update tb_purview set sysset=" + managerForm.getSysset() +",readerset=" +
          managerForm.getReaderset ()+",bookset="+managerForm.getBookset()+
          ",borrowback="+managerForm.getBorrowback()+",sysquery="+
          managerForm.getSysquery()+" where id=" +managerForm.getId() + "";
        }else{                                      //未设置权限时，执行插入语句
            sql="INSERT INTO tb_purview values("+managerForm.getId()+","+
                managerForm.getSysset()+","+manager- Form.getReaderset()+","+
                managerForm.getBookset()+","+managerForm.getBorrowback()+","+
                managerForm.getSysquery()+")";
        }
        falg = conn.executeUpdate(sql);
    } catch (SQLException ex) {
        falg=0;                                     //表示设置管理员权限失败
    }finally{
     conn.close();                                  //关闭数据库连接
    }
    return falg;
}
```

13.9.7　删除管理员的实现过程

📖　删除管理员使用的数据表：tb_manager 和 tb_purview。

管理员登录后，选择"系统设置" / "管理员设置"命令，进入到查看管理员列表页面，在该页面中，单击指定管理员信息后面的"删除"超链接，该管理员及其权限信息将被删除。

在查看管理员列表页面中，添加以下用于删除管理员信息的超链接代码：

```
<a href="manager?action=managerDel&id=<%=ID%>">删除</a>
```

从上面的 URL 地址中可以知道，删除管理员页所涉及的 action 的参数值为 managerDel，当 action=managerDel 时，会调用删除管理员的方法 managerDel()，具体代码如下：

```
if ("managerDel".equals(action)) {
    managerDel(request, response);                              // 删除管理员
}
```

在删除管理员的方法 managerDel()中，首先需要实例化 ManagerForm 类，并用获得的 id 参数的值重新设置该类的 setId()方法，再调用 ManagerDAO 类中的 delete()方法删除指定的管理员，并根据执行结果将页面转到相应页面。删除管理员的方法 managerDel()的具体代码如下：

```
private void managerDel(HttpServletRequest request,
        HttpServletResponse response) throws ServletException, IOException {
    ManagerForm managerForm = new ManagerForm();
    managerForm.setId(Integer.valueOf(request.getParameter("id")));    //获取并设置管理员ID号
    int ret = managerDAO.delete(managerForm);                      // 调用删除信息的方法delete()
    if (ret == 0) {
        request.setAttribute("error","删除管理员信息失败！ ");        //保存错误提示信息到error参数中
        request.getRequestDispatcher("error.jsp")
                .forward(request, response);                      // 转到错误提示页面
    } else {
        request.getRequestDispatcher("manager_ok.jsp?para=3").forward(
                request, response);                              // 转到删除管理员信息成功页面
    }
}
```

从 managerDel()方法中可以知道，删除管理员使用的 ManagerDAO 类的方法是 delete()。在 delete() 方法中，首先将管理员信息表 tb_manager 中符合条件的数据删除，再将权限表 tb_purview 中的符合条件的数据删除，最后返回执行结果。delete()方法的具体代码如下：

```
public int delete(ManagerForm managerForm) {
    int flag=0;
    try{                                                        //捕捉异常信息
    String sql = "DELETE FROM tb_manager where id=" + managerForm.getId() +"";
    flag = conn.executeUpdate(sql);                            //执行删除管理员信息的语句
    if (flag !=0){
        String sql1 = "DELETE FROM tb_purview where id=" + managerForm.getId() +"";
        conn.executeUpdate(sql1);                              //执行删除权限信息的语句
    }}catch(Exception e){
    System.out.println("删除管理员信息时产生的错误："+e.getMessage());  //输出错误信息
    }finally{
    conn.close();                                              //关闭数据库连接
    }
    return flag;
}
```

13.10 图书借还模块设计

13.10.1 图书借还模块概述

图书借还模块主要包括图书借阅、图书续借、图书归还、图书借阅查询、借阅到期提醒和图书借阅

排行 6 个功能。在图书借阅模块中的用户，只有一种身份，那就是操作员，通过该身份可以进行图书借还等相关操作。图书借还模块的用例图如图 13-24 所示。

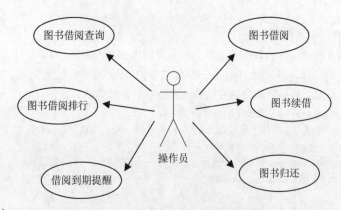

图 13-24　图书借还模块的用例图

13.10.2　编写图书借还模块的实体类和 Servlet 控制类

在实现图书借还模块时，需要编写图书借还模块对应的实体类和 Servlet 控制类。下面将详细介绍如何编写图书借还模块的实体类和 Servlet 控制类。

1. 编写图书借还的实体类

在图书借还模块中涉及的数据表是 tb_borrow（图书借阅信息表）、tb_bookinfo（图书信息表）和 tb_reader（读者信息表），这 3 个数据表间通过相应的字段进行关联，如图 13-25 所示。

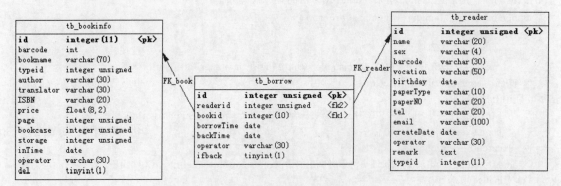

图 13-25　图书借还管理模块各表间关系图

通过以上 3 个表可以获得图书借还信息，根据这些信息来创建图书借还模块的实体类，名称为 BorrowForm，具体实现方法请读者参见 13.9.2 节"编写管理员模块的实体类和 Servlet 控制类"。

2. 编写图书借还的 Servlet 控制类

图书借还模块的 Servlet 控制类 Borrow 继承了 HttpServlet 类，在该类中，首先需要在构造方法中实例化图书借还管理模块的 BookDAO 类、BorrowDAO 类和 ReaderDAO 类（这些类用于实现与数据库的交互），然后编写 doGet() 和 doPost() 方法，在这两个方法中根据 request 的 getParameter() 方法获取的 action 参数值执行相应方法，由于这两个方法中的代码相同，所以只需在第一个方法 doGet() 中写相应代码，在另一个方法 doPost() 中调用 doGet() 方法即可。

图书借还模块 Servlet 控制类的关键代码如下：

```java
public class Borrow extends HttpServlet {
    /****************在构造方法中实例化Borrow类中应用的持久层类的对象*****************/
    private BorrowDAO borrowDAO = null;
    private ReaderDAO readerDAO=null;
    private BookDAO bookDAO=null;
    private ReaderForm readerForm=new ReaderForm();
    public Borrow() {
        this.borrowDAO = new BorrowDAO();
        this.readerDAO=new ReaderDAO();
        this.bookDAO=new BookDAO();
    }
    /*************************************************************/
    public void doGet(HttpServletRequest request, HttpServletResponse response)
        throws ServletException, IOException {
        String action =request.getParameter("action");     //获取action参数的值
        if(action==null||"".equals(action)){
            request.setAttribute("error","您的操作有误！");
            request.getRequestDispatcher("error.jsp").forward(request,response);
        }else if("bookBorrowSort".equals(action)){
            bookBorrowSort(request,response);
        }else if("bookborrow".equals(action)){
            bookborrow(request,response);                    //图书借阅
        }else if("bookrenew".equals(action)){
            bookrenew(request,response);                     //图书续借
        }else if("bookback".equals(action)){
            bookback(request,response);                      //图书归还
        }else if("Bremind".equals(action)){
            bremind(request,response);                       //借阅到期提醒
        }else if("borrowQuery".equals(action)){
            borrowQuery(request,response);                   //借阅信息查询
        }
    }
    … //此处省略了该类中其他方法，这些方法将在后面的具体过程中给出
}
```

13.10.3　图书借阅的实现过程

　　图书借阅使用的数据表为：tb_borrow、tb_bookinfo 和 tb_reader。

　　管理员登录后，选择"图书借还"/"图书借阅"命令，进入到图书借阅页面，在该页面中的"读者条形码"文本框中输入读者的条形码（如：20170224000001）后，单击"确定"按钮，系统会自动检索出该读者的基本信息和未归还的借阅图书信息。如果找到对应的读者信息，就将其显示在页面中，此时输入图书的条形码或图书名称后，单击"确定"按钮，借阅指定的图书，图书借阅页面的运行结果如图 13-26 所示。

1．设计图书借阅页面

　　图书借阅页面总体上可以分为两个部分：一部分用于查询并显示读者信息；另一部分用于显示读者的借阅信息和添加读者借阅信息。图书借阅页面在 Dreamweaver 中的设计效果如图 13-27 所示。

图 13-26　图书借阅页面的运行结果

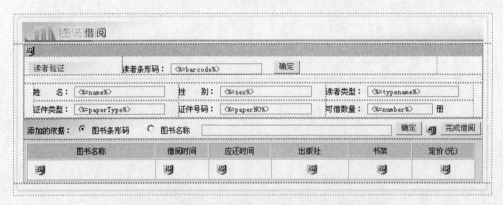

图 13-27　在 Dreamweaver 中图书借阅页面的设计效果

由于系统要求一个读者只能同时借阅一定数量的图书，并且该数量由读者类型表 tb_readertype 中的可借数量 number 决定，所以这里编写了自定义的 JavaScript 函数 checkbook()，用于判断当前选择的读者是否还可以借阅新的图书，同时该函数还具有判断是否输入图书条形码或图书名称的功能，代码如下：

```javascript
<script language="javascript">
function checkbook(form){
    if(form.barcode.value==""){                          //判断是否输入读者条形码
        alert("请输入读者条形码！");form.barcode.focus();return;
    }
    if(form.inputkey.value==""){                          //判断查询关键字是否为空
        alert("请输入查询关键字！");form.inputkey.focus();return;
    }
```

```
    if(form.number.value−form.borrowNumber.value<=0){          //判断是否可以再借阅其他图书
        alert("您不能再借阅其他图书了！");return;
    }
    form.submit();                                              //提交表单
}
</script>
```

 在 JavaScript 中比较两个数值型文本框的值时，不使用运算符"=="，而是将这两个值相减，再判断其结果。

2. 修改图书借阅的 Servlet 控制类

在图书借阅页面中的"读者条形码"文本框中输入条形码后，单击"确定"按钮，或者在"图书条形码"/"图书名称"文本框中输入图书条形码或图书名称后，单击"确定"按钮，网页会访问一个 URL，这个 URL 是 borrow?action=bookborrow。从该 URL 地址中可以知道图书借阅模块涉及的 action 的参数值为 bookborrow，也就是当 action=bookborrow 时，会调用图书借阅的方法 bookborrow ()，具体代码如下：

```
if("bookborrow".equals(action)){
    bookborrow(request,response);                              //图书借阅
}
```

实现图书借阅的方法 bookborrow()需要分以下 3 个步骤进行。

（1）首先需要实例化一个读者信息所对应的实体类（ReaderForm）的对象，然后将该对象的 setBarcode()方法设置为从页面中获取的读者条形码的值，再调用 ReaderDAO 类中的 queryM()方法查询读者信息，并将查询结果保存在 ReaderForm 的对象 reader 中，最后将 reader 保存到 HttpServletRequest 的对象 readerinfo 中。

（2）调用 BorrowDAO 类的 borrowinfo()方法查询读者的借阅信息，并将其保存到 HttpServletRequest 的对象 borrowinfo 中。

（3）首先获取查询条件（是按图书条形码还是按图书名称查询）和查询关键字，如果查询关键字不为空时，调用 BookDAO 类的 queryB()方法查询图书信息，当存在符合条件的图书信息时，再调用 BorrowDAO 类的 insertBorrow()方法添加图书借阅信息（如果添加图书借阅信息成功，则将当前读者条形码保存到 HttpServletRequest 对象的 bar 参数中，并且返回到图书借阅成功页面；否则将错误信息"添加借阅信息失败！"保存到 HttpServletRequest 的对象的 error 参数中，并将页面重定向到错误提示页），否则将错误提示信息"没有该图书！"保存到 HttpServletRequest 对象的 error 参数中。

图书借阅的方法 bookborrow()的具体代码如下：

```
private void bookborrow(HttpServletRequest request, HttpServletResponse response)
                        throws ServletException, IOException {
    ReaderForm readerForm=new ReaderForm();
    readerForm.setBarcode(request.getParameter("barcode"));        //获取读者条形码
    ReaderForm reader = (ReaderForm) readerDAO.queryM(readerForm);
    request.setAttribute("readerinfo", reader);                    //保存读者信息到readerinfo中
                                                                   //查询读者的借阅信息
    equest.setAttribute("borrowinfo",borrowDAO.borrowinfo(request.getParameter("barcode")));
    /*********************完成借阅***************************************/
    String f = request.getParameter("f");                          //获取查询方式
    String key = request.getParameter("inputkey");                 //获取查询关键字
    if (key != null && !key.equals("")) {                          //当图书名称或图书条形码不为空时
```

```
        String operator = request.getParameter("operator");        //获取操作员
          BookForm bookForm=bookDAO.queryB(f, key);
      if (bookForm!=null){
          int ret = borrowDAO.insertBorrow(reader, bookDAO.queryB(f, key), operator);
          if (ret == 1) {
              request.setAttribute("bar", request.getParameter("barcode"));
              request.getRequestDispatcher("bookBorrow_ok.jsp").
                            forward(request, response);        //转到借阅成功页面
          } else {
              request.setAttribute("error", "添加借阅信息失败！");
              //转到错误提示页面
              request.getRequestDispatcher("error.jsp").forward(request, response);
          }
      }else{
          request.setAttribute("error", "没有该图书！");
          //转到错误提示页面
              request.getRequestDispatcher("error.jsp").forward(request, response);
          }
      }else{
          //转到图书借阅页面
              request.getRequestDispatcher("bookBorrow.jsp").forward(request, response);
      }
  }
```

3. 编写借阅图书的 BorrowDAO 类的方法

从 bookborrow() 方法中可以知道，保存借阅图书信息时使用的 BorrowDAO 类的方法是 insertBorrow()。在 insertBorrow() 方法中，首先从数据表 tb_bookinfo 中查询出借阅图书的 ID，然后再获取系统日期（用于指定借阅时间），并计算归还时间，再将图书借阅信息保存到借阅信息表 tb_borrow 中。图书借阅的方法 insertBorrow() 的代码如下：

```
public int insertBorrow(ReaderForm readerForm,BookForm bookForm,String operator){
/********************获取系统日期*****************************************/
    Date dateU=new Date();
    java.sql.Date date=new java.sql.Date(dateU.getTime());
/*****************************************************************/
    String sql1="select t.days from tb_bookinfo b left join tb_booktype t on b.typeid="+
    "t.id where b.id="+bookForm.getId()+"";
    ResultSet rs=conn.executeQuery(sql1);              //执行查询语句
    int days=0;
    try {
        if (rs.next()) {
            days = rs.getInt(1);                       //获取可借阅天数
        }
    } catch (SQLException ex) {
    }
/********************计算归还时间*****************************************/
    String date_str=String.valueOf(date);
    String dd = date_str.substring(8,10);
    String DD=date_str.substring(0,8)+String.valueOf(Integer.parseInt(dd)+days);
     java.sql.Date backTime= java.sql.Date.valueOf(DD);
```

```
/*************************************************************/
        String sql ="Insert into tb_borrow (readerid,bookid,borrowTime,backTime,operator)"+
            " values("+readerForm.getId()+", "+bookForm.getId()+",'"+date+
            "','"+backTime+"','"+operator+"')";
        int falg = conn.executeUpdate(sql);                //执行插入语句
        conn.close();                                      //关闭数据库连接
        return falg;
    }
```

13.10.4　图书续借的实现过程

图书续借使用的数据表为：tb_borrow、tb_bookinfo 和 tb_reader。

管理员登录后，选择"图书借还" /"图书续借"命令，进入到图书续借页面，在该页面中的"读者条形码"文本框中输入读者的条形码（如 20170224000001）后，单击"确定"按钮，系统会自动检索出该读者的基本信息和未归还的借阅图书信息。如果找到对应的读者信息，则将其显示在页面中，此时单击"续借"超链接，即可续借指定图书（即将该图书的归还时间延长到指定日期，该日期由续借日期加上该书的可借天数计算得出）。图书续借页面的运行结果如图 13-28 所示。

图 13-28　图书续借页面的运行结果

1．设计图书续借页面

图书续借页面的设计方法同图书借阅页面类似，所不同的是，在图书续借页面中没有添加借阅图书的功能，而是添加了"续借"超链接。图书续借页面在 Dreamweaver 中的设计效果如图 13-29 所示。

在单击"续借"超链接时，还需要将读者条形码和借阅 ID 号一起传递到图书续借的 Servlet 控制类中，代码如下：

```
<a href="borrow?action=bookrenew&barcode=<%=barcode%>&id=<%=id%>">续借</a>
```

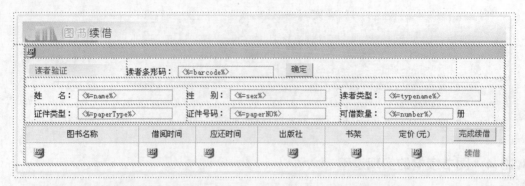

图 13-29　在 Dreamweaver 中的图书续借页面的设计效果

2. 修改图书续借的 Servlet 控制类

在图书续借页面中的"读者条形码"文本框中输入条形码后，单击"确定"按钮，网页会访问一个 URL，这个 URL 是 borrow?action=bookrenew。从该 URL 地址中可以知道图书续借模块涉及的 action 的参数值为 bookrenew，也就是当 action=bookrenew 时，会调用图书续借的方法 bookrenew()，具体代码如下：

```
if("bookrenew".equals(action)){
    bookrenew(request,response);                    //图书续借
}
```

实现图书续借的方法 bookback() 需要分以下 3 个步骤进行。

（1）首先需要实例化读者信息所对应的 ActionForm（ReaderForm）的对象，然后将该对象的 setBarcode() 方法设置为从页面中获取读者条形码的值，再调用 ReaderDAO 类中的 queryM() 方法查询读者信息，并将查询结果保存在 ReaderForm 的对象 reader 中，最后将 reader 保存到 HttpServletRequest 的对象 readerinfo 中。

（2）调用 BorrowDAO 类的 borrowinfo() 方法，查询读者的借阅信息，并将其保存到 HttpServletRequest 的对象 borrowinfo 中。

（3）首先判断是否从页面中传递了借阅 ID 号，如果是，则获取从页面中传递的借阅 ID 号，然后判断该 id 值是否大于 0，如果大于 0，则调用 BorrowDAO 类的 renew() 方法执行图书续借操作。如果图书续借操作执行成功，则将当前读者条形码保存到 HttpServletRequest 对象的 bar 参数中，并且返回到图书续借成功页面，否则将错误信息"图书续借失败！"保存到 HttpServletRequest 对象的 error 参数中，并将页面重定向到错误提示页。

图书续借的方法 bookrenew() 的具体代码如下：

```
private void bookrenew(HttpServletRequest request, HttpServletResponse response)
                        throws ServletException, IOException {
/***********根据输入的读者条形码查询读者信息*********************/
readerForm.setBarcode(request.getParameter("barcode"));
ReaderForm reader = (ReaderForm) readerDAO.queryM(readerForm);
request.setAttribute("readerinfo", reader);
/***********查询读者的借阅信息****************************/
request.setAttribute("borrowinfo",borrowDAO.borrowinfo(request.getParameter("barcode")));
 if(request.getParameter("id")!=null){
    int id = Integer.parseInt(request.getParameter("id"));
    if (id > 0) {                                 //执行继借操作
      int ret = borrowDAO.renew(id);              //调用renew()方法完成图书续借
      if (ret == 0) {
```

```
          request.setAttribute("error", "图书继借失败！");
       //转到错误提示页
         request.getRequestDispatcher("error.jsp").forward(request,response);
       else {
         request.setAttribute("bar", request.getParameter("barcode"));
       //转到借阅成功页面
       request.getRequestDispatcher("bookRenew_ok.jsp").forward(request,response);
        }
      }
   }else{
    request.getRequestDispatcher("bookRenew.jsp").forward(request, response);
   }
 }
```

3. 编写续借图书的 BorrowDAO 类的方法

从 bookrenew()方法中可以知道，保存图书续借信息时使用的 BorrowDAO 类的方法是 renew()。在 renew()方法中，首先根据借阅 ID 号从数据表 tb_borrow 中查询出当前借阅信息的读者 ID 和图书 ID，然后再获取系统日期（用于指定归还时间），再将图书归还信息保存到图书归还信息表 tb_giveback 中，最后将图书借阅信息表中该记录的"是否归还"字段 ifback 的值设置为 1，表示已经归还。图书归还的方法 back()的代码如下：

```
public int renew(int id){
    String sql0="SELECT bookid FROM tb_borrow WHERE id="+id+"";
    ResultSet rs1=conn.executeQuery(sql0);                    //执行查询语句
    int flag=0;
     try {
     if (rs1.next()) {
     /**********************获取系统日期***********************/
       Date dateU = new Date();
       java.sql.Date date = new java.sql.Date(dateU.getTime());
       /*********************************************************/
       String sql1 = "select t.days from tb_bookinfo b left join tb_booktype t "+
            "on b.typeid=t.id where b.id=" + rs1.getInt(1) + "";
       ResultSet rs = conn.executeQuery(sql1);                //执行查询语句
       int days = 0;
       try {                                                  //捕捉异常信息
         if (rs.next()) {
           days = rs.getInt(1);                               //获取图书的可借天数
         }
    } catch (SQLException ex) {}
       /********************计算归还时间***********************/
       String date_str = String.valueOf(date);
       String dd = date_str.substring(8, 10);
       String DD =date_str.substring(0,8) +String.valueOf(Integer.parseInt(dd)+days);
       java.sql.Date backTime = java.sql.Date.valueOf(DD);
         /*********************************************************/
       String sql = "UPDATE tb_borrow SET backtime='" +backTime +"' where id=" +id+"";
       flag = conn.executeUpdate(sql);                        //执行更新语句
      }
   } catch (Exception ex1) {}
   conn.close();                                              //关闭数据库连接
```

```
        return flag;
    }
```

13.10.5　图书归还的实现过程

　　📖　图书归还使用的数据表为：tb_borrow、tb_bookinfo 和 tb_reader。

　　管理员登录后，选择"图书借还"/"图书归还"命令，进入到图书归还页面，在该页面中的"读者条形码"文本框中输入读者的条形码（如：20170224000001）后，单击"确定"按钮，系统会自动检索出该读者的基本信息和未归还的借阅图书信息。如果找到对应的读者信息，则将其显示在页面中，此时单击"归还"超链接，即可将指定图书归还。图书归还页面的运行结果如图 13-30 所示。

图 13-30　图书归还页面的运行结果

1．设计图书归还页面

　　图书归还页面的设计方法同图书续借页面类似，所不同的是，将图书续借页面中的"续借"超链接转化为"归还"超链接。在单击"归还"超链接时，也需要将读者条形码、借阅 ID 号和操作员一同传递到图书归还的 Servlet 控制类中，代码如下：

```
<a href="borrow?action=bookback&barcode=<%=barcode%>&id=<%=id%>&operator=<%=manager%>">归还</a>
```

2．修改图书归还的 Servlet 控制类

　　在图书归还页面中的"读者条形码"文本框中输入条形码后，单击"确定"按钮，网页会访问一个 URL，这个 URL 是 borrow?action=bookback。从该 URL 地址中可以知道图书归还模块涉及的 action 的参数值为 bookback，也就是当 action=bookback 时，会调用图书归还的方法 bookback()，具体代码如下：

```
if("bookback".equals(action)){
    bookback(request,response);                    //图书归还
}
```

实现图书归还的方法 bookback()与实现图书续借的方法 bookrenew ()基本相同，所不同的是如果从页面中传递的借阅 ID 号大于 0，则调用 BorrowDAO 类的 back()方法执行图书归还操作，并且需要获取页面中传递的操作员信息。图书归还的方法 bookback()的关键代码如下：

```
int id = Integer.parseInt(request.getParameter("id"));
String operator=request.getParameter("operator");          //获取页面中传递的操作员信息
if (id > 0) {                                               //执行归还操作
  int ret = borrowDAO.back(id,operator);                   //调用back()方法执行图书归还操作
…          //此处省略了其他代码
}
```

3. 编写归还图书的 BorrowDAO 类的方法

从 bookback()方法中可以知道，保存归还图书信息时使用的 BorrowDAO 类的方法是 back()。在 back()方法中，首先根据借阅 ID 号从数据表 tb_borrow 中查询出当前借阅信息的读者 ID 和图书 ID，然后再获取系统日期（用于指定归还时间），再将图书归还信息保存到图书归还信息表 tb_giveback 中，最后将图书借阅信息表中该记录的"是否归还"字段 ifback 的值设置为 1，表示已经归还。图书归还的方法 back()的代码如下：

```
public int back(int id,String operator){
    String sql0="SELECT readerid,bookid FROM tb_borrow WHERE id="+id+"";
    ResultSet rs1=conn.executeQuery(sql0);                 //执行查询语句
    int flag=0;
 try {
   if (rs1.next()) {
      /**********************获取系统日期**************************/
      Date dateU = new Date();
      java.sql.Date date = new java.sql.Date(dateU.getTime());
      /***********************************************************/
      int readerid=rs1.getInt(1);
      int bookid=rs1.getInt(2);
      String sql1="INSERT INTO tb_giveback (readerid,bookid,backTime,operator) "+
          "VALUES("+readerid+","+bookid+",'"+date+"','"+operator+"')";
      int ret=conn.executeUpdate(sql1);                    //执行插入操作
      if(ret==1){
         String sql2 = "UPDATE tb_borrow SET ifback=1 where id=" + id +"";
         flag = conn.executeUpdate(sql2);                  //执行更新操作
      }else{
         flag=0;
      }
   }
 } catch (Exception ex1) {}
   conn.close();                                           //关闭数据库连接
   return flag;
}
```

13.10.6 图书借阅查询的实现过程

📖 图书借阅查询使用的数据表为：tb_borrow、tb_bookinfo 和 tb_reader。

管理员登录后，选择"系统查询"/"图书借阅查询"命令，进入到图书借阅查询页面，在该页面中可以按指定的字段或某一时间段进行查询，同时还可以按指定字段及时间段进行综合查询。图书借阅查询页面的运行结果如图 13-31 所示。

图 13-31　图书借阅查询页面的运行结果

1. 设计图书借阅查询页面

图书借阅查询页面主要用于收集查询条件和显示查询结果，并通过自定义的 JavaScript 函数验证输入的查询条件是否合法，该页面中所涉及的表单元素如表 13-15 所示。

表 13-15　图书借阅查询页面所涉及的表单元素

名称	元素类型	重要属性	含义
myform	form	method="post" action="borrow?action=borrowQuery"	表单
flag	checkbox	value="a" checked	选择查询依据
flag	checkbox	value="b"	借阅时间
f	select	<option value="barcode">图书条形码</option> <option value="bookname">图书名称</option> <option value="readerbarcode">读者条形码</option> <option value="readername">读者名称</option>	查询字段
key	text	size="50"	关键字
sdate	text		开始日期
edate	text		结束日期
Submit	submit	value="查询" onClick="return check(myform)"	"查询"按钮

编写自定义的 JavaScript 函数 check()，用于判断是否选择了查询方式及当选择按时间段进行查询时，判断输入的日期是否合法。代码如下：

```javascript
<script language="javascript">
function check(myform){
    if(myform.flag[0].checked==false && myform.flag[1].checked==false){
```

```
            alert("请选择查询方式!");return false;
        }
        if (myform.flag[1].checked){
            if(myform.sdate.value==""){                          //判断是否输入开始日期
                alert("请输入开始日期");myform.sdate.focus();return false;
            }
            if(CheckDate(myform.sdate.value)){                   //判断开始日期的格式是否正确
                alert("您输入的开始日期不正确（如：2017-02-14）\n 请注意闰年! ");
                myform.sDate.focus();return false;
            }
            if(myform.edate.value==""){                          //判断是否输入结束日期
                alert("请输入结束日期");myform.edate.focus();return false;
            }
            if(CheckDate(myform.edate.value)){                   //判断结束日期的格式是否正确
                alert("您输入的结束日期不正确（如：2017-02-14）\n 请注意闰年! ");
                myform.edate.focus();return false;
            }
        }
    }
</script>
```

2. 修改图书借阅查询的 Servlet 控制类

在图书借阅查询页面中，选择查询方式及查询关键字后，单击"查询"按钮，网页会访问一个 URL，这个 URL 是 borrow?action=borrowQuery。从该 URL 地址中可以知道图书借阅查询模块涉及的 action 的参数值为 borrowQuery，也就是当 action=borrowQuery 时，会调用图书借阅查询的方法 borrowQuery()，具体代码如下：

```
if("borrowQuery".equals(action)){
    borrowQuery(request,response);   //借阅信息查询
}
```

在图书借阅查询的方法 borrowQuery()中，首先获取表单元素复选框 flag 的值，并将其保存到字符串数组 flag 中，然后根据 flag 的值组合查询字符串，再调用 BorrowDAO 类中的 borrowQuery()方法，并将返回值保存到 HttpServletRequest 对象的 borrowQuery 参数中。图书借阅查询的方法 bookborrow()的具体代码如下：

```
private void borrowQuery(HttpServletRequest request, HttpServletResponse response)
                        throws ServletException, IOException {
    String str=null;
    String flag[]=request.getParameterValues("flag");        //获取复选框的值
    /*******************以指定字段为条件时查询的字符串*************************/
    if (flag!=null){
        String aa = flag[0];
        if ("a".equals(aa)) {
            if (request.getParameter("f") != null) {
                str = request.getParameter("f") + " like '%" +request.getParameter("key") + "%'";
            }
        }
    /**************************************************************/
    /*******************以指定时间段为条件时查询的字符串*******************/
    if ("b".equals(aa)) {
```

```
        String sdate = request.getParameter("sdate");          //获取开始日期
        String edate = request.getParameter("edate");          //获取结束日期
        if (sdate != null && edate != null) {
            str = "borrowTime between '" + sdate + "' and '" + edate +"'";
        }
    }
    /*******************************************************************/
    /***************将指定的字段条件、时间段条件组合后查询的字符串*****************/
        if (flag.length == 2) {
            if (request.getParameter("f") != null) {
                str=request.getParameter("f")+" like '%"+request.getParameter("key")+"%'";
            }
            String sdate = request.getParameter("sdate");          //获取开始日期
            String edate = request.getParameter("edate");          //获取结束日期
            String str1 = null;
            if (sdate != null && edate != null) {
                str1 = "borrowTime between '" + sdate + "' and '" + edate +"'";
            }
            str = str + " and borr." + str1;
        }
    }
    /*******************************************************************/
    request.setAttribute("borrowQuery",borrowDAO.borrowQuery(str));
    //转到查询借阅信息页面
    request.getRequestDispatcher("borrowQuery.jsp").forward(request, response);
}
```

3. 编写图书借阅查询的 BorrowDAO 类的方法

从 borrowQuery()方法中可以知道，图书借阅查询时使用的 BorrowDAO 类的方法是 borrowQuery()。在 borrowQuery()方法中，首先根据参数 strif 的值确定要执行的 SQL 语句，然后将查询结果保存到 Collection 集合类中，并返回该集合类的实例。图书借阅查询的方法 borrowQuery()的代码如下：

```
public Collection borrowQuery(String strif) {
    String sql = "";
    if (strif != "all" && strif != null && strif != "") {          //当查询条件不为空时
        sql = "select * from (select borr.borrowTime, borr.backTime,book.barcode,"+
            "book.bookname,r.name readername, r.barcode readerbarcode,borr.ifback "+
            "from tb_borrow borr join tb_bookinfo book on book.id=borr.bookid join"+
            " tb_reader r on r.id=borr.readerid) as borr where borr." + strif + "";
    } else {                                                        //当查询条件为空时
        sql = "select * from (select borr.borrowTime,borr.backTime,book.barcode,"+
            "book.bookname,r.name readername, r.barcode readerbarcode,borr.ifback "+
            "from tb_borrow borr join tb_bookinfo book on book.id=borr.bookid join "+
            "tb_reader r on r.id=borr.readerid) as borr";          //查询全部数据
    }
    ResultSet rs = conn.executeQuery(sql);                          //执行查询语句
    Collection coll = new ArrayList();                              //初始化Collection的实例
    BorrowForm form = null;
    try {                                                           //捕捉异常信息
```

```
        while (rs.next()) {
            form = new BorrowForm();
            form.setBorrowTime(rs.getString(1));        //获取并设置借阅时间属性
            ...                                         //此处省略了获取并设置其他属性信息的代码
            coll.add(form);                             //将查询结果保存到Collection集合类中
        }
    } catch (SQLException ex) {
        System.out.println(ex.getMessage());            //输出异常信息
    }
    conn.close();                                       //关闭数据库连接
    return coll;
}
```

小 结

　　本章主要使用 MySQL 数据库，结合 Java Web 技术开发了一个
图书馆管理系统。MySQL 数据库是当前非常流行的一种数据库管理软
件，对于存储中小型数据库管理系统的数据尤其有优势。因此，通过本
章的学习，希望读者不仅能够根据实际需求合理设计数据库，而且能够
了解一般网站的开发流程，从而可以结合 Web 服务器端技术辅助开发
中小型管理系统。

图书馆管理系统
配置使用说明

附录

实验

实验 1：安装 MySQL 数据库

实验目的

熟悉 MySQL 数据库的安装过程。

实验内容

根据自己的 Windows 操作系统，从 MySQL 的官方网站中下载相应版本的 MySQL 后，在自己的计算机中安装 MySQL 数据库。

实验步骤

（1）从 MySQL 的官方网站中下载相应版本的 MySQL，需要下载离线安装包。

（2）双击下载后的扩展名为.msi 的安装文件开始安装。

（3）在安装过程中，安装包会自动检查系统是否具备安装所必须的组件，如果不存在，单击 "Execute" 按钮，将在线安装所需插件（此时需要进行联网操作）；所需插件安装完成后，将正式安装 MySQL。

（4）在安装 MySQL 的过程中，需要配置服务器类型、网络选项和端口，一般使用默认设置；然后设置用户。一般使用默认的 root 用户，登录密码设置为 root，然后按照向导进行操作即可。

（5）安装完成后，将自动启动 MySQL Workbench 工具。该工具为 MySQL 提供的图形化操作 MySQL 数据库的工具。

实验 2：创建数据库并指定使用的字符集

实验目的

（1）熟悉 MySQL 提供的命令行窗口的使用。

（2）掌握 CREATE DATABASE 语句的应用方法。

（3）掌握 CREATE DATABASE 语句的 CHARACTER SET 属性的应用方法。

实验内容

通过 CREATE DATABASE 语句创建一个名称为 db_bbs 的数据库，并指定其字符集为 UTF-8，执行结果如附图 1 所示。

实验步骤

（1）选择"开始"/"所有程序"/"MySQL"/"MySQL Server 5.7"/"MySQL 5.7 Command Line Client"命令，如附图 2 所示。

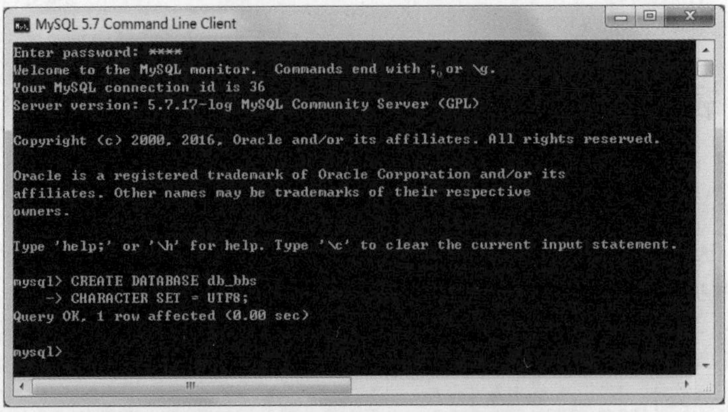

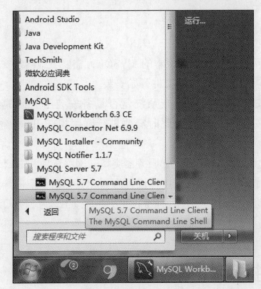

附图 1　创建数据库并指定使用的字符集

附图 2　选择"MySQL 5.7 Command Line Client"命令

（2）在弹出的"MySQL 5.7 Command Line Client"窗口中输入安装 MySQL 时设置的 root 用户的密码，并按下〈Enter〉键，将连接 MySQL，并显示 MySQL 命令提示符，如附图 3 所示。此时就可以输入需要的 SQL 语句了。

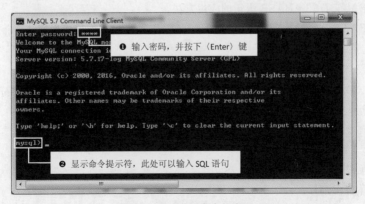

附图 3　MySQL 命令行窗口

（3）在 MySQL 的命令提示符右侧输入创建数据库的 SQL 语句，并设置该数据库采用 UTF-8 编码，代码如下：

```
CREATE DATABASE db_bbs
CHARACTER SET = UTF8;
```

实验 3：创建和修改数据表

实验目的

（1）熟悉 MySQL 提供的命令行窗口的使用。
（2）掌握创建并选择数据库的方法。
（3）掌握创建数据表的方法。
（4）掌握修改自动编号字段初始值的方法。

实验内容

判断是否存在名称为 db_bbs 的数据库。如果不存在，则创建该数据库，并且选择该数据库为当前数据库，然后在 db_bbs 数据库中，创建一个名称为 tb_user 的数据表。该数据表包括 id、username、pwd、sex、email、tel 和 remark 字段。同时设置 id 字段为自动编号，再修改自动编号字段的初始值从 1000 开始。执行效果如附图 4 所示。

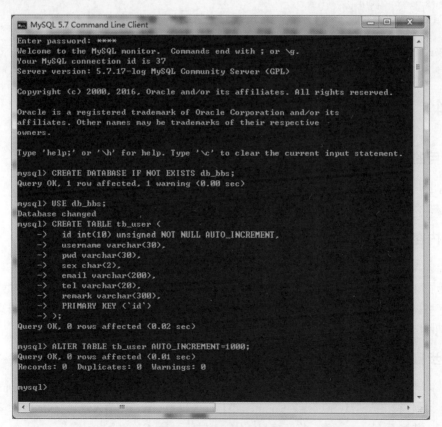

附图 4　创建和修改数据表

实验步骤

（1）选择"开始"/"所有程序"/"MySQL"/"MySQL Server 5.7"/"MySQL 5.7 Command Line Client"命令，在弹出的"MySQL 5.7 Command Line Client"窗口中输入安装 MySQL 时设置的 root 用户的密码，并按下〈Enter〉键，将连接 MySQL，并显示 MySQL 命令提示符。此时就可以输入需要的 SQL 语句了。

（2）在 MySQL 的命令提示符右侧输入以下代码，用于判断是否存在名称为 db_bbs 的数据库，如果不存在则创建该数据库。代码如下：

```
CREATE DATABASE IF NOT EXISTS db_bbs;
```

（3）选择 db_bbs 为当前数据库，代码如下：

```
USE db_bbs;
```

（4）创建一个名称为 tb_user 的用户信息表，包括 id、username、pwd、sex、email、tel 和 remark 字段，其中 ID 字段为主键、自动编号。具体代码如下：

```
CREATE TABLE tb_user (
    id int(10) unsigned NOT NULL AUTO_INCREMENT,
    username varchar(30),
    pwd varchar(30),
    sex char(2),
    email varchar(200),
    tel varchar(20),
    remark varchar(300),
    PRIMARY KEY (`id`)
);
```

（5）修改数据表 tb_user 的自增类型字段的初始值为 1000，可以使用下面的语句：

```
ALTER TABLE tb_user AUTO_INCREMENT=1000;
```

实验 4：使用 SQL 语句插入和更新记录

实验目的

（1）掌握应用 INSERT INTO 语句插入数据的方法。

（2）掌握使用 UPDATE 语句更新数据的方法。

实验内容

判断是否存在名称为 db_bbs 的数据库。如果不存在，则创建该数据库，并且选择该数据库为当前数据库，然后在 db_bbs 数据库中，创建一个名称为 tb_user 的数据表（如果不存在），再向数据表 tb_user 中插入一条数据，并查看插入结果，最后修改刚刚插入用户的联系电话（tel 字段），并查看更新结果。执行效果如附图 5 所示。

实验步骤

（1）选择"开始"/"所有程序"/"MySQL"/"MySQL Server 5.7"/"MySQL 5.7 Command Line Client"命令，在弹出的"MySQL 5.7 Command Line Client"窗口中输入安装 MySQL 时设置的 root 用户的密码，并按下〈Enter〉键，将连接 MySQL，并显示 MySQL 命令提示符。

附图 5　使用 SQL 语句插入和更新记录

（2）在 MySQL 的命令提示符右侧输入以下代码，用于判断是否存在名称为 db_bbs 的数据库，如果不存在则创建该数据库：

```
CREATE DATABASE IF NOT EXISTS db_bbs;
```

（3）选择 db_bbs 为当前数据库，代码如下：

```
USE db_bbs;
```

（4）如果不存在名称为 tb_user 的用户信息表，则创建该表，在表中包括 id、username、pwd、sex、email、tel 和 remark 字段，其中 ID 字段为主键、自动编号。具体代码如下：

```
CREATE TABLE IF NOT EXISTS tb_user (
    id int(10) unsigned NOT NULL AUTO_INCREMENT,
    username varchar(30),
    pwd varchar(30),
    sex char(2),
    email varchar(200),
    tel varchar(20),
    remark varchar(300),
    PRIMARY KEY (`id`)
```

```
);
```

（5）应用 INSERT INTO 语句向 tb_user 中插入一条用户信息，代码如下：

```
INSERT INTO tb_user (username,pwd,sex,email,tel,remark)
VALUES('mr','mrsoft','男','mingrisoft@mingrisoft.com','84978981','明日科技');
```

（6）查询 tb_user 表中的数据，代码如下：

```
SELECT * FROM tb_user;
```

（7）使用 UPDATE 语句将用户名为 mr 的用户的联系电话修改为"4006751066"，具体代码如下：

```
UPDATE tb_user SET tel='4006751066' WHERE username='mr';
```

（8）查询 tb_user 表中的数据，代码如下：

```
SELECT * FROM tb_user;
```

实验 5：为表创建索引

实验目的

（1）掌握在创建数据表时设置索引的方法。

（2）掌握为已经存在的数据表设置索引的方法。

实验内容

在论坛数据库中，创建名称为 tb_type 的数据表，并且在该表的 id 字段上建立索引；为已经存在的数据表 tb_user 设置唯一索引。执行效果如附图 6 所示。

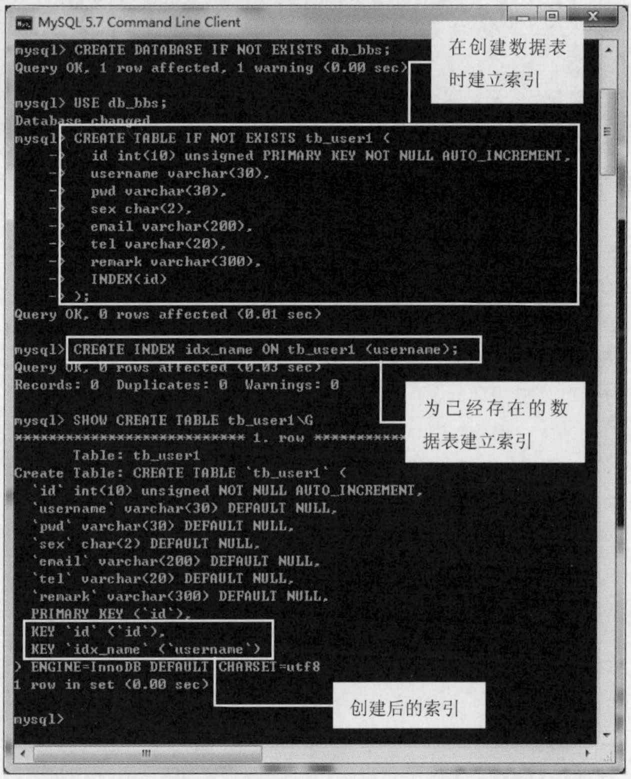

附图 6　为表创建索引

实验步骤

（1）选择"开始"/"所有程序"/"MySQL"/"MySQL Server 5.7"/"MySQL 5.7 Command Line Client"命令，在弹出的"MySQL 5.7 Command Line Client"窗口中输入安装 MySQL 时设置的 root 用户的密码，并按下〈Enter〉键，将连接 MySQL，并显示 MySQL 命令提示符。

（2）在 MySQL 的命令提示符右侧输入以下代码，用于判断是否存在名称为 db_bbs 的数据库，如果不存在则创建该数据库：

```
CREATE DATABASE IF NOT EXISTS db_bbs;
```

（3）选择 db_bbs 为当前数据库，代码如下：

```
USE db_bbs;
```

（4）创建名称为 tb_user1 的用户信息表，包括 id、username、pwd、sex、email、tel 和 remark 字段，并且在 id 字段上建立索引。具体代码如下：

```
CREATE TABLE IF NOT EXISTS tb_user1 (
    id int(10) unsigned PRIMARY KEY NOT NULL AUTO_INCREMENT,
    username varchar(30),
    pwd varchar(30),
    sex char(2),
    email varchar(200),
    tel varchar(20),
    remark varchar(300),
    INDEX(id)
);
```

（5）为 tb_user1 的 username 字段设置唯一索引，代码如下：

```
CREATE INDEX idx_name ON tb_user1 (username);
```

（6）应用 SHOW CREATE TABLE 语句查看数据表 tb_user1 的结构，代码如下：

```
SHOW CREATE TABLE tb_user1\G
```

实验 6：创建并使用约束

实验目的

（1）掌握定义主键约束的方法。

（2）掌握定义候选键约束的方法。

（3）掌握定义 CHECK 约束的方法。

实验内容

在 db_bbs 数据库中，创建一个名称为 tb_user2 的用户信息表，并且为该数据表设置主键约束、候选键约束和 CHECK 约束。执行效果如附图 7 所示。

实验步骤

（1）选择"开始"/"所有程序"/"MySQL"/"MySQL Server 5.7"/"MySQL 5.7 Command Line Client"命令，在弹出的"MySQL 5.7 Command Line Client"窗口中输入安装 MySQL 时设置的 root 用户的密码，并按下〈Enter〉键，将连接 MySQL，并显示 MySQL 命令提示符。

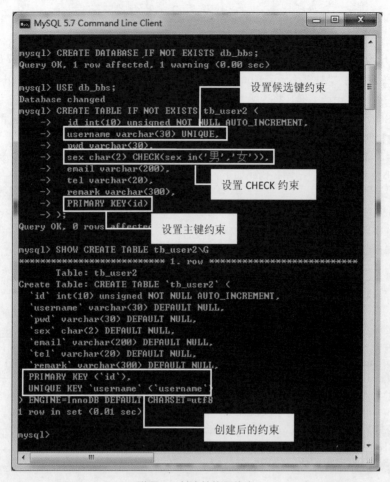

附图 7　创建并使用约束

（2）在 MySQL 的命令提示符右侧输入以下代码，用于判断是否存在名称为 db_bbs 的数据库，如果不存在则创建该数据库：

```
CREATE DATABASE IF NOT EXISTS db_bbs;
```

（3）选择 db_bbs 为当前数据库，代码如下：

```
USE db_bbs;
```

（4）创建名称为 tb_user2 的用户信息表，包括 id、username、pwd、sex、email、tel 和 remark 字段，并且将 id 字段设置为主键约束、username 字段设置为候选键约束、限制其 sex 字段的值只能是"男"和"女"。具体代码如下：

```
CREATE TABLE IF NOT EXISTS tb_user2 (
    id int(10) unsigned NOT NULL AUTO_INCREMENT,
    username varchar(30) UNIQUE,
    pwd varchar(30),
    sex char(2) CHECK(sex in('男','女')),
    email varchar(200),
    tel varchar(20),
    remark varchar(300),
    PRIMARY KEY(id)
);
```

（5）应用 SHOW CREATE TABLE 语句查看数据表 tb_user2 的结构，代码如下：

```
SHOW CREATE TABLE tb_user2\G
```

 目前的 MySQL 版本只是对 CHECK 约束进行了分析处理，但会被直接忽略，并不会报错。所以在查看数据表结构时，也看不到 CHECK 约束。

实验 7：模糊查询数据

实验目的

（1）掌握 SELECT 语句的应用方法。

（2）熟悉 LIKE 关键字的基本应用。

实验内容

应用模糊查询获取学生信息表 tb_student2 中，名字中包括"琦"字的学生信息，执行效果如附图 8 所示。

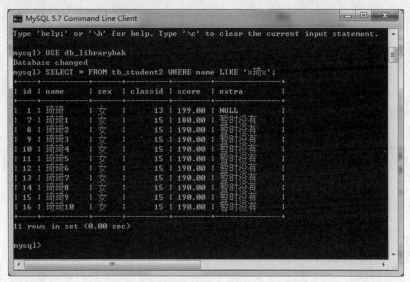

附图 8　模糊查询数据

实验步骤

（1）选择"开始"/"所有程序"/"MySQL"/"MySQL Server 5.7"/"MySQL 5.7 Command Line Client"命令，在弹出的"MySQL 5.7 Command Line Client"窗口中输入安装 MySQL 时设置的 root 用户的密码，并按下〈Enter〉键，将连接 MySQL，并显示 MySQL 命令提示符。

（2）在 MySQL 的命令提示符右侧输入以下代码，选择 db_librarybak 为当前数据库，代码如下：

```
USE db_librarybak
```

（3）从 tb_student2 表中模糊查询名字中含有"琦"字的学生信息，具体代码如下：

```
SELECT * FROM tb_student2 WHERE name LIKE '%琦%';
```

实验 8：查询和汇总数据库的数据

实验目的

（1）掌握应用 SELECT 语句查询全部数据的方法。

（2）掌握 GROUP BY 子句的应用方法。

（3）掌握 AVG() 聚合函数的应用方法。

（4）了解 ROUND() 函数的应用方法。

实验内容

对学生信息表 tb_sutdent1 中的学生成绩按班级进行分组统计，并获取每个班级的平均成绩。执行效果如附图 9 所示。

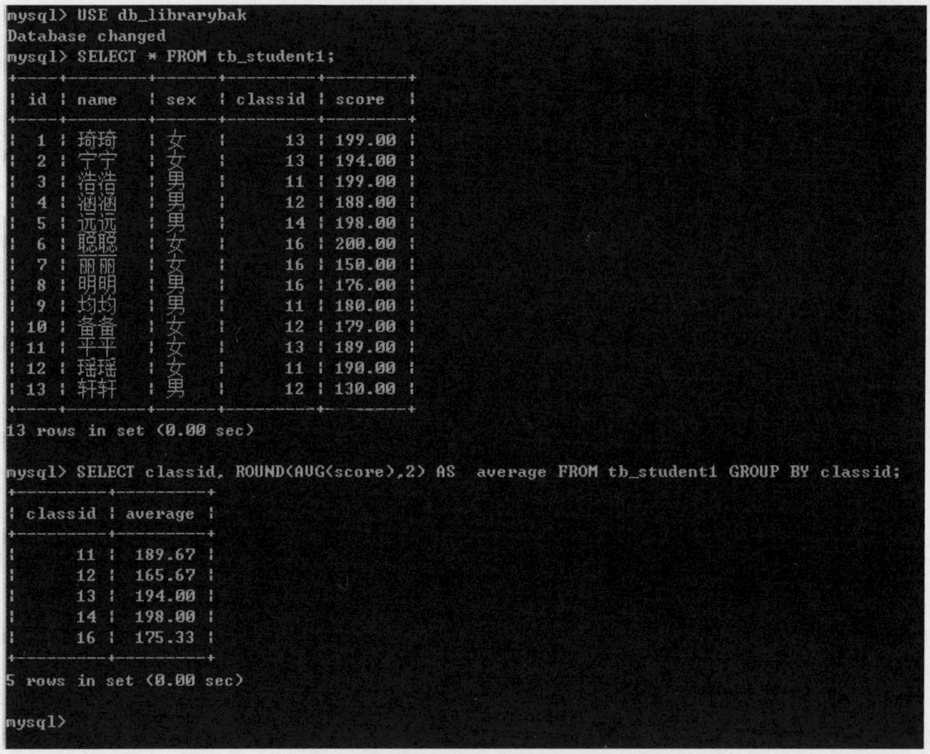

附图 9　查询和汇总数据库的数据

实验步骤

（1）选择"开始"/"所有程序"/"MySQL"/"MySQL Server 5.7"/"MySQL 5.7 Command Line Client"命令，在弹出的"MySQL 5.7 Command Line Client"窗口中输入安装 MySQL 时设置的 root 用户的密码，并按下〈Enter〉键，将连接 MySQL，并显示 MySQL 命令提示符。

（2）在 MySQL 的命令提示符右侧输入以下代码，选择 db_librarybak 为当前数据库，代码如下：

```
USE db_librarybak
```

（3）查询 tb_student1 中的全部学生信息，具体代码如下：

```
SELECT * FROM tb_student1;
```

（4）对学生信息表 tb_sutdent1 中的学生成绩按班级进行分组统计，并获取每个班级的平均成绩，具体代码如下：

```
SELECT classid, ROUND(AVG(score),2) AS   average FROM tb_student1 GROUP BY classid;
```

实验 9：创建视图

实验目的

（1）掌握创建视图的基本语法。

（2）掌握左连接查询的应用方法。

（3）掌握查询视图数据的方法。

实验内容

在数据库 db_librarybak 中创建一个保存完整图书借阅信息的视图，命名为 v_borrow。该视图包括 3 张数据表，分别是图书借阅表（tb_borrow）、图书信息表（tb_bookinfo）和读者信息表（tb_reader）。视图包含 tb_borrow 表中的 id、borrowtime、backtime 和 ifback 字段；包含 tb_bookinfo 表中的 barcode、bookname、author 和 price 字段；包括 tb_reader 表中的 name 字段。执行效果如附图 10 所示。

附图 10　创建视图

实验步骤

（1）选择"开始"/"所有程序"/"MySQL"/"MySQL Server 5.7"/"MySQL 5.7 Command Line Client"命令，在弹出的"MySQL 5.7 Command Line Client"窗口中输入安装 MySQL 时设置的 root 用户的密码，并按下〈Enter〉键，将连接 MySQL，并显示 MySQL 命令提示符。

（2）在 MySQL 的命令提示符右侧输入以下代码，选择 db_librarybak 为当前数据库，代码如下：

```
USE db_librarybak
```

（3）通过 tb_borrow、tb_bookinfo 和 tb_reader 数据表创建一个保存图书的完整借阅信息的视图，名称为 v_borrow。具体代码如下：

```
CREATE VIEW
v_borrow(id,reader,borrowtime,backtime,ifback,barcode,bookname,author,price)
AS SELECT tb_borrow.id,tb_reader.name,tb_borrow.borrowTime,tb_borrow.backTime,
tb_borrow.ifback,tb_bookinfo.bookname,tb_bookinfo.barcode,tb_bookinfo.author,
tb_bookinfo.price FROM tb_borrow
LEFT JOIN tb_bookinfo ON tb_borrow.bookid=tb_bookinfo.id
LEFT JOIN tb_reader ON tb_reader.id=tb_borrow.readerid;
```

（4）查询视图 v_borrow 的数据，具体代码如下：

```
SELECT * FROM v_borrow;
```

实验 10：创建触发器

实验目的

（1）掌握创建触发器的方法。

（2）了解如何在触发器中使用判断语句。

实验内容

创建用户信息表 tb_user3，并为其创建检验插入数据是否合法的触发器，实现只有输入合法的性别（必须是"男"或者"女"）才能被插入。执行效果如附图 11 所示。

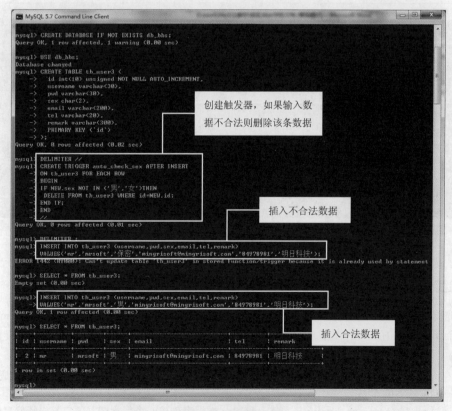

附图 11　创建触发器

实验步骤

（1）选择"开始"/"所有程序"/"MySQL"/"MySQL Server 5.7"/"MySQL 5.7 Command Line Client"命令，在弹出的"MySQL 5.7 Command Line Client"窗口中输入安装 MySQL 时设置的 root 用户的密码，并按下〈Enter〉键，将连接 MySQL，并显示 MySQL 命令提示符。此时就可以输入需要的 SQL 语句了。

（2）在 MySQL 的命令提示符右侧输入以下代码，用于判断是否存在名称为 db_bbs 的数据库，如果不存在则创建该数据库：

```
CREATE DATABASE IF NOT EXISTS db_bbs;
```

（3）选择 db_bbs 为当前数据库，代码如下：

```
USE db_bbs;
```

（4）创建一个名称为 tb_user3 的用户信息表，包括 id、username、pwd、sex、email、tel 和 remark 字段，其中 ID 字段为主键、自动编号。具体代码如下：

```
CREATE TABLE tb_user3 (
    id int(10) unsigned NOT NULL AUTO_INCREMENT,
    username varchar(30),
    pwd varchar(30),
    sex char(2),
    email varchar(200),
    tel varchar(20),
    remark varchar(300),
    PRIMARY KEY (`id`)
);
```

（5）为数据表 tb_user3 创建一个 BEFORE INSERT 触发器，实现在输入的性别字段的内容不是"男"或者"女"时，不允许插入数据。具体代码如下：

```
DELIMITER //
CREATE TRIGGER auto_check_sex AFTER INSERT
ON tb_user3 FOR EACH ROW
BEGIN
IF NEW.sex NOT IN ('男','女')THEN
    DELETE FROM tb_user3 WHERE id=NEW.id;
END IF;
END
//
DELIMITER;
```

（6）向数据表 tb_user3 中插入一条数据，将性别设置为"保密"，具体代码如下：

```
INSERT INTO tb_user3 (username,pwd,sex,email,tel,remark)
VALUES('mr','mrsoft','保密','mingrisoft@mingrisoft.com','84978981','明日科技');
```

（7）查询 tb_user3 数据表中的数据，确认不符合条件的数据是否被插入数据表中，具体代码如下：

```
SELECT * FROM tb_user3;
```

（8）向数据表 tb_user3 中插入一条数据，将性别设置为"男"，具体代码如下：

```
INSERT INTO tb_user3 (username,pwd,sex,email,tel,remark)
VALUES('mr','mrsoft','男','mingrisoft@mingrisoft.com','84978981','明日科技');
```

（9）查询 tb_user3 数据表中的数据，确认符合条件的数据是否被插入数据表中，具体代码如下：

```
SELECT * FROM tb_user3;
```

实验 11：创建和使用存储过程

实验目的

（1）掌握创建存储过程的方法。
（2）掌握调用存储过程的方法。

实验内容

首先创建一个名称为 prog_grade 的存储过程，用于实现根据输入的学生成绩获得学生的评价。然后再调用该存储过程。执行效果如附图 12 所示。

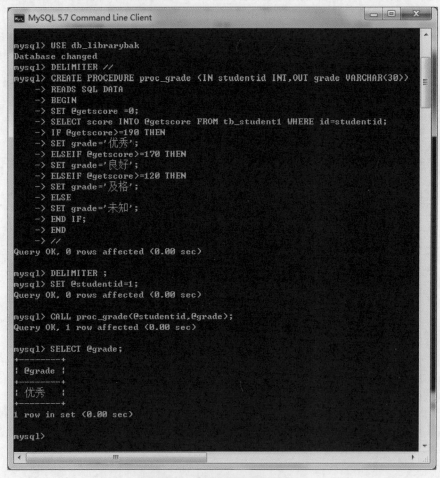

附图 12　创建和使用存储过程

实验步骤

（1）选择"开始"/"所有程序"/"MySQL"/"MySQL Server 5.7"/"MySQL 5.7 Command Line Client"命令，在弹出的"MySQL 5.7 Command Line Client"窗口中输入安装 MySQL 时设置的 root

用户的密码，并按下〈Enter〉键，将连接 MySQL，并显示 MySQL 命令提示符。

（2）在 MySQL 的命令提示符右侧输入以下代码，选择 db_librarybak 为当前数据库，代码如下：

```
USE db_librarybak
```

（3）创建一个名称为 prog_grade 的存储过程，用于实现根据输入的学生 ID 获得学生的评价，具体代码如下：

```
DELIMITER //
CREATE PROCEDURE proc_grade (IN studentid INT,OUT grade VARCHAR(30))
READS SQL DATA
BEGIN
SET @getscore =0;
SELECT score INTO @getscore FROM tb_student1 WHERE id=studentid;
IF @getscore>=190 THEN
    SET grade='优秀';
ELSEIF @getscore>=170 THEN
    SET grade='良好';
ELSEIF @getscore>=120 THEN
    SET grade='及格';
ELSE
    SET grade='未知';
END IF;
END
//
DELIMITER ;
```

（4）调用 prog_grade 存储过程，获取 ID 号为 1 的学生的评价，具体代码如下：

```
SET @studentid=1;
CALL proc_grade(@studentid,@grade);
SELECT @grade;
```

实验 12：备份和恢复数据库

实验目的

（1）掌握使用 mysqldump 命令备份数据库的方法。
（2）掌握使用 mysql 命令还原数据库的方法。

实验内容

备份并还原 db_bbs 数据库。具体要求是：先备份 db_bbs 数据库，然后再删除 db_bbs 数据库，再使用 mysql 命令还原已经备份的 db_bbs 数据库。在实现本实例时，需要在 DOS 窗口和 MySQL 的命令行窗口中分别进行，其中，DOS 窗口中的执行结果如附图 13 所示；在 MySQL 的命令行窗口中的执行结果如附图 14 所示。

实验步骤

（1）选择"开始"/"运行"命令，在弹出的"运行"窗口中输入"cmd"命令，按〈Enter〉键后进入 DOS 窗口，在命令提示符下输入以下代码，备份 db_shop 数据库：

```
mysqldump –u root –proot –R ––databases db_bbs >D:\db_bbs.sql
```

附图 13　DOS 窗口中的执行结果

附图 14　MySQL 的命令行窗口中的执行结果

执行上面的代码后，在 D 盘的根目录下将自动创建一个名称为 db_bbs.sql 的文件，如附图 15 所示。

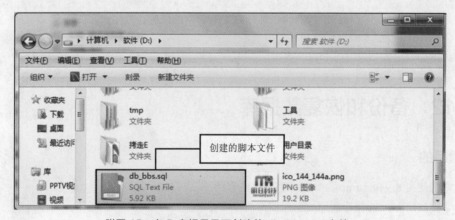

附图 15　在 D 盘根目录下创建的 db_bbs.sql 文件

（2）在 MySQL 的命令行窗口的 MySQL 命令提示符下输入以下代码，删除已经存在的 db_bbs 数据库：

```
DROP DATABASE IF EXISTS db_bbs;
```

（3）选择"开始"/"运行"命令，在弹出的"运行"窗口中输入"cmd"命令，按〈Enter〉键后进入 DOS 窗口，在命令提示符下输入以下代码，用于应用 mysql 命令还原数据库 db_shop：

```
mysql -u root -proot <D:\db_bbs.sql
```